孫子兵法與團隊管理

華杰 著

財經錢線

【前言】
QIANYAN

　　這本書是獻給對中國傳統文化感興趣的人士的；這本書是獻給對《孫子兵法》感興趣的人士的；這本書是獻給對《孫子兵法》在日常生活工作中的運用有興趣的人士的。

　　近年來，隨著中國綜合國力的迅速提升，很多人意識到中國傳統文化的價值被忽略和低估了，越來越多的人開始對中國古代經典著作感興趣。一時間市面上包括《孫子兵法》在內的各種關於中國古代經典著作的書籍汗牛充棟。可是，由於各種原因，尤其是近幾十年來中國大陸學校教育內容和教學形式方面的原因，相當多的讀者面對書店裡版本各異浩如菸海的中國古文典籍可以說是「又愛又恨」！因為這些書要麼就是佶屈聱牙的文言文原版加上一些學院派的考據研究，一般讀者根本讀不動也讀不懂；要麼就是翻譯經典原文再「聯繫實際」的故事佐證，結果「太形而下」而讓讀者「開篇了然，合卷茫然」。

　　能不能有一種研究和介紹《孫子兵法》的版本是介於「陽春白雪」和「下里巴人」之間的呢？它能不能既忠實於經典古文原版，讓讀者感覺到「原汁原味」；又回到經典產生的歷史環境中去，既探源溯流，又解釋闡發，有利於讀者研讀領會；還「舍事說理」，舉一反三，不僅僅用故事來註解經典著作呢？基於這個出發點，考慮到《孫子兵法》裡面有很多可供當代人學習借鑑的智慧，如要面面俱到地涉及論述，作者力不能逮，那麼可不可以嘗試只將《孫子兵法》之光聚集投射到「團隊管理」這一現實實踐熱點上呢？

　　凡事皆有因緣。1996年，我出於喜好購買了第一本《孫子兵法》並開始研讀，從此喜歡上中國古代兵書，十八年來，不管是在

國內還是國外，只要有空逛書店，我就必淘與《孫子兵法》有關的書籍和物品，以至於現在家中書房、客廳、臥室裡與兵家有關的書籍隨手可及，各種形態和版本的《孫子兵法》我都把玩閱讀，無事便讀書，非常逍遙快活！

自2002年開始我給商務策劃專業的同學開了基礎選修課「中外兵法選講」；2007年，我面向全校同學開了「中國兵家與孫子兵法」通識類選修課，結果反響良好，雖然學校安排了最大的階梯教室，但還是有校內甚至校外未選該課的同學到場旁聽並出現人滿無座，教室走道都經常席地坐滿聽眾的狀況，這給了我很大鼓舞！有聽眾是教師的最大幸福！

我開始做「孫子兵法與團隊管理」講座，由於聽課的對象有工作經歷管理經驗，這要求既要站在傳統文化的角度講《孫子兵法》，又要站在傳統智慧運用的角度講團隊管理，理論是蒼白的，而實踐之樹常青！我要求自己每次講座的內容既要顧及傳統文化與理論，又要聯繫現實社會現象，堅持「苟日新，日日新，又日新」。

講座之餘，總是不斷有人通過各種渠道和方法與我討論如何運用中國傳統智慧，以及如何看待和解決今天學習、生活、工作中的問題。這種認可和讓我既感到壓力，我覺得有必要把多年來的所學所思整理，與我的講座一起奉獻給廣大愛好傳統文化和有志於研習運用《孫子兵法》的朋友，就當是對自己與《孫子兵法》攜手近20年的一個小結，也是對不斷鞭策我的學生和朋友的一個交代。為了方便讀者查閱研習，文後順便附上了我認為比較全面而可信的《孫子兵法》原稿和清朝著名學者畢以珣的《孫子敘錄》一文。

這本小冊子走的是「野狐派」的路子，它盡量不因為「翻故紙堆」而板著臉，所以顯得不學術化和專業化；它也盡量不因為「結合現實」而覥著臉，所以顯得不「娛樂化和商業化」。動筆寫該冊子前，我也很躊躇，深深體會了「洞房昨夜停紅燭，待曉堂前拜舅姑。妝罷低聲問夫婿，畫眉深淺入時無？」的擔憂和糾結；但是，我聽見自己內心的一個聲音：醜媳婦也要見公婆，我就是我，順其自然吧！

目錄

導　讀	…………………………………………………	001
第一章	《孫子兵法》十三篇的主旨及其邏輯關係 ……	001
第二章	《孫子兵法》與同時代著作相比的特點 ………	025
第三章	《孫子兵法》產生的社會歷史背景及文化土壤 …………………………………………………	051
第四章	《孫子兵法》形成與傳播的幾個重要歷史階段 …………………………………………………	089
第五章	《孫子兵法》在國內外的傳播交流與影響 ……	101
第六章	《孫子兵法》的作者「孫先生」之謎 …………	109
第七章	《孫子兵法》中的團隊管理思想 ………………	131
結束語	…………………………………………………	215
附錄一	《孫子兵法》	217
附錄二	《孫子敘錄》	230

導讀

本書第一章重點論述了《孫子兵法》13篇的主旨及其13篇之間的邏輯關係。《孫子兵法》第一篇《始計篇》重點講廟算，「廟」就是供奉列祖列宗靈牌的宗廟，「算」就是研判和決策，「廟算」就是在宗廟裡開會研判一場仗是打得還是打不得、是打得贏還是打不贏。這章節探討了為什麼古人面對重大事件都在宗廟裡面進行「算」的原因。

第二篇是《作戰篇》，「作戰」如果翻譯成英文就更準確，叫Make a war，就是製造一場戰爭，也就是從「馳車千駟，革車千乘，帶甲十萬，千里饋糧。內外之費，賓客之用，膠漆之材，車甲之奉」等方面為戰爭做準備。該篇介紹了春秋時期及其之前，如何為戰爭做準備。

《孫子兵法》第三篇是《謀攻篇》，主要論述如何運用謀略實現戰略上「全國為上，破國次之，全軍為上，破軍次之，全旅為上，破旅次之；全卒為上，破卒次之；全伍為上，破伍次之」的問題。重點論述了如何才能以最小代價取得攻城的成功，指出了「知己知彼」就是戰爭中的最高「安全」。

《孫子兵法》第四篇《軍形篇》重點研究軍隊戰爭物資、兵員數量和戰鬥實力等客觀條件的優化，實現「勝兵若以鎰稱銖」。本篇通過理性分析得出一個結論——沒有實力的憤怒毫無意義，沒有實力的謀略充滿危險。

《孫子兵法》第五篇為《軍勢篇》，該篇重點討論了《孫子兵

法》關於「勢」的思想，研究了《孫子兵法》「任勢」和「造勢」的藝術，「造勢」的藝術，明確指出了「求之於勢，不責於人，故能釋人而任勢」的價值，探討了在競爭中如何形成對己方有利的格局，提高己方獲勝的概率。

《孫子兵法》第六篇為《虛實篇》，集中論述了戰爭活動中「虛」「實」關係相互對立、相互轉化的規律，通過「佚能勞之，飽能饑之，安能動之」等虛實相生相化，強調要奪取戰爭的主動權，即「致人而不致於人」。

《孫子兵法》第七篇為《軍爭篇》，「軍爭」就是敵我雙方爭奪取勝的有利地形、物資等條件。該篇討論了《孫子兵法》如何「避其銳氣，擊其惰歸」「以治待亂，以靜待嘩」「以近待遠，以佚待勞，以飽待饑」和「迂其途，而誘之以利，後人發，先人至」，趨利避害，爭取先機之利，力爭掌握戰場的主動權，讓自己立於不敗之地的策略。

《孫子兵法》第八篇是《九變篇》，該篇是關於《孫子兵法》中如何看待和應付軍爭中的各種變、無窮變的，並重點討論了在作戰過程中如何根據特殊的情況，「途有所不由，軍有所不擊，城有所不攻，地有所不爭，君命有所不受」，靈活變換戰術以贏得戰爭的勝利。

《孫子兵法》第九篇為《行軍篇》，其重點研究了《孫子兵法》如何部署和調動軍隊，並總結出行軍駐扎中面臨江河、山谷、平原、沼澤四種地貌的基本原則，以及透過敵人言行現象看清敵人本質意圖的「相敵32術」之技巧和經驗。

《孫子兵法》第十篇為《地形篇》，其扼要地揭示了巧妙利用地形的重要性，列舉了戰術地形的主要類型和不同特點，提出了在「通、掛、支、隘、險、遠」五種不同的地形條件下，軍隊行軍作戰的若干基本原則，辯證地分析了判斷敵情與利用地形之間的相互

關係。

　　《孫子兵法》第十一篇為《九地篇》，其主要論述了根據戰鬥發生的場所和離自己國土遠近不同，以及進入敵國縱深程度不同的情況下，如何因勢利導利用客觀物質地理環境和「散、輕、爭、交、衢、重、圮、圍、死」九種主觀心理環境，採用「一其志」「使之屬」「趨其後」「謹其守」「固其結」「繼其食」「進其途」「塞其闕」「示不活」等相應策略，因地而異凝聚人心士氣，團結帶領士兵同心作戰。

　　《孫子兵法》第十二篇為《火攻篇》，其主要論述了春秋及之前戰鬥過程中「火人，火積，火輜，火庫，火隊」五種火攻對象、條件、實施火攻的方法以及火攻發動後的跟進、鞏固戰果的策略等，表達了《孫子兵法》的「慎戰」和「勝敵而益強」的思想。

　　《孫子兵法》第十三篇為《用間篇》，重點討論戰爭中「生、死、鄉、內、反」五種間諜的特點及其運用技巧，該篇相當於是研究現代戰爭中的諜報戰和信息戰。

　　本書第二章研究《孫子兵法》與同時代著作相比的特點。這一章首先研究了《孫子兵法》與同時代的中國古代經典著作相比具有的唯物世界觀，分析了《孫子兵法》「不可取於鬼神、不可象於事、不可驗於度，必取於人，知敵之情者也」這一論斷與同時代先賢相比的先進性；介紹了《孫子兵法》形成前後歷史時期人們遇到需要決策的「國之大事」時由非唯物論世界觀指導下的行為模式。

　　這一章還研究了《孫子兵法》與它同時代的著作相比顯現出的樸素實踐可知論，羅列了中國古代史料中「生而知之」或「偉人天生異象」的不可知論和非「實踐認識論」資料，探討了不可知論和非「實踐認識論」對認識世界和改造世界實踐活動的危害與影響。

　　這一章還研究了《孫子兵法》與它同時代著作相比透露出的人

本價值觀，介紹了戰爭在人類歷史進程中對人類群體生命的傷害，通過總結可知《孫子兵法》對戰爭目的的實現和戰爭中「殺士卒」這一現象間關係的認知明顯高於同時代的兵家，認為「殺士卒」只是實現戰爭目的的眾多手段之一，否定了為打勝仗而不計士卒（包括己方士卒和敵方士卒）的生命成本，提倡「修道保民」和「唯人是保而利合與主」的人本價值觀。

這一章還研究了《孫子兵法》與它同時代著作相比呈現出的原始系統論，介紹了系統論「無中生有、有中生多、多中生優」的特點，梳理出了《孫子兵法》從篇章結構透露出的系統論特點，重點討論了《孫子兵法》中關於「行軍」和「並力一向，千里殺將」中「途有所不由，城有所不攻，軍有所不擊」的系統論思想。

這一章還研究了《孫子兵法》與它同時代著作相比表現出了清晰的辯證法，世界萬事萬物都具有多面屬性，各種屬性是運動發展變化的，有些屬性在運動發展過程中還會相互轉化，使得事物的某些屬性具有向對立面發展的可能性。本章重點研究了《孫子兵法》中「虛實」「奇正」「迂直」「緩急」「分合」「利患」「勝敗」等對立轉化的辯證思想。

這一章還研究了《孫子兵法》與它同時代著作相比表現出的優美的行文法，如用兩個字數相等、結構相同的語句並列在一起進行對偶修飾，或者運用一連串結構很相似的句子形成層遞修飾，或者將前句結尾的字詞作為後句的開頭，進行頂針修飾，或者把正反兩方面的情況、效果前後並列，進行對照修飾或者用幾個意思相關、結構相同、字數大致相等的詞組或句子排列在一起進行排比修飾等，這使得《孫子兵法》文辭工整、聲調鏗鏘、形象生動。

本書第三章探討《孫子兵法》產生的社會歷史背景及文化土壤，介紹了《孫子兵法》產生的社會歷史背景，討論了中國文化史上為什麼兵家一直沒有出現在主要文化流派排名裡的原因，分析了

中國傳統文化為什麼會產生出「三教九流十二家」這樣的流派結構，重點介紹了春秋戰國時期中國的幾個主要學術流派的人員構成、思想觀點、歷史地位和命運。

本書第四章歸納了《孫子兵法》形成與傳播的幾個重要歷史階段，第一階段是遠古到春秋的孕育和產生時期；第二個階段是戰國至秦漢時期，這是對《孫子兵法》的增益和早期校理階段；第三個階段是魏晉至隋唐刪繁和註釋時期；第四個階段是宋代，這一階段開始了對《孫子兵法》的系統研究和整理；第五個階段是明清，這是對《孫子兵法》考據闡發的大繁榮時期；第六個階段是民國，這是《孫子兵法》與西方兵學的交融和研究轉折期；第七個階段是1949年中華人民共和國成立至今，《孫子兵法》研究跨出兵學領域，進入多學科領域研究應用的繁榮期。

本書第五章簡要介紹了《孫子兵法》在國內外的傳播交流與影響，主要梳理羅列了中國國內歷代研讀《孫子兵法》的史料，顯示出《孫子兵法》從民間到官方的刊校和流傳痕跡；同時簡要介紹了《孫子兵法》跨出國門，代表中國傳統文化在與其他國家和民族的對外交流中的源流及影響。

本書第六章主要揭示了《孫子兵法》的作者「孫先生」之謎，重點介紹了歷史上主要的幾種觀點，如觀點一認為《孫子兵法》的作者「孫先生」就是孫武；觀點二認為《孫子兵法》的作者「孫先生」應該是孫臏；觀點三認為《孫子兵法》的作者「孫先生」是田開；觀點四認為《孫子兵法》的作者「孫先生」既是孫武也是孫臏，孫武和孫臏其實是一個人；觀點五認為《孫子兵法》的作者「孫先生」子虛烏有，《孫子兵法》乃偽托之書。本章還對「孫子是誰」的答案出現眾多分歧的原因從《孫子兵法》本身和中國文化發展特點等方面進行了探討和分析。

本書第七章重點研究了《孫子兵法》中的團隊管理思想，介紹

了團隊和團隊管理的基本概念與理論，並從價值觀和方法論的層面總結提出了《孫子兵法》中的團隊領導思想、《孫子兵法》中的團隊文化建設思想、《孫子兵法》中的團隊目標思想、《孫子兵法》中的團隊戰略思想、《孫子兵法》中的團隊決策思想、《孫子兵法》中的團隊制度思想、《孫子兵法》中的團隊成員思想、《孫子兵法》中的團隊獎懲思想以及《孫子兵法》中的團隊士氣思想。

第一章 DIYIZHANG

《孫子兵法》十三篇的主旨及其邏輯關係

讀一本書一般有幾個階段，第一個階段是「看書是書」，只關注書的既成內容與形式；第二個階段是「看書疑書」，開始超越書的既成內容與形式問「為什麼」和「還有呢」；第三個階段是「看書離書」，脫開書的既成內容與形式，發現隱藏在書的形式與內容之外的東西。研讀《孫子兵法》也應如此。

　　如果我們提出以下問題：《孫子兵法》為何會以現在這種形態呈現在世人面前？它站在了哪些更早前人的肩膀上？它受到了哪些更早前人的影響？《孫子兵法》十三篇的文字背後有什麼樣的歷史文化背景？為何孫子要採用目前我們所見的方式表述行文？《孫子兵法》十三篇究竟講了什麼？《孫子兵法》十三篇之間是隨意行文還是有什麼內在邏輯關係？之後我們就會發現《孫子兵法》書裡書外還有很多有趣的東西。

　　《孫子兵法》第一篇是《始計篇》（有些版本也稱作《計篇》，由於兵法後面十二篇的篇目都是「某某篇」這樣的格式，我們為了風格統一，採用《始計篇》為篇目），《始計篇》重點講廟算。「廟」就是供奉列祖列宗靈牌的宗廟，「算」就是研判和決策，「廟算」就是在宗廟裡開會研判一場仗是打得還是打不得，打得贏和打不贏的可能性各有多大。宋本《武經七書·孫子》作「始計第一」。宋本《十一家註孫子》曹操註：「計者，選將、量敵、度地、料卒、遠近、險易、計於廟堂也。」此篇作為本書的開篇，是本書如何對待戰爭的綱目性篇章，清晰地顯示出《孫子兵法》的重戰與慎戰思想。

　　對於討論戰爭的作用、價值與影響的篇目，《始計篇》開宗明義，說：「兵者國之大事，死生之地，存亡之道，不可不察也。」我們的老祖先認為「國之大事在祀與戎」，就是說一個國家的大事主要包括兩個：祀和戎。「祀」就是祭祀，祭祀什麼呢？祭祀天地，

祭祀祖先，祭祀鬼神，把天地和祖先安頓好。「戎」就是戰爭，因為戰爭決定著當世者自己和子孫後代能不能夠生存。把天地和祖先安頓好了，歷史和先人就安頓好了；把「戎」這個問題，就是戰爭問題解決好了，自己當下的生存和子孫的生存問題就解決好了。與「祀」和「戎」的意義和價值相比，一個國家其他的事，再重要都退而次之了。

為什麼戰爭開始前要在宗廟裡面「算」呢？中國的傳統文化認為人死了是有靈魂的，靈魂是永恆不滅的，基於這個認識，當祖先生命終結了，後人就要為祖先的靈魂找一個可以棲息的地方，這就是宗廟，宗廟裡面有牌位，中國古代先人們認為祖先的靈魂就附著在這些宗廟裡的牌位上。宗廟是帝王、諸侯或大夫、士人為維護宗法制度而設立的祭祀祖宗的場所。關於宗廟的位置，一般天子、諸侯設於門中左側。春秋戰國時期，周天子或者諸侯把列祖列宗的牌位集中放在宗廟裡，那時的宗廟制是天子七廟、諸侯五廟、大夫三廟、士一廟。古人遇到關乎國計民生的重大事情的時候，就到宗廟的列祖列宗的牌位下面來研究討論，希望冥冥之中先祖的靈魂會給後人們以指引和暗示，告訴後人們這個事情是吉還是凶，是做得還是做不得。

《始計篇》重點就講如何在宗廟裡進行「廟算」，並就「廟算」提出了一個研判和決策的體系模型，這個體系模型從「道、天、地、將、法」五個要素來反覆對比、分析、研判，每個要素又分為若干個子要素：「道者，令民於上同意也，可以與之死，可以與之生，而不畏危。天者，陰陽、寒暑、時制也。地者，高下、遠近、險易、廣狹、死生也。將者，智、信、仁、勇、嚴也。法者，曲制、官道、主用也。」通過對這些子要素一一對比分析，即「主孰有道？將孰有能？天地孰得？法令孰行？兵眾孰強？士卒孰練？賞罰孰明？」就可以此預知勝負，然後做出判斷和決策：是吉還是凶，

是戰還是不戰。有些學者據此提出，《孫子兵法》在《始計篇》表現出了當代流行的決策學中的「純淨評估法」。

普通老百姓怎麼安放祖宗的靈魂呢？ 中國幾千年來都是一個以宗法血統為紐帶的國家，古人們在家族聚居的地方一般都修建有祠堂，祠堂就是一個家族的「宗廟」。中國古人認為人死靈魂不滅，那麼他們怎麼安放祖宗的靈魂呢？如果我們到一些古老傳統文化習俗還保存得比較好的地區去，我們還會發現進入一家人的客廳，就會有一個木質牌子，上面寫著幾個字：「天地君親師位。」「親」就是列祖列宗，用西南地區（尤其是四川）方言說這就叫「先人板板」，這個牌子就是普通老百姓私人的簡易「宗廟」。形制規模不同，可功能意義一樣，老百姓在逢年過節或者遇到重大家庭事件的時候，就會準備供奉果蔬祭品，在「先人板板」前點燭焚香，祭告祖先，這和諸侯天子遇到大事在宗廟裡祭祀是一回事，只不過天子和諸侯「家國一體」，比普通老百姓的項目玩得大而已。

「廟算」結束後，通過「純淨評估」，如果覺得一場戰爭不可避免，或者一場戰爭值得參加，就要著手部署、籌備一場即將到來的「國之大事」，於是進入戰爭準備階段。

《孫子兵法》第二篇是《作戰篇》。「作戰」如果翻譯成英文就更準確，叫「make a war」，就是製造一個戰爭，就是如何為戰爭做準備。《作戰篇》重點講戰爭開始前軍隊集結、物資籌備、兵士訓練等方面的準備。因為打仗就是拼實力，戰爭就是兩個有矛盾的團體綜合實力的比拼。一次戰爭需要「馳車千駟，革車千乘，帶甲十萬，千里饋糧。則內外之費，賓客之用，膠漆之材，車甲之奉，日費千金」。

春秋時期如何徵召並組建軍隊成員？ 在春秋時期，打仗是一戰一徵召，《孫子兵法》說的「作戰」就是開始徵召集結人員，徵發募集物資，準備工作完成了軍隊才能開拔進發，然後就進入戰爭狀

態。在春秋時期及之前，國家和各諸侯國平時是沒有大量職業的常備軍隊的，只有少量的負責天子和諸侯警衛保衛工作的衛戍部隊，每一場戰爭所需要的軍隊人員和物資都在戰爭開始前才臨時徵召和募集，擁有封地的貴族會按照自己封地的面積大小，在自己封地範圍內徵召將士，攤派車、馬、糧、草和武器等軍需物資任務，這是諸侯貴族獲得封地時與上級約定好的必須履行的義務。如《司馬法》規定公卿大夫戰時採地出軍之制為：「六尺為步，百步為畝，百畝為夫，三夫為屋，三屋為井，十井為通。每通三十家出馬一匹，士一人，徒二人；每三百家出革車一乘，士十人，徒二十人。」《孫子兵法》研究大家杜預註《周禮》的軍賦為：「九夫為井，四井為邑；四邑為丘。丘十六井，出戎馬一匹，牛三頭。四丘為甸，甸六十四井，出長轂一乘，戎馬四匹，牛十二頭，甲士三人，步卒七十二人。」

春秋時期不是誰都有資格上戰場的，能否上戰場是身分地位的象徵。當時徵召的將士是以貴族和自由民為主，戰鬥中貴族一般充任各級將校軍官，乘車作戰；而普通農民充任步兵甲士，作戰時大多隨戰車步行。沒有土地沒有自由的奴隸在春秋時期及之前很少作為戰士使用，即使在軍隊中也多充當雜役，負責後勤工作。在那個時代，男性貴族必須尚武，成年貴族男性能以將士身分上戰場打仗既是一種義務，也是一種身分和榮譽。進入春秋末期，尤其是進入戰國及以後才有了數量龐大的常備職業軍人，普通農民甚至奴隸才大量以將士身分進入軍隊參戰。

歷史上兵役制度的流變，造成了軍人身分和榮譽感的變化，甚至影響了軍隊的戰鬥力。秦漢以後由於兵役制度設計的問題，許多家庭經濟狀況比較好的家庭花錢雇人代自己戍邊服役，出現了大量終身代人服兵役的「職業雇傭兵」，這些「職業雇傭兵」大多「少小離家老大回」，且身無長技，不治產業，逐漸淪為社會底層人士，

社會風氣也開始輕慢歧視軍人，最後甚至發展到「好男不當兵，好鐵不打釘」，當戰事需要時政府只能強拉橫徵士兵，軍隊人員素質更加無法保障，軍隊在百姓心目中的形象更加低下。在某些歷史時段，一些地方武裝軍隊甚至成為地痞、流氓、無賴和流民的收容所，其戰鬥力可想而知，如果將官約束不嚴，有時「兵禍甚於匪患」。

中國有一個專門形容戰爭的成語叫「馳騁疆場」，什麼叫疆場？疆，就是兩國交界的地方。春秋及之前的時期是分封建國的國家體制，天子把某一個地方分封給一個諸侯，諸侯就在封地上修建一個城池，然後以這個城池為中心，方圓多少面積就是他的領地。諸侯在這個領地的邊界上挖一個溝，把挖起來的土壘在邊界上，再在壘土堆上種上樹木，這個溝和樹林裡面的範圍就是這個諸侯的領地，這種挖溝壘土植樹的行為就叫「封疆」，「封疆大吏」的源起就在這裡。不同諸侯的封地與封地之間交界的區域就叫邊疆。兩國交兵一般先在哪裡打？在邊疆打。馳騁疆場就是指兩個諸侯國的軍隊在邊疆打仗。「作戰篇」首先講的就是軍隊如何在邊疆野外打仗。

邊疆野外打仗進行一段時間後，交戰的某一方可能抵擋不住就要敗退，勝利的一方就要前進，越過對方的邊疆和田野展開追擊。追擊一段時間和一段距離就會到達敗退方的政治和經濟文化中心：城鎮。如果戰爭還不結束，進攻方繼續前進就需要攻城，這就是《孫子兵法》下一篇討論的問題：謀攻——如何攻城。

《孫子兵法》第三篇是《謀攻篇》。該篇主要論述如何運用謀略實現戰略「全勝」的問題。「上兵伐謀」「不戰而屈人之兵」是孫子全力追求的用兵藝術的最高境界，也是本篇的核心思想。孫子曰：「凡用兵之法，全國為上，破國次之；全軍為上，破軍次之；全旅為上，破旅次之；全卒為上，破卒次之；全伍為上，破伍次之。是故百戰百勝，非善之善者也；不戰而屈人之兵，善之善者

也。故上兵伐謀，其次伐交，其次伐兵，其下攻城。攻城之法，為不得已。」

如何才能以最小代價取得攻城的成功呢？ 孫子說：「十則圍之，五則攻之，倍則分之，敵則能戰之，少則能逃之，不若則能避之」，就是有什麼實力打什麼仗，盡量從心理上和政治上擊敗對方，不能不管自己實力蠻幹憨攻，否則「將不勝其忿而蟻附之，殺士卒三分之一而城不拔者，此攻之災也」，更不能不顧實力懸殊，死要面子打顢頇戰和情緒戰，因為「故小敵之堅，大敵之擒也」，顢頇戰的結果肯定是弱小一方會被俘虜擒獲。

《謀攻篇》還重點強調了「知己知彼者，百戰不殆；不知彼而知己，一勝一負；不知彼，不知己，每戰必殆」。「殆」就是危險，孫子認為失敗不可怕，可怕的是不知道自己為什麼敗，不清楚自己敗在哪裡了，這種面對現實的困惑與無助才是真正的「殆」。弄清敵、我、友各方情況後的謀攻，自己占據主動，才勝也勝得安全，敗也敗得安全。如果能控制住戰爭中的各種變幻局面，勝敗都在自己掌握和預料中，那麼自己就實現了真正的安全。

《孫子兵法》本篇裡「百戰不殆」的這個思想是被誤解和錯引最多的，很多資料都將「知己知彼，百戰不殆」引述為「知己知彼，百戰百勝」，大謬了！如果知己知彼就能夠百戰百勝，那只需天天待在家裡面研究自己和對方就行了，研究清楚了敵、我、友，自己就勝利了，對方就輸了，這可能嗎？不可能嘛！所以孫子說知己知彼以後，只能實現每一次戰爭不管勝敗，都在預料當中，勝敗都不危險而已。

什麼是安全？ 安全就是對自己所有的關係，包括自己與自己的身體和生命健康的關係，自己與他人的利益關係，甚至自己與工作、自己與自然環境、自己與社會的關係都在自己可控範圍內，關係可控自己就會感到安全，關係失控，就會焦慮，就會感到不確

定，就危險。

怎麼樣才能夠實現各種關係可控？《孫子兵法》提出「凡軍之所欲擊，城之所欲攻，人之所欲殺，必先知其守將、左右、謁者、門者、舍人之姓名」，就是當要攻打某個地方前，一定要對這個地方的守將是誰、左右偏將或者身邊的主要骨幹是誰、秘書參謀是誰、保安守門的是誰等所有能夠採集到的關於對手的信息，全部都「令吾間必索知之」，採集到手，這樣才可能「知彼知己勝乃不殆，知天知地勝乃不窮」。

有關資料顯示當年解放戰爭打到最關鍵階段，共產黨的諜報人員將信息收集工作做到了每天晚上蔣介石睡覺前看的什麼書毛澤東都知道！難怪遼沈、淮海、平津戰役中解放軍摧枯拉朽，國民黨軍隊兵敗如山倒，這與毛澤東攻敵之謀，攻敵之心，令其自棄其策，最後上兵伐謀，以謀取勝有很大關係。王晢註：「謀攻敵之利害，當全策以取之，不銳於伐兵攻城也。」比較正確地揭示了孫子本篇的主要旨趣。謀攻不管是「伐謀」「伐交」還是「伐兵」，都離不開一定的戰爭物資和兵員兵力的準備與配置，用孫子的話來說就是「軍形」。所以接下來孫子就要討論如何展示和運用一支軍隊的實力──「軍形」。

《孫子兵法》第四篇是《軍形篇》。《軍形篇》這個「形」，簡單說就是實力，就是軍隊面臨的客觀條件和軍隊自己的戰爭物資、兵員數量和戰鬥實力。孔穎達《正義》曰：「體質成器，是謂器物，故曰形乃謂之器，言其著也。」由此可見，「形」，不僅可指形於外者，也可指器物，即實質性的東西。孫子在這裡引入「形」的概念所要說明的正是軍事實力及其外在表現，如兵員眾寡、物資多少、戰力強弱等。形篇主要論述如何依據敵我雙方軍事實力的強弱，靈活運用奇、正、攻、守、聚、散等不同的形式，以達到在戰爭中保全自己，消滅敵人的目的。

第一章 《孫子兵法》十三篇的主旨及其邏輯關係

《孫子兵法》在《軍形篇》提出：「一曰度，二曰量，三曰數，四曰稱，五曰勝。地生度，度生量，量生數，數生稱，稱生勝。故勝兵若以鎰稱銖，敗兵若以銖稱鎰。勝者之戰民也，若決積水於千仞之溪者，形也。」孫子認識到國土面積影響物資產量，物資總量影響兵員數量，兵員數量影響軍隊戰鬥實力，戰鬥實力導致勝敗結局。《軍形篇》重點研究怎樣通過對戰鬥力和戰爭物資等客觀穩定因素的優化與控制，實現在相同的兵力、相同的物資設備的情況下，通過優化組合與科學使用，形成對自己有利的態勢，以達到必勝的結果。

孫子在該篇提出「勝兵先勝而後求戰，敗兵先戰而後求勝」。何謂勝兵先勝？就是盡量讓自己的軍力數量和實力、戰略物資儲備等客觀要素遠遠超過對方，使雙方在某個具體決戰時間和地點上的「軍形」與自己不在一個量級上，就像五十公斤級職業拳擊手和九十公斤級的職業拳擊手比賽，原則上不用打，勝負幾乎就已經決定了，重量級的必勝，輕量級的必敗。

《軍形篇》通過理性分析振聾發聵地告訴人們，沒有實力的憤怒毫無意義，沒有實力的謀略充滿了危險。《三國演義》中的空城計只能出現在小說當中，因為就算司馬懿不知道諸葛亮西城裡面有多少兵馬，他派一百士兵去試著攻打一下可以不？如果這樣，在城樓上撫琴的諸葛亮應如何收場？

當年英國軍隊遠跨重洋去和阿根廷在馬島打了一仗，打得全世界都為之瞠目，大英帝國確實牛，居然為了這麼一個小島長途奔襲大打一仗！打完以後英國首相撒切爾夫人攜馬島獲勝之威來找中國談香港問題，這幾乎就是一次現代版的國際空城計。可這次她遇到了鄧小平，鄧小平認真地研究了英國派到馬島去打仗的兵力，去了多少海軍，去了多少空軍，打完回來的時候還有多少裝備，還有多少艦艇，還有多少兵員，損失了多少。結果一算就發現英國在馬島

之戰中表面上打贏了，實際上「殺人一千自損八百」，已是外強中乾，有一艘航空母艦在戰鬥中幾乎報廢了，另外一艘也是千瘡百孔。此時英國和中國如果就香港問題開戰，英國又要打一個遠涉重洋的仗，而大英帝國已是有心無力！基於此，撒切爾夫人與鄧小平見面談香港問題時，鄧小平說：「中國在這個問題上沒有回旋餘地。坦率地講，主權不是一個可以討論的問題。現在時機已經成熟，應該明確肯定——1997年中國將收回香港。就是說，中國要收回的不僅是新界，而且包括香港島、九龍。如果不收回，就意味著中國政府是晚清政府，中國領導人是李鴻章！如果中英兩國抱著合作的態度來解決這個問題，就能避免大的波動。」

　　鄧小平還告訴撒切爾，中國政府在做出這個決策時，各種可能性都估計到了，「還考慮了我們不願意考慮的一個問題，就是如果在十五年的過渡時期內香港發生嚴重的波動，怎麼辦？那時，中國政府將被迫不得不對收回的時間和方式另作考慮。如果說宣布要收回香港就會像夫人說的『帶來災難性的影響』，那我們要勇敢地面對這個災難，做出決策」。

　　以謀制勝的高手在談判中善於運用弦外之音，感覺什麼都沒有說，可又什麼都說了！最後中英兩國按照鄧小平因時度勢提出「一國兩制」的思路和辦法解決了中英間在香港問題上的分歧，為國際間解決領土主權糾紛提供了創新性思路和模式。這背後起決定作用的其實是鄧小平對中英兩國當時的綜合國力，尤其是當時軍隊實力間「形」的對比的清晰把握和運用。

　　並不是有什麼樣的軍事實力（即軍形）就自動會產生什麼樣的軍事效果，所以接下來《孫子兵法》就在《軍勢篇》中研究了如何讓相同的軍事實力（即軍形），組合投用產生出不同的戰鬥力。於是《孫子兵法》接下來就研究了如何「以小搏大，一招制敵」，怎樣「事半功倍，四兩撥千斤」，形成對自己有利的「軍勢」。

第一章 《孫子兵法》十三篇的主旨及其邏輯關係

　　《孫子兵法》第五篇為《軍勢篇》。本篇重點討論如何「任勢」和「造勢」，形成對己方有利的格局，提高己方獲勝的概率。什麼是「勢」呢？《說文解字》中有「盛力權也為勢，從力，執聲」，「執」是什麼呢？「執」在古漢語中的意思是在一個高高的山坡上滾動一顆圓球，執與力聯合起來就表示高山上的球丸具有向低處滾動的能量和力量，是一個形聲字。

　　「勢」在中國古漢語裡是一個多義詞，《晉書·杜預傳》說：「今兵威已振，譬如破竹，數節之後，皆迎刃而解。」可見「勢」是比喻作戰的時候順利而為，節節勝利，毫無阻攔。蘇秦在《六國論》中說「六國與秦皆諸侯，其勢弱於秦」，這裡「勢」是實力的意思；而賈誼在《過秦論》中說「仁義不施，而攻守之勢異也」，這裡「勢」又是格局和形態的意思。

　　《孫子兵法》關於「勢」的論述有：「勢者，因利而制權也」「故善戰人之勢，如轉圓石於千仞之山者」「故善戰者，求之於勢，不責於人，故能釋人而任勢」。可見《孫子兵法》的「勢」是指通過對現有環境與資源的充分認識與把握，進行科學的調動配置，聚己之力，揚己之長，形成對敵關鍵環節的致命威懾。有「勢」的軍隊就士氣高昂，有「勢」的軍隊就充滿鬥志，有「勢」的軍隊就臨危不懼，有「勢」的軍隊就可以少勝多！

　　如何達到「勢」的效果呢？ 簡單說就是「凡戰者，以正合，以奇勝」。通過奇正變幻，實現對敵關鍵地點「兵之所加，如以碬投卵」。孫子說：「激水之疾，至於漂石者，勢也；鷙鳥之疾，至於毀折者，節也。是故善戰者，其勢險，其節短。勢如彍弩，節如發機。」可見選對進攻地點，選對進攻對象，選對進攻時機，把握進攻節奏，把握進攻力度——穩、準、快、狠，就是「勢」！

　　20世紀90年代舉世矚目的「沙漠風暴行動」，以美國為主的多國部隊依託絕對的海空優勢，首先是對伊拉克的指揮、通信、聯

絡、空防、機場等重要軍事戰略目標進行狂轟猛炸，削弱甚至摧毀伊拉克戰爭的潛力，然後大規模空襲伊地面作戰部隊，最大限度地打擊和削弱其戰鬥力最後投入地面部隊和兩栖登陸力量發起地面進攻。

戰爭開始的頭三天為戰略空襲，以美國為主的多國部隊動用4,700多架各式飛機和約200枚戰斧式巡航導彈對伊拉克、科威特境內的防空和雷達系統、軍用和民用機場、薩達姆總統住所、軍事指揮中心、政府首腦機關、通信聯絡樞紐、核生化和地空導彈設施等軍事戰略目標進行了輪番轟炸。空襲使伊拉克空軍、海軍基本失去戰鬥力，伊拉克的導彈等大規模殺傷性武器的反擊能力被削弱到最低限度，伊軍指揮控制系統被摧毀四分之三，伊軍前線部隊通訊聯絡發生困難，伊拉克駐科威特部隊後勤補給線基本被切斷，從而使伊軍在科威特戰區的戰鬥力受到重創。據美國、沙特阿拉伯等軍方戰後宣布，整個海灣戰爭的突襲轟炸共使伊軍42個師中的約40個師被摧毀或失去戰鬥力，共摧毀伊軍坦克3,700多輛，裝甲車1,800多輛，大炮2,140多門；擊毀擊落伊作戰飛機150架，擊沉或重創伊艦艇57艘。

海灣戰爭地面戰從1991年2月24日開始，在全世界各種猜測與觀望中，整個地面作戰行動推進快得出奇，完全沒有出現之前很多軍事觀察家預測的拉鋸戰、攻堅戰和巷戰，出人意料地於1991年2月28日上午就結束了！在美國及多國部隊地面推進的過程中，伊拉克軍隊鬥志崩潰，幾十萬伊拉克軍隊很少有實質性抵抗，甚至出現伊拉克成建制戰鬥部隊向涂有美軍標誌的新聞採訪車隊繳械投降的情況。整場戰爭從空襲開始到地面戰結束，美軍和多國部隊共俘虜伊軍17.5萬人，造成伊軍10多萬人死傷。多國部隊方面總共傷亡失蹤600餘名軍人，被俘官兵41人。這就是戰前和戰爭過程中美軍及多國部隊利用信息化和高科技武器，大大提高了作戰能

力，使作戰行動向高速度、全天候、全時域發展，形成了對自己全面有利格局之「勢」的結果！

「造勢」或者「任勢」的過程和結果都指向一個東西，那就是造成對自己有利的「虛實」格局，所以接下來《孫子兵法》就進入《虛實篇》，研究如何在對抗中實現「以鎰稱銖」的效果，達成「以己之實，對敵之虛」的結果。

《孫子兵法》第六篇為《虛實篇》。《虛實篇》集中論述了戰爭活動中「虛」「實」關係相互對立、相互轉化這一具有普遍規律性的問題，揭示了軍事行動中「避實擊虛」的一般原則。孫子強調要通過對「虛」「實」關係的全面認識和辯證把握，來奪取戰爭的主動權，即「致人而不致於人」。

正如《唐太宗李衛公問對》中李世民所說：「觀諸兵書，無出孫武，孫武十三篇，無出《虛實》。」「虛」即空虛，指兵力分散而薄弱；「實」即充實，指兵力集中而強大。虛實，同時也指作戰行動中虛虛實實、示形佯動等手段。《孫子兵法》在該篇中提出：「故形人而我無形，則我專而敵分；我專為一，敵分為十，是以十攻其一也，則我眾而敵寡；能以眾擊寡者，則吾之所與戰者約矣。吾所與戰之地不可知，不可知，則敵所備者多，敵所備者多，則吾所與戰者寡矣。故備前則後寡，備後則前寡，備左則右寡，備右則左寡；無所不備，則無所不寡。」

《虛實篇》主要就是討論如何通過部隊的分散、集中、調動、埋伏、迂迴、急進等，實現在預定會戰地點我方參戰的人員多，敵方參戰人員少；我方軍隊戰鬥力強，敵方軍隊戰鬥力弱；不斷形成一次次具體交戰節點上我實敵虛、我強敵弱的局面。1946 年 7 月起，粟裕指揮華中野戰軍主力 3 萬餘人和 10 餘萬地方武裝民兵，與 12 萬美械裝備的國民黨軍作戰，一個半月 7 戰 7 捷，殲敵 5.3 萬餘人，為解放戰爭初期人民解放軍的作戰提供了可資借鑑的實戰

經驗。粟裕的具體戰略戰術就是「集中優勢兵力，各個殲滅敵人」。比如蘇中戰役期間粟裕以 15 個團對抗國民黨進攻前突的 5 個團，本來已經 3：1，很有勝算了，可是粟裕卻先用 5 個團圍住對方 3 個團，同時集中自己 10 個團先殲滅了對方 2 個團，再集中自己 15 個團圍殲剩下的 3 個團，將原本 3：1 的戰鬥變成每次決戰都是 5：1，大大降低了自己的人員攻堅傷亡數量，提高了自己的決勝把握。

　　史料顯示，蘇中戰役的捷報傳到延安，毛澤東極為興奮，親自為中央軍委起草電報發給各戰略區首長，介紹這一運用孫子兵法「虛實」思想制勝經驗說：「每戰集中絕對優勢兵力打敵一部，故戰無不勝，士氣甚高，繳獲甚多，故裝備優良；憑藉解放區作戰，故補充便利；加上指揮正確，故能取得偉大勝利。這一經驗是很好的經驗，希望各區仿照辦理，並望轉知所屬一體注意。」毛澤東認為粟裕領會並很好發揮了孫子兵法中創造和利用虛實制勝的精髓，以至於在接下來的淮海戰役時毛澤東發出了這樣一封電報：「為執行此神聖任務，陳、張、鄧、曾、粟、譚團結協和極為必要。在陳領導下，大政方針共同決定（你們六人經常在一起以免往返電商貽誤戎機），戰役指揮交粟負責」。果然粟裕指揮的淮海戰役也打得沒有讓毛澤東失望！

　　要實現「以己之實，對敵之虛」，就要爭奪有利的地形、有利的戰機、有用的物資、有價值的人員等。歷史和現實反覆證明：天上一般不會自己掉餡餅的，坐等餡餅的結果一般等到的都是陷阱。所以《孫子兵法》接下來在《軍爭篇》就討論了如何積極有效而安全可控地去爭奪獲取對自己有利的東西。

　　《孫子兵法》第七篇為《軍爭篇》。「軍爭」就是兩軍爭利爭勝，即敵我雙方爭奪有利於自己取勝的地形、物資等客觀條件。《軍爭篇》的核心思想是討論如何趨利避害，爭取先機之利，力爭掌握戰場的主動權，讓自己立於不敗之地。《孫子兵法》在該篇重

第一章　《孫子兵法》十三篇的主旨及其邏輯關係

點論述「軍爭為利，軍事為危。舉軍而爭利則不及，委軍而爭利則輜重捐。是故卷甲而趨，日夜不處，倍道兼行，百里而爭利，則擒三將軍，勁者先，疲者後，其法十一而至；五十里而爭利，則蹶上將軍，其法半至；三十里而爭利，則三分之二至。是故軍無輜重則亡，無糧食則亡，無委積則亡」。

《孫子兵法》提出在軍爭中必須防止直奔目的，不計其餘，結果欲速不達的「一根筋」的軍爭思路和做法。提出要努力做到在軍爭過程中「以迂為直，以患為利」，實現「後人發，先人至」，就是研究如何在兩軍都去爭有利的地形地勢和有利的戰略物資的時候，以間接迂迴的手段去達到比直接手段還要快還要好的結果。

兩點之間直線最短是課本上的理論常識，但在現實生活中可能間接的、迂迴的反倒比直接的還快，還容易獲勝。中國古代戰史上比較知名的「以迂為直」的例子是趙奢救閼與。秦國軍隊包圍了閼與，趙奢奉命帶領軍隊去解閼與之圍。按照一般的思維方式，應該直接去攻打包圍閼與的秦軍。可趙奢的軍隊在離閼與還很遠的地方就停下來了，趙奢還頒布了一個軍令：所有的人都不能再跟我提救閼與這個事情，如果有提救閼與者杖三十軍棍！下達命令以後讓所有的趙國士兵刀槍入庫，馬放南山。幾天過去有人終於忍不住了，說：趙將軍我們不是去救閼與嗎？怎麼在這個地方就停下來了呢？救急如救火，趕緊繼續走呀！趙奢說：此人違反軍令，痛打三十軍棍！

這個時候剛好秦國派使節過來（戰爭當中所有的使節往來一般除了信息傳遞以外，都有一個職能就是刺探情報），趙奢很熱情很隆重地接待了秦軍的使節，大魚大肉，好吃好喝，完了還挽著他在軍營裡面到處轉了一圈。這個秦軍使節一看趙奢這支軍隊，根本沒有要打仗的狀態，看來趙國來救閼與是做樣子給對方看的，不會真救。

於是秦軍使節回去以後就給自己的主帥匯報，說趙奢是不會真正來救閼與了，你就把前面派去阻擊趙奢軍隊的人馬從各個路口、關隘、河津撤回來，合力去攻打閼與吧。

等秦國的使節一離開，趙奢就下達一個緊急命令：埋鍋造飯，星夜啓程，卷甲而趨，背道兼程！結果是前面秦國原來防範阻擊趙奢軍隊的兵力剛一撤走，趙奢的軍隊隨即就到了，幾乎沒有遇到任何有力的阻擋，長驅直入，省去了逐個關卡隘口攻堅爭奪的鏖戰，一口氣就抵達了攻打閼與的秦軍背後。秦軍腹背受敵，很快敗退，閼與之圍得解！趙奢「停軍不前，欺敵撤軍，突襲解圍」就是「軍爭篇」中倡導的以迂為直，變慢為快，化不利為有利的典型思維方式和操作策略。

軍爭過程是雙方甚至多方博弈的過程，軍爭過程涉及若干的自變量和因變量的相互作用與影響。 軍爭過程中沒有什麼是確定的和不變的，如果一定要說什麼是確定無疑的話，那就是「變化」本身！認識到變化來臨並有準備者往往安全；認識不到變化來臨或者知道變化要來卻因循守舊者肯定就危險！這個世界確實是「窮則變，變則通，通則久」的。所以《孫子兵法》接下來就在《九變篇》中討論如何「因時、因勢、因事而化」。

《孫子兵法》第八篇是《九變篇》，「九變」既是篇名，又是全篇中心思想的集中反應。清代學者汪中在《述學‧釋三九》中說：「古人措辭，凡一二所不能盡者，均約之以三以見其多；三之不能盡者，均約之以九以見其極多。」又說：「三者，數之成也；積至十，則復歸於一；十不可以為數，故九者，數之終也。」可見古人以九為數之極。《周易‧繫辭上》：「一闔一闢謂之變。」王晢註：「九者數之極：用兵之法，當極其變耳。」可見九變就是研究軍爭中的各種變、無窮變。

《九變篇》的中心思想是討論在作戰過程中如何根據特殊的情

況，靈活變換戰術以贏得戰爭的勝利，集中體現了孫子實事求是、隨機應變、靈活機動的作戰指揮思想。因為所有廟算時設計的方案、作戰的策略一旦進入正式戰爭運作的時候，都只是紙上談兵，一定要根據客觀現實的情況「踐墨隨敵」，因時因勢而變。

故孫子兵法在該篇提出要「圮地無舍，衢地交合，絕地無留，圍地則謀，死地則戰。涂有所不由，軍有所不擊，城有所不攻，地有所不爭，君命有所不受」。翻譯成今天的話來說就是：戰爭用兵過程中要實事求是，因敵而變，因地而變，不唯書，不唯上。孫子還提出「九變」中要考慮到各種情況下用兵的利和弊，因為「智者之慮，必雜於利害，雜於利而務可信也，雜於害而患可解也」。

如果說到目前為止《孫子兵法》以上各篇都「舍事言理」，多從務虛的層面和角度討論思維問題的話，接下來的《行軍篇》《地形篇》和《九地篇》中，孫子就從實踐操作的角度提出了一些帶兵、行軍、選地、安營、相敵、進退等的鮮活經驗和規律。這讓《孫子兵法》一書顯得既有理論又有實踐，虛實結合。以下幾篇顯示出作者既是軍事理論家，又是軍事家的特點，這部分內容通過交流親身感受和對後輩耳提面命的方式，消除了作者「天橋把式，只會說不會干」，或者「文人論兵」「紙上談兵」的嫌疑。

《孫子兵法》第九篇為《行軍篇》。此處的「行軍」，不同於現代軍語中的「行軍」概念，是指如何部署、駐扎、調動軍隊。「行」指軍隊的行軍布陣，「軍」指軍隊的屯駐、駐扎或展開。這裡「行」，讀音為「杭」，就是行列、陣勢的意思。《行軍篇》主要論述軍隊在不同的地理條件下如何行軍作戰、如何駐扎安營，以及怎樣觀察、分析、判斷敵情，尤其是如何透過敵方具體表面現象，看出敵方隱蔽的真實情報，從而做出正確應對之策等問題。

該篇中，孫子通過總結長期戰爭實踐中的所見所聞，提出了行軍相敵的一些規律和經驗：「敵近而靜者，恃其險也；遠而挑戰者，

欲人之進也；其所居易者，利也。眾樹動者，來也；眾草多障者，疑也；鳥起者，伏也；獸駭者，覆也；塵高而銳者，車來也；卑而廣者，徒來也；散而條達者，樵採也；少而往來者，營軍也。辭卑而益備者，進也；辭強而進驅者，退也；輕車先出居其側者，陳也；無約而請和者，謀也；奔走而陳兵者，期也；半進半退者，誘也。杖而立者，饑也；汲而先飲者，渴也；見利而不進者，勞也。鳥集者，虛也；夜呼者，恐也；軍擾者，將不重也；旌旗動者，亂也；吏怒者，倦也；粟馬肉食，軍無懸甀，不返其舍者，窮寇也。諄諄翕翕，徐與人言者，失眾也；數賞者，窘也；數罰者，困也；先暴而後畏其眾者，不精之至也；來委謝者，欲休息也。兵怒而相迎，久而不合，又不相去，必謹察之。」簡單說就是軍隊不要駐扎在錯誤的地方，要盡量在前進和駐扎的時候得地利之便，要透過敵人表現出來的表面現象看到其隱蔽的真實的意圖和想法，並預判敵人的下一步行動。《九變篇》反應了孫子對人性的深刻認識和把握，是孫子對戰爭實踐的經驗總結，是孫子幫助後輩兵家在具體戰役中克服「戰爭迷霧」的心經。

再好的「心經」停留在紙上也無益，接下來孫子就開始研究如何在各種不同的「客觀地理環境」和「主觀心理環境」下運籌帷幄，攻堅克難，保民全勝。《孫子兵法》在《地形篇》中研究了在現實世界中物質形態的、看得見摸得著的山川河流這樣的「客觀地理」環境下如何「得地利之便」的用兵法則。

《孫子兵法》第十篇是《地形篇》。《地形篇》是中國歷史上最早系統論述有關軍事地形學的精闢專文。孫子在本篇中扼要地揭示了巧妙借助和利用「客觀地理環境」的重要性，列舉了利用各種客觀地形的戰術類型，提出了在不同的客觀地形條件下，軍隊行軍作戰的若干基本戰術原則，辯證地分析了判斷敵情與利用地形之間的相互關係。在春秋時期的冷兵器時代，兩軍交鋒很多時候都是要面

對面零距離接觸搏殺的，是否占據有利的地形地勢在一次戰鬥或者戰役中對勝敗的影響力是重要而關鍵的，隨著生產力和科學技術的不斷發展，尤其是海空一體戰的今天，傳統的「地形」在戰爭中的作用在不斷減弱。不過《孫子兵法》提出戰爭中要因地制宜，占領有利地形地勢，「借勢」發揮自己的戰鬥力，給對方以更大衝擊和打擊的思路仍然是有價值的，只不過這種地勢變成了「水下移動對定點地面」「戰略遠程打擊」「海、空、地立體對敵」「空中對地面」或者「太空對地面」而已。

孫子認為戰爭中「地形有通者，有掛者，有支者，有隘者，有險者，有遠者」。並強調「戰道必勝，主曰無戰，必戰可也；戰道不勝，主曰必戰，無戰可也。故進不求名，退不避罪，唯人是保，而利合於主」，就是說優秀的將領在戰爭中的決策要既不能唯上之令，又不能為將領謀一己功名私利。優秀將領的決策必須根據各種不同的地形因地制宜，必須隨機應變指揮作戰，所有決策必須力求保全士卒（不僅僅是己方士卒，還包括敵方士卒）性命，所有決策必須為了求取戰爭勝利，實現國家或者君上的最大利益。

孫子認為影響一支軍隊勝敗的「地形」除了「客觀地形」外，還有「主觀地形」。因為相同物質形態的天地、河流、山川環境在不同的人心目中感受是完全不同的；同一個人在距離自己熟悉的家鄉和祖國不同空間距離的作戰環境下對外界環境的感受是不一樣的，進而對軍隊的士氣影響也是不同的。就像古話說的，一個人走夜路，荒郊野地裡一般是「遠怕水，近怕鬼」，就是這個道理，因為在自己熟悉的環境擔心和害怕的東西和在自己不熟悉的環境害怕的東西是不一樣的。於是孫子接下來討論了在九種「主觀地理環境」（九地）下，如何應對團隊成員心理上可能出現的變化，以及如何借用不同地理環境對團隊成員心理的影響，因地制宜地鼓舞士氣、凝心聚力，讓整個團隊始終令行禁止、同仇敵愾。

《孫子兵法》第十一篇為《九地篇》。九地，指散地、輕地、爭地、交地、衢地、重地、圮地、圍地、死地等九種不同的戰略地理環境。《九地篇》主要論述了在戰場離自己國土遠近不同，以及進入敵國縱深程度不同的情況下，根據士兵可能出現的心理變化，因勢利導指揮士兵正常面對戰鬥。本篇提出了軍隊在九種不同戰略地理條件下進行作戰的基本指導原則，特別強調了要根據不同作戰地區官兵的不同心理狀態，做出不同的戰略戰術安排，以確保取得戰爭的勝利。

該篇總結指出：「諸侯自戰之地，為散地。入人之地而不深者，為輕地。我得則利，彼得亦利者，為爭地。我可以往，彼可以來者，為交地。諸侯之地三屬，先至而得天下之眾者，為衢地。入人之地深，背城邑多者，為重地。行山林、險阻、沮澤，凡難行之道者，為圮地。所由入者隘，所從歸者迂，彼寡可以擊吾之眾者，為圍地。疾戰則存，不疾戰則亡者，為死地。是故散地則無戰，輕地則無止，爭地則無攻，交地則無絕，衢地則合交，重地則掠，圮地則行，圍地則謀，死地則戰。」這就是要充分認識到人的本性，要依據人的本性在不同的戰略地形採取不同的軍事行動，該快就快，可留才留，需搶就搶，必戰則戰。

《孫子兵法》認識到，人的本性不是簡單的善惡可歸納表達的，人的本性都是求生避死、趨利避害的。正如本篇所言「凡為客之道，深則專，淺則散。去國越境而師者，絕地也；四達者，衢地也；入深者，重地也；入淺者，輕地也；背固前隘者，圍地也；無所往者，死地也。是故散地，吾將一其志；輕地，吾將使之屬；爭地，吾將趨其後；交地，吾將謹其守；衢地，吾將固其結；重地，吾將繼其食；圮地，吾將進其涂；圍地，吾將塞其闕；死地，吾將示之以不活。故兵之情，圍則禦，不得已則鬥，過則從」。為了保全士兵性命，為了獲得勝利，將帥甚至要「犯之以事，勿告以言；

犯之以利，勿告以害。投之亡地然後存，陷之死地然後生」，因為充分把握和利用人的本性，就可以避免「主觀地理環境」對士氣的負面影響，激勵士氣，讓「夫眾陷於害，然後能為勝敗」。

《孫子兵法》第十二篇為《火攻篇》。該篇主要論述了春秋時期及之前戰爭中火攻的種類、條件、實施火攻的方法以及火攻發動後的跟進、鞏固戰果的策略等。《火攻篇》是我們現在所能見到的中國古代最早系統總結火攻作戰經驗和特點的專門文獻。

孫子把火攻對象歸納為五大類，即火人、火積、火輜、火庫、火隊。他指出火攻必須具備「發火有時，起火有日」的氣象條件和「行火必有因，菸火必素具」等物質條件。當年的火攻具有強大的殺傷力和威懾力，就像現代戰爭中的核打擊，一般作為戰略選擇使用，不適合用於戰術層面使用，因為火攻多半「損人不利己」，即便成功也是「戰勝攻取而不修其功，命曰費留」，使戰勝方有戰勝之名而無戰勝之惠。

在該篇中孫子再次表達了他的「慎戰」思想，並進一步提出了如果戰爭不可避免，也要有「勝敵而益」的思想。他說：「夫戰勝攻取，而不修其功者，凶。命曰費留。故曰：明主慮之，良將修之，非利不動，非得不用，非危不戰。主不可以怒而興師，將不可以慍而致戰。合於利而動，不合於利而止。怒可以復喜，慍可以復悅；亡國不可以復存，死者不可以復生。」細讀本篇，我們能真切感受到孫子「深知兵之害，無奈起烽菸；止戈成武日，蒼生得寧安」，屠夫手段，菩薩心腸，苦口婆心！

為了盡量減少不得已的爭鬥和戰爭中的人員死傷和物資損毀，盡量減少無謂的犧牲和消耗，努力縮短戰爭的時間，孫子提出為了「動而勝人」，要「兵貴勝，不貴久」，就要知己知彼，要注意信息情報的收集，於是接下來討論間諜的使用。

《孫子兵法》第十三篇為《用間篇》。本篇重點討論「五間」的特點及其運用技巧。這裡的「間」就是間諜，《說文》曰：「間，隙也。」《爾雅‧釋言》：「間，俔也。」郭璞註：「《左傳》謂之諜，今之細作也。」《用間篇》主要論述在戰爭活動中使用間諜以偵知、掌握敵情的重要性，以及間諜的種類劃分、基本特點、使用方式等。這一篇研究的內容就相當於今天戰爭中的情報信息戰。

《孫子兵法》有「故用間有五：有因間，有內間，有反間，有死間，有生間。五間俱起，莫知其道，是謂神紀，人君之寶也。因間者，因其鄉人而用之。內間者，因其官人而用之。反間者，因其敵間而用之。死間者，為誑事於外，令吾間知之，而傳於敵間也。生間者，反報也」，而且提醒說「三軍之事，（情）莫親於間，賞莫厚於間，事莫密於間」。因為戰爭太耗費國力財力人力了，「凡興師十萬，出徵千里，百姓之費，公家之奉，日費千金；內外騷動，怠於道路，不得操事者，七十萬家」。不僅是當年運輸能力低下時戰爭中後勤保障需要大量人力物力，就是現代交通運輸十分發達的情況下，兩軍交戰，表面是前線部隊的直接較量，其實背後還是兩軍的後勤保障能力的比拼，這決定著一場戰爭最後的勝負。有資料統計中國明朝之前戰爭中的運糧草設備人員加上醫護人員和護衛兵、後勤部隊與作戰部隊的人員的比例大概是5：1；中國目前的國防策略是防禦型的，所以我軍的後勤與作戰部隊比例大概是12：1；而美軍現在後勤與一線作戰部隊人員比例有時達到了40：1。

如何迅速結束戰爭，減少國力、財力、人力的無謂消耗，並獲取戰爭勝利呢？孫子指出「明君賢將，所以動而勝人，成功出於眾者，先知也。先知者，不可取於鬼神，不可象於事，不可驗於度，必取於人，知敵之情者也」。所以孫子認為兩國交兵，「相守數年，

以爭一日之勝，而愛爵祿百金，不知敵之情者，不仁之至也，非人之將也，非主之佐也，非勝之主也」。孫子認識到戰爭中用間其實就是以最小付出換取最大收益，用間就是用最小犧牲保全最多生命，如果連這個帳都不會算，在用間、賞間、買間上舍不得投入，在信息收集方面小裡小氣、市儈之精、婦人之儉，簡直就是抱著芝麻不要西瓜，就是十足的笨伯！

孫子雖然把間諜劃分為五大類，並指出「五間」都有不同特點和功能，主張「五間俱起」，但又特別強調應以「反間」為主。孫子在該篇中提出：「必索敵人之間來間我者，因而利之，導而舍之，故反間可得而用也。因是而知之，故鄉間、內間可得而使也；因是而知之，故死間為誑事，可使告敵；因是而知之，故生間可使如期。五間之事，主必知之。知之必在於反間，故反間不可不厚也。」孫子認為「明君賢將，所以動而勝人，成功出於眾者，先知也」，就是一支軍隊要能動而勝人，組合利用間諜，尤其是善於運用反間獲取信息非常關鍵。

《孫子兵法》從「廟算」開始，到「用間」結束，中間極有邏輯性地列舉研究了一場戰爭從準備到開拔再到攻城略地的整個過程，中間各篇就是一顆顆珍珠，串起這些珍珠的線就是《孫子兵法》的靈魂——「知己知彼，百戰不殆」！

大名鼎鼎的《孫子兵法》主要就講了以上這些內容，概要地說就是以下五點：第一，討論了如何判斷是不是應該發動一場戰爭；第二，在一場不可避免的戰爭中可以實現哪些國家戰略（如政治戰略、經濟戰略、國防戰略）；第三，一場戰爭可以實現什麼軍事戰略（包括常規戰略和特殊戰略）；第四，用什麼來保障和支撐一場戰爭（就是如何籌備物資，如何招募兵員，如何選拔使用將官，如何治理軍隊）；第五，究竟如何指揮一場戰爭（包括戰術原則和戰

鬥方法）。如此看來，是不是感覺《孫子兵法》簡單平常？蘇軾的一首詩可以用來表達我多年反覆研習體悟《孫子兵法》的過程與感受：廬山煙雨浙江潮，未到千般恨不消。到得還來別無事，廬山煙雨浙江潮。

第二章 DIERZHANG

《孫子兵法》與同時代著作相比的特點

「世界」是由「世」和「界」兩個要素組成的，「世」就是時間和歷史要素，「界」就是空間和社會要素。世界觀就是人們對時間和歷史的看法，對空間和社會的看法。如果某種對「時間和歷史」「對空間和社會」的看法是系統化理論化的，這種世界觀就形成了哲學。一個民族的文明程度一般可以從他們對世界系統化理論化的認知程度反應出來。《孫子兵法》與《周易》、《道德經》和《論語》並稱為中國傳統文化對外交流的四本標誌性著作，這四本書裡表現出的世界觀和方法論標誌著中國古代先人們認識世界的高度和深度。《孫子兵法》能夠在2,000多年前就「舍事說理」，將國防、軍備、戰爭方面的感性經驗上升到理論層面進行系統總結，確實理性得有點不合人們的常識。也正因為《孫子兵法》這種有系統性和穿透力的論述，讓它經受住了世事變遷的淘汰篩選，至今被尊為「中華智庫」。千秋百代共推崇總是有原因的，因為《孫子兵法》與其他同時代出現的中國古代經典著作相比在世界觀和方法論方面確實具有高出同儕之處。

第一，《孫子兵法》與同時代的著作相比已具備了唯物的世界觀和實踐的可知論。在整個人類社會發展過程中，產生了各種各樣對世界的看法，有的是零碎的，有的是系統的。不過生活在相同地域和歷史時期的人們一般具有大致相同或者相近的世界觀，並採用大致相近的方法論指導實踐，改造世界。對世界觀進行分類有很多種分法，最常見的就是分為唯物主義世界觀和唯心主義世界觀。唯物論是唯物主義世界觀的基礎和特點，唯心論是唯心主義世界觀的基礎和特點。

唯物論是和唯心論相對應的，唯物論認為這個世界不以人的主觀意志為轉移的物質是第一性的，物質決定意識；唯心論分為兩種，第一種叫客觀唯心主義，就是認為有一種人的意志之外的力量

第二章 《孫子兵法》與同時代著作相比的特點

在創造、主宰並管理推動這個世界,這個力量比如是上帝耶和華,比如是真主安拉,比如是南海觀世音,比如是天宮的玉皇大帝,用這樣的思維方式和觀念來看待世界的就叫客觀唯心主義。

唯心主義的第二類叫主觀唯心主義,主觀唯心主義認為整個世界是由我們人的「心」在主宰,這個世界之所以鮮活,之所以會存在並有價值,是因為有了我們「心的觀照」,主觀唯心主義比較標誌性的說法就是南宋陸九淵的「宇宙即吾心,吾心即宇宙」。在日常生活中的運用就是當風吹經幡動,主觀唯心主義的結論是:非幡動,亦非風動,乃仁君心動!今天世界上對主觀唯心主義有好感,並且欣賞主觀唯心主義的人還很多,因為主觀唯心主義確實指出了人的主觀能動性在面臨客觀外界環境時具有的價值,主觀唯心主義能夠讓人類在不自由的客觀世界中找到自己存在的價值,尤其是幫助不自由的個體突破現實約束,放飛思想和靈魂,找到精神自由的途徑。可是如果將主觀唯心主義這個精神意義上的價值通用於指導全體人類或者某個具體個人在物質世界的實踐,就會吃大虧!因為困難和危險不會因為你的「心」沒有觀照到它而消失,如果人們相信了自己的「心沒有觀照到的東西就不存在」,那在認識世界和改造世界的實踐中就如盲人騎瞎馬,危機重重!

《孫子兵法》說「故明君賢將所以動而勝人,成功出於眾者,先知也。先知者,不可取於鬼神,不可象於事,不可驗於度,必取於人」,什麼人呢?「知敵之情者」。就這麼短短的一段話,體現出了《孫子兵法》與兩千多年前的同輩先賢相比已具備了樸素的唯物無神論。

孫子認為一支軍隊要成功,要勝利,就一定要比競爭對手或者其他人先瞭解和知道一些東西。知道什麼呢?知道信息,知道與戰爭相關的重要的關鍵的信息。而這些重要的關鍵的信息從哪裡得到呢?《孫子兵法》說「不可取於鬼神」,就是不能從神或者鬼那裡

去獲得信息。「不可象於事」，什麼意思？就是你可能曾經做過這個事情，於是你在這件事情上有經驗了，但你不能因為你以前做過這個事情，你有經驗，今後當你再遇到類似情況的時候就原封不動依葫蘆畫瓢，因為世事環境是不斷變化的，你不能總因循守舊地憑經驗行事。

《孫子兵法》說決策國之大事也「不可驗於度」，什麼叫「驗於度」？中國的老祖先人們觀天象能夠看到的天空區域大概就是以今天中原地區與地球球心為軸，斜仰角三十餘度的天球上的一個圓形空域，先人們就把看到的這個天球空域範圍的星辰分為左青龍、右白虎、前朱雀、後玄武四大區域，四大區域再分為二十八星宿。古人之所以這樣劃分星宿天域，是認為天地之間有一個對應關係，如《史記·天官書》所說，「天則有列宿，地則有州域」，把天上的星宿分別指配於地上的各個州國。《漢書·地理志》有「齊地，虛危之分野也」，就是說地上的齊地與天上的「虛危」星宿是天地配應的關係。

遠古時候我們的祖先之所以對天地之間的區域進行這樣的配應，就是為了「驗於度」，即觀察所謂的「機祥」的天象。通過觀察天象來占卜預測地上所配州國地域的吉凶。因為古人認為天上的某些星象是代表水災，某些星象是代表饑饉，某些星象是代表疾疫，某些星象是代表盜賊。彗星代表兵災，如彗星出現則代表將有戰爭爆發如。人們通過這些星的隱現和光色變化就可以占驗人間的事態吉凶，這就叫「驗於度」。

如《論衡·變虛》篇說：「熒惑，天罰也；心，宋分野也，禍當君！」就是通過觀察天象，發現主管災難和懲罰的「熒惑星」運行顯現在「心」這個星宿區域，而「心」這個星宿對應地上的宋國，所以「驗於度」，推斷出宋國的國君會有禍殃。《左轉·昭公十七年》則記載有「日有食之，天子不舉，伐鼓於社」，《禮記·

第二章 《孫子兵法》與同時代著作相比的特點

昏義》也有「日蝕則天子素服而修六官之職」。因為太陽這樣的超級巨星出現了不正常的天象，就是對地上的最高統治者進行警告，天子要從生活起居開始謹慎節儉，工作上要更加兢兢業業，否則就會有凶咎。

中國古代的史料典籍裡俯拾皆是這樣有關「天人感應，天人合一」的記錄和描述。《孫子兵法》在兩千多年前就直接說：自然天象和人事社會之間不應該有這種直接對應關係，這種對應是不可靠不可信的，我們決策時「不可驗於度」，而必須要「取於人」，就是從人身上獲得信息。從什麼人身上獲得信息來支持我們的決策呢？《孫子兵法》說要從「知敵情者」處獲得信息來決策。

一個人的思想認識水平高低，只看他本身是不全面不準確的，一定要與其他人的思想認識相對比。就像一個女孩子結婚，她穿得再漂亮，如果只有她一個人，也顯不出漂亮來。怎麼辦？就要看她的伴娘或者周圍其他女孩子。所以聰明的女孩子結婚時一定不會選比自己漂亮很多的人來做伴娘，否則會喧賓奪主，搶了新娘的風頭。

我們將孫子同他那個時代的先賢的思想相比就能看出他確實比同時代的人思想認識水平高。舉一個例子，孔子不得了吧？在涉及這個世界上有沒有鬼神這個問題的時候，孔子的回答是「未知生，焉知死？」「敬鬼神而遠之」「不語怪、力、亂、神」。孔子的意思是說：我連「生」都還沒有研究清楚呢，有沒有鬼神涉及的是「死亡」的範疇，我不知道。不過雖然我不確定有沒有鬼神，我是寧信其有，不信其無，最好敬鬼神而遠之，不妄自評價討論鬼神之事。於是《論語》中孔子對待去世祖先靈魂和鬼神的策略就是「祭如在，祭神如神在」，意思就是祭祀祖先就要像祖先真在面前一樣恭敬，祭神就要像神靈真在面前一樣虔誠，至於面前是不是真有祖先的靈魂，是不是真有鬼神，不清楚，也不重要。直到今天，我

們相當多的人對是否真有鬼神這個問題的認識，以及如何對待鬼神的態度都還停留在兩千多年前孔子對待鬼神的這個水平。

面對是否有鬼神之事，另一個大賢莊子是怎麼看的呢？莊子說「六合之外存而不論」，就是東南西北四方，加上天地這六方，我們的眼睛所能見，耳朵所能聽的六合之外，是鬼神的世界，我不知道有沒有鬼神這個東西，我沒有力量去研究這個，就「存而不論」吧。就是把這個問題放在那裡，不討論吧。可見莊子起碼不徹底否認鬼神。

墨子也是一個先賢大家，可是在《墨子》一書的《明鬼》一篇中他明確地提出「天有道，鬼有志」，認為天是有人格的天，鬼神也是有自己的意願和意志的，我們所處的這個世界都是鬼神創立並影響掌控著的，鬼神對這個世界的管理和影響是按職責分工的。我們必須要尊重鬼神，如果我們違背了天和鬼神的意志，是要受到鬼神懲罰的！墨子的這個思想和孫子相比就更不唯物了。

春秋戰國時期的中原諸國，當一個國家面臨重大問題的時候，他們怎麼樣獲取信息，如何判斷這個事情的吉凶，如何決定這個事情做得還是做不得呢？他們一般是通過五個方面來抉擇：第一，天子或者諸侯自己的意見；第二，大臣的意見；第三，普通庶民百姓代表的意見；第四，卜人的意見（當遇到重大事情就要占卜，殺牛、羊、雞等作為犧牲奉獻給天地鬼神，希望天地或者鬼神給以暗示指引。可是天地不言，鬼神也不語，我們聽不到怎麼辦？就要有仲介媒介來傳遞天地鬼神的意見，比如把一頭牛殺了敬獻給天地、祖先、鬼神以後，就把牛的肩胛骨取下來，將金屬條或者是石頭做的石條去燙牛的肩胛骨，骨頭由於受熱，就會裂開，占卜的人就根據這個肩胛骨的裂紋來判定事情是凶還是吉，是做得還是做不得，這種占卜方法在今天的雲南和黑龍江等邊遠山區和林區的老百姓都還有使用痕跡）。第五方面的意見是什麼呢？就是蓍，也就是算卦。

第二章 《孫子兵法》與同時代著作相比的特點

蓍草是多年生草本植物，古人認為它上通天，下通地，中間通人事。卜筮前問卜的人齋戒沐浴，保持內心的虔誠，然後按照「大衍之數五十」的原則，將五十段蓍草堆在一起，先拿出一節夾在左手中指與無名指之間，這叫「掛一」；把剩下的四十九段隨機分成兩堆，這幾個環節叫「掛一分二象三」，兩堆蓍草以四根一組四根一組地數，數到最後得到的數字按某個公式記下來，有些數就記一個長橫線，有些數就記兩個短橫線，長長短短的線組合起來就成了八卦卦象。然後再根據八卦的卦辭和算卦過程中某一個變卦的爻的爻辭（就是某個爻如果發生了陰變陽或者陽變陰的轉換，這個變了卦的爻辭就有特殊意義）來判定占卜的事情是吉還是凶，是做得還是做不得。

今天的人們可能覺得占卜這種獲取信息、輔助決策的方式和途徑原始而不可信，可在距今兩千多年前，當我們的老祖先人遇到重大事情的時候大多就用這個程序和機制來做決定。比如偉大的詩人屈原，當他遇到人生重大困惑時就曾經求助於當時的「卜筮專家」太卜鄭詹尹，文獻《卜居》一文詳細記錄了這段史料：

屈原既放，三年不得復見。竭知盡忠，而蔽障於讒。心煩慮亂，不知所從。乃往見太卜鄭詹尹曰：「餘有所疑，願因先生決之。」詹尹乃端策（蓍草）拂龜，曰：「君將何以教之？」

屈原曰：「吾寧悃悃款款，樸以忠乎，將送往勞來，斯無窮乎？寧誅鋤草茆以力耕乎，將遊大人以成名乎？寧正言不諱以危身乎，將從俗富貴以偷生乎？寧超然高舉以保真乎，將哫訾栗斯（卑躬屈膝、向他人獻媚取寵之意），喔咿儒睨（厚著臉皮向人媚笑之意）以事婦人（此處意指懷王寵妃鄭袖）乎？寧廉潔正直以自清乎，將突梯滑稽，如脂如韋，以絜楹乎？寧昂昂若千里之駒乎，將氾氾若水中之鳧與波上下，偷以全吾軀乎？寧與騏驥亢軛乎，將隨駑馬之跡乎？寧與黃鵠比翼乎，將與雞鶩爭食乎？此孰吉孰凶？何去何

從？世溷濁而不清：蟬翼為重，千鈞為輕；黃鐘毀棄，瓦釜雷鳴；讒人高張，賢士無名。吁嗟默默兮，誰知吾之廉貞！」

詹尹乃釋策而謝曰：「夫尺有所短，寸有所長；物有所不足，智有所不明；數有所不逮，神有所不通。用君之心，行君之意。龜策誠不能知此事！」

卜筮在當時很普遍，卜筮也有一定的原則，那就是卜筮要遵循「無疑不占，多疑不占，多選不占，一事不多占」等。占卜一定是在窮思竭慮之後，在反覆權衡之後，在再也找不到其他可以借鑑的可用的數據信息之後，在再也沒有其他人可以商量之後，在最後不知道在 A 和 B 之間究竟如何作二選一的取捨，在確實拿不定主意時的一種求之於天意鬼神的決策辦法。當與孫子同時代的人都認為其理所當然並習以為常的時候，《孫子兵法》就說這是「取於鬼神」，這是「象於事」，這是不可信不可取的，表現出了他樸素的無神論和唯物論。

如果有興趣可以瞭解一下八卦蓍法的具體程序和做法：

先找五十根蓍草（沒有蓍草可用木棍代替），五十是「大衍之數」，算之前靜心誠意，反覆默念要求問的事物。然後拿出一根，放在一邊（A），只用七七四十九根來算。一卦共分六爻，從下到上是「初二三四五上」六爻，每一爻需算三次，所以算一卦要算三六一十八次。

第一爻辭的第一算，先從四十九跟木棍中拿出一根，放在一邊（B，不要和 A 那一根混在一起，這表示這是第一算）。把手上餘下的木棍隨機分堆。拿出其中一堆，四根為一組，排成一排，最後剩下的一二三或四根就放到一邊（C），注意不要和 A、B 混起來。剩下的一堆同樣四根一組，排成一排，最後剩下的一二三或四根就放到一邊（C），這就完成了一算。

第二算開始，把所有排成四根一組的木棍合到一起，不要碰

第二章 《孫子兵法》與同時代著作相比的特點

A、B、C 的。拿出一根放入 B（B 有兩根了，表示第二算），剩下的如法炮製。

三算之後，兩排木棍的組數就只有四種可能：六，七，八，九。把結果記錄在紙上，單數用「—」（陽）來表示，雙數用「--」（陰）來表示。然後在旁邊寫漢字，如果最後是九堆，就寫「初九」，一定要寫漢字！算完一爻（三算），把四十九跟木棍合成一堆，開始算第二爻。注意，最開始算的爻是最下面的，從下到上。六爻算畢，最後就成了一卦。每一卦有一卦辭，每一爻有爻辭，卜筮者就可以按照卦辭和爻辭進行「吉、凶、悔、吝」的推斷，進而決策。

第二，《孫子兵法》與同時代的著作相比顯現出了樸素的實踐論和可知論。在兩千多年前，對於人的思想、人的知識究竟是從哪裡來的這個問題，也就是說人們對人是「生而知之」還是「學而知之」是存在著不同的觀點和答案的。有很多學者，甚至當時鼎鼎大名的哲人都認為人是生而知之的。現存的傳統文獻中不斷出現很多偉人一生下來就天生異象，異乎凡人的記載。什麼叫天生異象？比如傳說佛教的創始人釋迦牟尼，他跟我們就不一樣，他一生下來就會走路，連走七步，在地上每走一步，踩過的地方就長出一朵蓮花，步步蓮花，連續長出七朵蓮花。然後這小肉人兒就一手指天，一手指地說了一句話：「天上地下，唯我獨尊！」這就是天生異象！如果你覺得這個遠在印度，太遠太玄，那你翻開司馬遷的《史記》，你會讀到這樣的記載：

《史記·黃帝本紀》：黃帝者，姓姬，名軒轅，生而神靈，弱而能言……黃帝曾孫帝嚳，名高辛，生而神靈，自言其名。

《史記·殷本紀》：殷契，母曰簡狄，有娀氏之女，為帝嚳次妃。三人行浴，見玄鳥墮其卵，簡狄取吞，因孕生契。

《史記·周本紀》：帝嚳元妃姜原，踐巨人跡，身動如孕者。生

子以為不祥，棄之隘巷，牛馬過者皆不踐；棄渠中冰上，飛鳥以其翼覆薦之。姜原以為神，收養長之，因名曰棄。

你看，這些史料讓我們看到並相信從華夏始祖黃帝開始，到商朝和周朝的開國之君的先祖，都是「生而神靈」，異於常人的，他們都是帶著前世的認知經驗和意識來到世上的，他們之所以成功，都是緣於有人力之外的神力在護佑的，芸芸眾生，普羅大眾不可能帶著前世的認知經驗和意識降生，所以認命吧！

如果你認為以上故事太過久遠，有神話故事之嫌，到了有文字和史官記載的文明社會階段，會不會我們祖先的世界觀和認識論就會不一樣呢？那你就繼續看各種史料裡言之鑿鑿的記載：

《史記・漢高祖本紀》：「母劉媼，嘗息大澤之陂，夢與神遇。是時雷電晦冥，太公往視，則見蛟龍於其上。已而有身，遂產高祖。」

《隋書》：「皇妣呂氏，以（西魏文帝）大統七年六月癸醜夜生高祖於馮翊般若寺，紫氣充庭。有尼來自河東，謂皇妣曰：『此兒所從來甚異，不可於俗間處之。』尼將高祖舍於別館，躬自撫養。皇妣嘗抱高祖，忽見頭上角出，遍體鱗起。皇妣大駭，墜高祖於地。尼自外入見曰：『已驚我兒，致令晚得天下。』為人龍頷，額上有五柱入頂，目光外射，有文在手曰『王』。長上短下，沈深嚴重。」

《明史・太祖本紀》：「太祖……母陳氏，方娠，夢神授藥一丸，置掌中有光，吞之，寤，口餘香氣。及產，紅光滿室。自是夜數有光起，鄰里望見，驚以為火，輒奔救，至則無有。」

《清史稿》記載：「母孝莊文皇後方娠，紅光繞身，盤旋如龍形。誕之前夕，夢神人抱子納後懷曰：『此統一天下之主也。』寤，以語太宗。太宗喜甚，曰：『奇祥也，生子必建大業。』翌日上生，紅光燭宮中，香氣經日不散。上生有異稟，頂發聳起，龍章鳳姿，

第二章 《孫子兵法》與同時代著作相比的特點

神智天授。」

看見了吧，直到清代，我們的史料裡都在反覆宣講，偉人天生異象，偉人生而神靈。連農民出身的朱元璋也是媽媽懷孕時吃了神藥，出生時「紅光滿室」的。如果我們在母親體內或初來人世時沒有這些現象，我們都不好意思憧憬和拼搏成功的人生！現存古代史料中有關於某個偉人在人生面臨重大關口時在夢中遇見神人指點，於是化險為夷、反敗為勝的記錄還有很多！可事實會不會是這樣？不會嘛，查無實據嘛！如果人們相信了這些神神鬼鬼的說法，就會形成不科學的世界觀，當人生實踐中遇到困難和挫折甚至不公正待遇時，就會因為自己的出生和成長經歷中沒有「異象」而失去抗爭的信心與勇氣，於是就悲觀認命，逆來順受，斷然喊不出「王侯將相寧有種乎」的口號，失去認識世界改變命運的勇氣與可能。

我們再通篇細看兩千多年前寫成的《孫子兵法》，它處處都強調信息來源要靠調查研究和實踐探測，要靠派間諜和特務去打探。實踐出真知──《孫子兵法》就這麼樸素地說出認知世界的途徑與科學方法。《孫子兵法》說：「故策之而知得失之計，作之而知動靜之理，形之而知生死之地，角之而知有餘不足之處。」就是究竟這個事情做得還是做不得，能不能成功，我們獲得信息進而決策和實施靠什麼？靠實踐！要麼通過參閱資料間接實踐獲得信息，要麼躬身實踐，總之要到實踐當中去獲取信息，才能做出科學的判斷。

其實大道至簡，道不遠人。偉人聖人也是人，他們跟我們凡人應該差不多。我講一個我親身的經歷，在我女兒三歲左右的一個冬日下午，我陪她在重慶工商大學校園裡散步，突然我女兒發問：「爸爸，為什麼這些樹的樹根部都刷一層白色的東西？」大人見怪不怪的事小孩子就覺得很奇怪。我說這是給樹刷的石灰漿。女兒繼續問：「是不是給樹穿的衣服啊？如果是穿的衣服的話，這個衣服也不夠厚，不暖和啊！」我說給樹刷石灰漿有可能是為了防蟲子去咬

這個樹。女兒再問:「為什麼刷了石灰漿蟲子就不咬樹了呢?是不是石灰漿很不好吃啊?」

石灰漿是什麼味道?這個問題我當時真回答不上來了,我只好承認我不知道石灰漿好不好吃。女兒說她很想知道石灰漿好不好吃,問我她可不可以嘗一下這個石灰漿啊?我說可以啊!她就跑過去抱著一棵樹很認真地舔呀舔呀,她舔完以後我問她這個石灰漿味道怎麼樣,她說了半天我還是不知道石灰漿究竟是什麼味道,索性我也去舔了幾下。舔了以後我就知道,喔,原來石灰漿是這個味道!所以要知道石灰漿的味道,你就舔一舔,這就是樸素的實踐認識論!

所以《孫子兵法》提出:「凡軍之所欲擊,城之所欲攻,人之所欲殺,必先知其守將、左右、謁者、門者、舍人之姓名。」就是一支軍隊要攻打一個地方,可以,應該,必須從實踐偵查調研中去收集獲取我們想要的信息。

通觀《孫子兵法》,無一處鼓吹「無知無畏」的蠻干,無一處炫耀「撞大運」獲得的僥幸成功,《孫子兵法》通篇都是冷靜理智的,它追求的勝利都是在可認知可預判甚至可控制前提下的,《孫子》認為勝敗的結果都應該是預料和計劃中的。孫子說:「故善戰者之勝也,無智名,無勇功,故其戰勝不忒。不忒者,其所措必勝,勝已敗者也。故善戰者,立於不敗之地,而不失敵之敗也。」

在這樣的思想指導下,孫子認為戰前就要多方面收集信息,然後「故政舉之日,夷關折符,無通其使」,在太廟裡廟算、比較、分析、研判現有信息;不得已而戰端已起,就要「五間俱起」,即時收集信息;哪怕在行軍過程中,也要「衢地交合」,與經過地方的國家(人員)保持信息交換暢通;至於在某次具體軍事行動開始前,《孫子兵法》提出更要「必先知其守將、左右、謁者、門者、舍人之姓名」,這就充分顯示了《孫子兵法》從頭到尾貫穿的實踐

第二章 《孫子兵法》與同時代著作相比的特點

出真知的觀點，一以貫之的「知己知彼，百戰不殆」的認識論。

第三，《孫子兵法》與同時代著作相比，已經表現出了人本的**價值觀**。孫子提出「視卒如嬰兒」，「視卒如愛子」，就是要像對待嬰兒和對待自己的兒子一樣對待自己的下屬士卒。孫子說「故上兵伐謀，其次伐交，其次伐兵，其下攻城，攻城之法為不得已」。孫子認為一旦將軍發出攻城的命令，士兵們就必須像螞蟻一樣去攀登雲梯攻擊城池，結果「殺士三分之一，而城不拔」，三個士兵當中戰死一個，這個城都沒有攻下來，這是非常不人道的。孫子這樣一段論述與其同時代的思想家相比就表現出溫暖的人性的光輝。因為縱觀歷史，古今無異，一將成名萬骨枯！與孫子同時代的諸侯或者將軍，幾乎是不太會把普通士兵和普通民眾的生命放在眼裡的。

舉一個例子，與孫子相比還要晚若干年的一個戰國名將白起，也叫公孫起，號稱中國戰國時期四大名將之一。據不完全統計，白起一生在 30 年的戎馬生涯當中總共殲滅了其他 6 個諸侯國家 160 多萬人，平均每天 146 個人，這是很令人驚心的一個數字。白起一生攻占了大大小小 70 多個城池，自己也從最低級的武官靠軍功遷升到了「武安君」，我們對白起一生所有經歷的戰役進行一個梳理會發現一個現象，那就是白起逢戰必殺生，每勝必屠城。以至於後來他得到 個綽號叫「殺神」和「人屠」，因為只要他帶兵打仗，一旦打了勝仗，不管對方是投降了還是被攻陷，白起都要屠殺掉對方全部的有生力量，以至於後來其他國家的軍隊一聽說秦國領兵的將軍是白起，都心驚膽戰望風而敗。伊闕之戰白起宰殺韓魏聯軍二十四萬；攻破楚國的都城郢都殲滅楚軍三十五萬；中國婦孺皆知的長平之戰，四十萬趙軍已經投降，仍然被白起全部坑殺活埋。

《孫子兵法》說：「戰道必勝，主曰勿戰，必戰可也。」什麼意思？就是如果按照戰爭的規律和現實的情況，這次戰爭是打得贏的，可是我們的領導和上級（主）說這個仗別打。打不打？要打！

「戰道不勝，主曰必戰，無戰可也」，就是按照規律，這場戰爭打不贏。可是主（領導）說必須打，作為一個將領打不打？不打！為什麼？孫子說「進不求名，退不避罪」，就是作為一個真正的將領，他指揮軍隊前進獲得勝利，不是為了自己個人揚名立萬，不是為了自己建功立業；他帶領軍隊往後退，並不怕自己因此獲罪。那麼進攻和後退的標準不是上面的命令又應該是什麼呢？孫子認為是「唯人是保」！就是讓「人」的生命盡量地獲得保全，讓盡量多的人的生命和利益不受傷害。這裡的人既包括自己的軍隊人員，也包括敵方的軍隊人員。孫子認為這樣的將領才是「國之寶也」。所以與白起相比，孫子既看到了戰爭的殘酷和反人類，又以一句「唯人是保」，讓《孫子兵法》在道義的高點閃耀出人本主義的溫情，溫暖了人類在戰爭中自相殘殺的冰冷歷程。

著名學者馬爾薩斯在《人口論》中有一個觀點，人類歷史進程中，調節人類人口總數增減的主要因素有人為戰爭、瘟疫疾病和自然災害，進入文明社會以來，戰爭是人類人口數量起伏變動的重要原因。大約公元前3200年，人類發生了第一場狹義的「戰爭」，從彼至今，在5,200多年的人類歷史長河中，瑞士一家科研機構梳理了各種史料，統計出有記載的戰爭為14,500多次，5,000多年的人類文明史，沒有戰爭記錄的只有290多年；戰爭中人類直接喪命約36.4億人（5,200多年間，人類各種原因共出生和死亡人數約800億）。

縱觀古今中外的歷史我們不難發現一個基本規律，就是人口在總體增長的過程中，一旦某個統一王朝出現內部分裂或嚴重外患來襲，就會導致群雄逐鹿，烽煙四起。戰亂持續一段時間後，要麼社會重新統一，要麼改朝換代，這個過程每次都一定是生靈塗炭，哀鴻遍野，人口劇減。反正興百姓苦，亡百姓更苦，這期間的冤魂不僅僅是戰死沙場的軍人，更多的是無辜無助的老人婦孺！戰爭是人

類發展歷史基因中的毒瘤！臺灣著名史學家柏楊在其《中國人史綱》一書中統計了一個漢朝時期中國戰亂造成部分戰區人口銳減的數據，讀來令人欲哭無淚，如下表所示：

古郡名	今地	公元2年人口	公元140年人口	減少（%）
京兆	陝西西安	682,000	286,000	58
左馮翊	陝西高陵	918,000	145,000	84
右扶風	陝西興平	837,000	93,000	89
右北平	內蒙古寧城西南	321,000	53,000	83
敦煌	甘肅敦煌	38,000	29,000	24
金城	甘肅永靖西北	150,000	19,000	87
武威	甘肅武威	76,000	34,000	55
西河	內蒙古準格爾旗西南	699,000	21,000	97
張掖	甘肅張掖	89,000	26,000	71
上郡	陝西榆林南魚河堡	607,000	29,000	95
北地	甘肅慶陽西北馬嶺鎮	211,000	19,000	91
朔方	內蒙古杭錦旗北	137,000	7,800	94
代郡	河北蔚縣	163,000	14,000	55
雲中	內蒙古托克托	173,000	26,000	85
遼西	遼寧義縣西	352,000	82,000	77
遼東	遼寧遼陽	273,000	82,000	70
定襄	內蒙古和林格爾	163,000	14,000	91

柏楊先生在這組統計數據後有一段話：「這些減少的人口，大多數都是餓死、病死，或被屠殺。其餘則不外戰死或逃亡。改朝換代型混戰，一直是中國歷史上循環性的浩劫。我們對千千萬萬死難的亡魂，尤其是那些可憐的兒童和無助的婦女，懷有深切悲痛。」

《孫子兵法》提出了「仁」的概念，不過以孫子為代表的兵家的「仁」和儒家的「仁」不一樣。儒家的仁是「仁者愛人」，儒家

愛人就是目的；而兵家的「仁」是如何讓你在危險當中存活下來，趨生避死，兵家的「仁」是手段，兵家認為在殘酷的戰爭中讓人活下來，並獲得戰爭勝利才是目的。史料記載孔子做的級別最高的官位是魯國「大司寇行攝相事」，什麼意思呢？就是魯國的副相國同時兼司法部門負責人。有一年孔子就和魯國的國君一起帶領魯國的軍隊去打仗，在戰鬥當中一個魯國的士兵掉頭就跑，孔子就把他攔住問：「你為什麼要跑啊？」這個逃兵說：「大人啊，我家中上有八十老母，下有黃口小兒啊，如果我戰死在這個地方，我對上不孝，對下不仁啊！」孔子說：你這種行為是符合「仁」的，我給你一點錢做盤纏，回家好好的盡孝盡仁。這事就在軍隊裡面就傳開了，人的本性是求生避死，趨利避害的。第二次兩軍交鋒，很多魯國士兵都紛紛地撤退後逃，理由都是家裡面上有八十老母下有黃口小兒。所以儒家的這種「仁」和兵家的這種「仁」在戰爭或者比較激烈的競爭對抗狀態中，其結果是不一樣的。

　　由於兵家對人性的認識判斷是「求生避死，趨利避害」，所以孫子的人本主義表現出來就是菩薩心腸，屠夫手段！這與《老子》所言「兵者，不祥之器，不得已而用之，恬淡為上」有異曲同工之妙。概括說孫子對戰爭的態度就是「重戰不反戰，善戰又慎戰」。在孫子的價值觀體系裡，戰不是目的，殺傷更不是目的，戰和殺傷都只是達到「獲勝保民」這一目的的其中一種手段和途徑而已。

　　第四，《孫子兵法》與同時代的著作相比已表現出原始的系統論思維。系統論、控制論和信息論合稱「老三論」，是20世紀40年代先後創立並獲得迅猛發展的三門系統理論的分支學科。將這三論的英文名字的第一個字母合起來就是「SCI」論。（與老三論對應的是耗散結構論、協同論、突變論，是20世紀70年代以來陸續確立並獲得極快進展的三門系統理論的分支學科。它們雖然時間不長，卻已是系統科學領域中年少有為的成員，故合稱「新三論」，

第二章 《孫子兵法》與同時代著作相比的特點

也稱為 DSC 論。)

系統是指若干相互聯繫、相互作用的要素按一定方式組成的統一整體。「系統」是系統論的核心範疇,與之直接相關的範疇是「要素」和「環境」。系統論不把事物、過程看作是實物、個體、現象的簡單堆積。系統論認為系統的基本特徵是整體性、結構性、層次性和開放性等屬性。

系統整體性體現為系統整體與其組成要素之間的關係,整體功能不等於各組成部分功能的簡單相加。系統結構性是指系統內各要素之間的比例、一定的排列組合秩序、一定的結構方式。而系統的層次性體現的是不同層次之間的關係,層次是指在系統中不同的組成部分依次隸屬所形成的等級。系統的開放性是指系統與外界環境之間不斷進行的物質、能量、信息交換與傳遞的關係。系統的開放性影響系統的高序、低序;有序、無序;解體、消亡。

《孫子兵法》與它同時代的著作相比已經有了系統論的雛形。為什麼說孫子兵法有雛形的系統論呢?首先,從整個篇章結構來看,《孫子兵法》十三篇已具有一次戰爭從謀劃決策到戰前籌備,再到開拔野戰,進而攻城行軍這樣的邏輯關聯。不像同時代的其他經典著作,要麼是故事體,要麼是語錄體,想到哪裡說到哪裡,說到哪裡記到哪裡,在篇章結構上沒有邏輯體系。比如《論語》的第一篇是《學而》,為何如此命名呢?因為這一篇的第一句話是:「學而時習之,不亦說乎?有朋自遠方來,不亦樂乎?人不知而不慍,不亦君子乎?」《論語》的第二篇題目是《為政》,因為該篇的第一句話是:「為政以德,譬如北辰,居其所而眾星共之。」「學而」和「為政」作為篇目,與該篇的具體內容幾乎沒有邏輯關係,就僅僅是個代號而已。

打個不合適的比喻,《孫子兵法》的篇目如《始計》《作戰》《謀攻》既是該篇的篇目,又是該篇的中心思想和段落大意,是有

特殊專門意義的，而《論語》的篇目就是撞見什麼是什麼，逮住誰就是誰。兩者間的區別猶如父母給自己的小孩取名字，有文化的父母給小孩取的名字反應了自己的希望、寄托與價值觀，表現出父母的某種修養水平，於是取出「霍去病」「康有為」「梁思成」這樣有文化內涵的名字，或者是「婁爾品、婁爾行、婁爾端、婁爾正」這種寓意「品行端正」價值體系的；可另外有些父母給小孩取的名字叫「張鐵錘」「李木墩」「谷子地」，雖然都是小孩的名字，這其間父母有沒有文化、有沒有系統的思想的差距是不是很明顯呢？

《孫子兵法》十三篇的結構上可分為權謀組、形勢組、軍事組和其他組，全文的篇章結構明顯是按體系系統撰寫構成，其謀篇佈局、篇章中的先行後續都是有邏輯系統關聯的。

《孫子兵法》的具體論述內容也顯示出其有系統論的思維方式，比如《始計篇》中「兵者國之大事，死生之地存亡之道，不可不察也」是總論，在總論之後是「故經之以五事，校之以計而索其情」，這五個要素就是分論，哪五個要素呢？「一曰道，二曰天，三曰地，四曰將，五曰法」，然後再下到第三層級對五個子要素進行分論。什麼是「道」呢？「道者令民與上同意也。」什麼是天呢？「天者陰陽、寒暑、時制也。」什麼是地呢？「地者遠近、廣狹、險易、死生也。」什麼是將呢？「將者智、信、仁、勇、嚴也。」如果我們將這三層級的關係畫成一幅畫的話，這些內容就構成了一個系統結構圖，這樣的行文方式在春秋時期的著作當中非常罕見。

另外，《孫子兵法》已經明顯具有關於「良好系統的功能大於組成系統各要素功能之和」的思想，有了一個大系統由若干小系統構成，小系統必須服從大系統這種觀念，比如「途有所不由，軍有所不擊，城有所不攻，地有所不爭，君命有所不受」。在一次戰爭中，具體的一城一池一地的得失一定要服從更大的系統需要，這就是「全勝」，就是「不戰而屈人之兵」，為了能夠實現全勝和不戰

第二章 《孫子兵法》與同時代著作相比的特點

而勝，一城一池一地之得失的小系統必須服從於大系統。

最後，《孫子兵法》已經認識到相同的元素通過不同的組合，就可以產生新的系統的觀點。這種「無中生有，有中生多，多中生優」的思想運用在軍事上就是相同的兵力、相同的作戰物資，如果有機而優化地進行配備，可以產生完全不同的作戰效果和作戰能力。書中是這樣論述的，「聲不過五，吾聲之變，不可勝聽也」，什麼意思呢？中國古代的音樂由宮、商、角、徵、羽這五個音構成，但是通過宮、商、角、徵、羽的組合，可以創造出《高山流水》《平沙落雁》《笑傲江湖》和北京奧運會中的《我和你》等一曲曲千變萬化的樂曲。書中說「五色之變，不可勝觀也」，就是赤、黃、藍、白、青這五個顏色，通過組合可以畫出多姿多彩、美不勝收的圖畫。書中還說「五味之變，不可勝嘗也」，就是酸、甜、苦、辣、咸這五味可以調出風味各異、令人垂涎的美味。這就是系統論！系統要素重新組合，可以得出大於要素原始功能總量的新功能。最後孫子總結說：「戰勢不過奇正，奇正之變，不可勝窮也。奇正相生，如循環之無端，孰能窮之？」系統的思維方式能夠幫助我們認識到這個世界上尺有所短，寸有所長，世界上是沒有垃圾的，只有放錯了地方的寶貝。我們每個人都有自己的優勢和特點，發現自己的優勢和長處，找到能夠發揮自己長項的社會位置，就能天生我材必有用。

第五，《孫子兵法》與同時代的著作相比表現出了成型的辯證法思想。說到辯證法我們一般想到的就是「塞翁失馬」，「禍兮福之所伏，福兮禍之所依」，辯證法就是要看到任何事物天生都具有兩面性甚至多面性；並且任何事物的多面屬性都是運動發展變化的，昨天一個事物是這樣子，並不代表它今天還是這樣子；今天是這樣子，並不代表明天它仍是這個樣子，任何事物都是在連續不斷的運動變化中的。《孫子兵法》在兩千多年前就提出人和事物本身

的屬性，人和事物的某個具體形態都是運動、發展、變化的，表現出辯證的思維方式。於是《孫子兵法》說：「亂生於治，怯生於勇，弱生於強。」

辯證法認為這個世界上事物的對立面是共生共存且可以轉化的，強可以轉成弱，勝可以轉成敗，好可以轉成壞。如果能看到事物具有多面性、運動性、變化性、轉化性，我們在看問題的時候就能夠站得高一些，看得遠一些，想得深一些。就明白「龍生龍，鳳生鳳，老鼠生兒打地洞」的人生觀和宿命論是錯的。《孫子兵法》說：「投之亡地然後存，陷之死地然後生。」這種辯證法的思維讓人們不認命，不苟且，不絕望，讓人們從既定的現狀中看見可能的變化，從可能的變化中看見必然的轉化，在必然的轉化中找到奮鬥和抗爭的理由與目標。

有一首詩說：「周公恐懼流言日，王莽謙恭下士時；若便當年身先死，一生忠奸有誰知。」什麼意思呢？就是大名鼎鼎的聖人周公旦輔佐周王的時候，因為周王的年齡很小，沒有治國的能力，周公旦毅然代理國政，大權獨攬，乾綱獨斷，引得周圍的人都認為周公旦要篡權謀反，所以對周公旦進行猛烈而惡毒的攻擊誹謗，一時流言紛紛！周公旦怎麼辦？他通過兢兢業業的工作，甚至「一飯三吐哺」，就是吃一頓飯都停下來三次，中途去處理公務，去接待來訪賢人，簡直是廢寢忘食。這個在有生之年被不斷誹謗的顧命大臣，兢兢業業地工作一生，到最後都沒有像輿論說的那樣篡權謀反，而是以忠貞之士蓋棺定論。

另外一個人就是王莽，王莽沒有得勢的時候表現出禮賢下士，所有認識他的人都對他的人品讚賞有加，可是王莽一旦上臺以後卻變成了一個又專權又荒淫還很殘暴的戾君，與未上位前簡直判若兩人。所以該詩感嘆任何事物，包括人的品行都是會隨時勢運動發展變化的。汪精衛年輕的時候也是愛國熱血青年，他敢於拋頭顱灑熱

第二章　《孫子兵法》與同時代著作相比的特點

血行刺反動的封建親王，可是後來當中華民族遇到日本入侵，生死危亡的時候，他卻當了一個留下千古罵名的大漢奸。人心惟危，人生惟危呀，因為變化和轉化的魔力，使得古今中外「善始者眾，克終者寡」！

辯證法是我們看待世界和改造世界最基本又很科學的方法論，如果用辯證法來看待我們身邊的事物，當我們遇到困難處於低谷的時候，就會樂觀積極一些，重拾鬥志；當我們處於生活和事業鼎盛或輝煌的時候，就會居安思危，謹慎冷靜。有了辯證的思維習慣，對於一個人或者事物我們就會從歷史的角度和動態的過程去看待和評判，就不會只看一時，也不會只看一面。

唐朝大詩人杜牧認真研讀過《孫子兵法》，並且寫了讀書筆記，他的筆記被收錄進《十家註孫子兵法》一書，算是「孫子學」大家，他也具備了辯證思維方式，所以他在憑吊西楚霸王項羽自刎烏江之地時寫了一首詩：「勝敗兵家事不期，包羞忍恥是男兒。江東子弟多才俊，卷土重來未可知。」沒有資料顯示宋朝女詞人李清照研究過《孫子兵法》，她憑吊項羽寫的詩句是：「生當作人傑，死亦為鬼雄。至今思項羽，不肯過江東。」兩人看待同一事物和現象的角度，由於思維方式的差異，得出的結論完全不同！

《孫子兵法》說，一支軍隊常常是「激戰則存，不激戰則亡」，利害存亡是相輔相成，相互轉化的。其實戰爭如此，我們人生也是這樣子。當我們順風順水，有太多選擇的時候，我們的人生可能一事無成；當我們連一條出路都沒有的時候，可能反倒會激發起我們的鬥志，促使我們衝出一條血路，轉危為安。所以孫子說「投之亡地然後存，陷之死地然後生，夫眾陷於害，然後能為勝敗」，這真是對人性和人生際遇的深刻認識和把握。

《孫子兵法》提出「戰勢不過奇正」，就是指具體用兵離不開常規和出奇，用兵打仗要奇正互補。韓信是一個用兵高手，他應該

是研讀過《孫子兵法》的，按照兵法的基本常識來說，一支軍隊是不能夠背靠河流安營紮寨的，因為《孫子兵法》明確地告誡說行軍時「絕水必遠水」！因為如果你背靠河流安營紮寨，敵人進攻時你就沒有退路，你就會要麼戰死，要麼掉在江裡面淹死，危險就大大增加。

可是韓信去攻打趙國的時候軍隊一渡過河，他就命令軍隊背水紮寨，周圍的人就說：韓將軍你是不是搞錯了？結果韓信要求下屬堅決執行命令，背水紮寨！前面就是敵人的城池，他派出了兩支奇兵，悄悄地藏到城池的兩邊山上，第二天他就在河邊搖鼓讓自己的軍隊去正面攻打這個城，城裡面的趙國將軍一看，心想：還說韓信善於用兵，連基本的戰爭規則都不懂，竟然背水紮寨還主動進攻！既然你背水紮寨，我就傾巢而出，用所有的兵力把你往江裡面趕。結果當趙國的守軍傾巢而出與韓信軍隊在河邊拼死作戰的時候，由於韓信的軍隊知道背後就是江，是沒有退路的，退也是死，進也是死，於是舍生忘死，拼死抵抗，雙方就在岸邊處於膠著對抗狀態。這個時候，韓信派出去預先埋伏的兩支偷襲奇兵輕鬆地就攻進趙國的空城，並將自己的旗幟招招搖搖地插滿整個城牆。趙國的軍隊正在河邊打仗，突然轉過頭一看，自己的老巢被端了，城牆上全是紅色的漢軍的旗幟，於是趙軍無心戀戰，很快潰敗，韓信軍隊置之死地而後生。這就是辯證思維，這就是奇正互補，這就是生死相承！

《孫子兵法》說：「軍爭為利，軍爭為危。」我們打仗為了爭奪一種有利的態勢，就要搶佔有利的時間點，搶奪有利的地形。可兩軍相爭，利和患是相輔相成的。在爭這個有利的地形、地勢和時機的同時，也就是在爭危險。為什麼？因為「舉軍而爭利則不及，委軍而爭利則輜重捐」。什麼是「舉軍而爭利」？就是所有的軍隊集中在一起，人多就有戰鬥力，這樣就安全；可是由於所有的人聚集在一起，行動就慢，速度就不快，最後就會喪失有利時機，遇到更

大的危險。

什麼叫「委軍而爭利則輜重捐」呢？就是把所有的後勤部隊，行動慢的人馬扔掉，只帶先鋒精銳的輕騎兵往前趕，這樣看起來是搶占了有利時機，可是當你到達戰場以後發現，你沒有重武器，沒有進攻或防守的掩護設備，甚至後勤補給也跟不上，你就不能打持久戰，也不能打攻堅戰，甚至稍微硬一點的仗都不敢打，你就仍然處於危險中。所以孫子說：「百里而爭利，則擒三將軍。」如果輕快的軍隊一天跑一百里去爭奪有利的時機和地形，則三將軍（就是主要將領）都可能會被對方擒獲。「五十里而爭利，則蹶上將軍」，如果跑五十里去爭奪有利的東西，先鋒官有可能就「報銷」了。

所以《孫子兵法》指出「利」和「患」都是相輔相成的，世界上凡事都是有利有弊的。我們仔細琢磨「凡事有利弊」這句話，如果認識到這一點，當我們的人生出現挫折或者不滿意的時候，我們就會知道「三十年河東，三十年河西」和「風物長宜放眼量」；當我們的人生處於順風順水的時候，我們就明白任何事物都會起起落落，要居安思危，加強學習並保持警惕。

《孫子兵法》還提出要「急緩相掩」。就是有時有些事情該快就要快，該慢就要慢；快起來要「其疾如風」，如颶風呼呼刮過；慢起來要「其徐如林」，就像樹林站在那個地方 動不動；快起來「侵掠如火」，像山火嘩嘩嘩燒過去；慢起來「不動如山」，如山岳般紋絲不動。而且快和慢要配合好，該慢的時候要「始如處女」。這裡處女是一種文化現象而不是生理現象，處女是「芊芊作細步，精妙世無雙」的，溫婉的處女要「笑不露齒，行不露腳」。「行不露腳」是什麼概念？以前中國的女孩子穿衣裳，上半身為衣，下半身為裳，「裳」就相當於今天我們說的裙子，這個裙子下擺大約就四十五厘米到五十厘米寬。要行不露腳，每一步只能走多遠呢？二十幾厘米！就是一小步一小步，很慢地走。遇到事情也是「和羞

走,倚門回首」,就是慢慢走,不能咚咚咚跑,這就是孫子說的「始如處女」的慢。不過又不能一味地慢,該快要快,快起來則「後如脫兔」。一只健康的野生兔子被圍住了,沒受傷,找準機會衝出了圍欄,這個時候它逃生的本能讓它能跑多快就跑多快,估計當今人類短跑第一高手也是追不上這樣的野兔的。

　　第六,《孫子兵法》與同時代的書相比具有優美的行文法。南梁劉勰在《文心雕龍》裡面說:「孫武兵經,辭如珠玉。」誇獎一本書寫得優美,「辭如珠玉」這應該是很高境界了。《孫子兵法》在行文中大量使用各種修辭手法,經常用兩個字數相等、結構相同的語句並列在一起進行對偶修飾,以增加文辭的感染力,如「無窮如天也,不竭如江河」「終而復始,日月是也;死而復生,四時是也」「攻而必取者,攻其所不守也;守而必固者,守其所不攻也」「善攻者,敵不知其所守;善守者,敵不知其所攻」「鳥起者,伏也;獸駭者,覆也」「辭卑而益備者,進也;辭強而進驅者,退也」。這樣的語詞結構使人印象深刻,讀起來朗朗上口。

　　《孫子兵法》也運用一連串結構很相似的句子形成層遞修飾,如「上兵伐謀,其次伐交,其次伐兵,其下攻城」「十則圍之,五則攻之,倍則分之,敵則能戰之,少則能逃之,不若則能避之」「百里而爭利,則擒三將軍⋯⋯五十里而爭利,則蹶上將軍⋯⋯;三十里而爭利,則三分之二至」。這樣逐步遞增或遞減的句子結構使人感到層次清楚,也大大增強了論述的說服力。

　　《孫子兵法》還將前句結尾的字詞作為後句的開頭,使數句頭尾蟬聯進行頂針修飾,如「出其所不趨,趨其所不意」「國之貧於師者遠輸,遠輸則百姓貧。近於師者貴賣,貴賣則財竭,財竭則急於丘役」「地生度,度生量,量生數,數生稱,稱生勝」。頂針修飾使得孫子一書言簡意賅,層層遞進,論證嚴謹簡潔而有力度。

　　《孫子兵法》還通過把正反兩方面的情況、效果前後並列,進

第二章 《孫子兵法》與同時代著作相比的特點

行對照修飾，如「先處戰地而待敵者佚，後處戰地而趨戰者勞」「夫將者，國之輔也。輔周則國必強，輔隙則國必弱」「勝兵若以鎰稱銖，敗兵若以銖稱鎰」。這裡把先後、佚勞、周隙、強弱、勝敗、鎰銖並列進行比較，形成強烈的對照，增強了論述衝擊力和感染力。

《孫子兵法》有時也用幾個意思相關、結構相同、字數大致相等的詞組或句子排列在一起進行排比修飾。如「利而誘之，亂而取之，實而備之，強而避之，怒而撓之，卑而驕之，佚而勞之，親而離之」「策之而知得失之計，作之而知動靜之理，形之而知死生之地，角之而知有餘不足之處」「涂有所不由，軍有所不擊，城有所不攻，地有所不爭，君命有所不受」。如此運用排比的文辭，使《孫子兵法》顯得氣勢恢宏，說理暢達。

《孫子兵法》在論述事理時有分析、有綜合，將歸納和演繹運用自如。如《始計篇》中先列出並逐一分析了影響和決定戰爭勝負的五個要素「一曰道，二曰天，三曰地，四曰將，五曰法」。一一分析論述後又總結說：「凡此五者，將莫不聞，知之者勝，不知者不勝。」《地形》篇先列舉分析：「兵有走者，有馳者，有陷者，有崩者，有亂者，有北者。」接著再歸納總結：「凡此六者，非天之災，將之過也。」《用間》篇先列舉指出：「用間有五：有鄉間，有內間，有反間，有死間，有生間。」然後總結：「五間俱起，莫知其道，是謂神紀，人君之寶也。」這樣有分有合的行文論述，分者使論述細緻，條理清楚；合者實現概括總結，抓住要領。《孫子兵法》與同時代的著作相比，在思想上具有形而上的高度，再加上比喻、設問、稽古和引經等修飾手法，又使得它文辭工整，聲調鏗鏘，形象生動。

形而上謂之道，形而下謂之器。《孫子兵法》就像太陽一樣，不僅僅在軍事領域，而且是在各個領域都可以給我們提供一些解決

049

問題的思維方式和方法。千江有水千江月，萬里無雲萬里天。思維方式像太陽，照到哪裡哪裡亮。因為思維影響行為，行為養成習慣，習慣養成性格，性格決定命運！

第三章 DISANZHANG

《孫子兵法》產生的社會歷史背景及文化土壤

凡事有因果，因就是環境與格局，果就是結果與結局，格局決定結局！一般說來什麼樣的格局，原則上就會產生出一個大致相近或相同的結果。凡物有所從來，任何事物的成長發展都有一個從無到有，從小到大，從不完善到完善的過程。《孫子兵法》這朵中國傳統文化中的奇葩，也是根植於特定的中國歷史文化土壤中，吸收和借鑑了它所處社會及之前歷史時期的中國文化的營養，最後「青出於藍而勝於藍」，達到了「前孫子者孫子不遺，後孫子者不遺孫子」的高度。《孫子兵法》在什麼樣的一個世界歷史文化背景下產生的呢？尤其是在什麼樣的中國傳統文化的格局中孕育形成的呢？一個英雄，如果你不知道他的來路，你就不能體會他的偉大！同理，如果我們研習《孫子兵法》，卻不瞭解孕育產生《孫子兵法》的文化背景，我們就無法感知《孫子兵法》在當時就已經達到的文化高度和深度。

中華文明及中國傳統文化流派。世界上先後出現過幾大古文明，這幾大古文明的濫觴和初具雛形期都差不多，並且都為後人留下了各具特色、異彩紛呈的文化成果。誕生於兩河流域的古巴比倫立國於公元前3000年，公元前729年滅於亞述帝國。為人類留下《漢謨拉比法典》、楔形文字和傳說中的世界七大奇跡之——空中花園，文明史延續兩千多年。領土大致在今天的伊拉克境內。誕生於尼羅河畔的古埃及立國於公元前3100年，公元前343年滅於漢斯帝國，文明史約為2,500多年，為人類留下象形文字、金字塔、幾何學和曆法（沒有古埃及文明，就不會有後來的古希臘羅馬文明）。領土涵蓋今天的埃及、蘇丹、阿爾及利亞、以色列、土耳其、約旦等。誕生於恒河流域的古印度立國於公元前3500年，公元前2000年滅於雅利安蠻族（古印度人淪為第四種姓，即今之賤民），文明史約為1,500年，為人類留下阿拉伯數字，該數字通過阿拉伯傳播

第三章 《孫子兵法》產生的社會歷史背景及文化土壤

到西方。疆土包括印度、巴基斯坦、孟加拉國、不丹、尼泊爾和阿富汗。這三種文明滅絕至今均已超過2,000年，所以在史書上它們前面都要加一個「古」字。

中國大地上國家形態的文明現象大約出現在公元前2800年的黃河岸邊，從此「中國」這一文化現象5,000年來一脈不斷，薪火相傳，成為地球上同時代出現而至今碩果僅存的文明。是什麼原因讓中國文明連綿不斷一支獨存？是否與中國傳統文化以「儒、道、釋」三家為主有關？南懷瑾先生說：「儒道佛三家，分別開不同的店，儒家開的是糧食店，解決的是人的精神饑餓問題；道家開的是藥店，解決的是心靈的疾病；而佛家開的是百貨商店，商品琳琅滿目，有錢沒錢的人都可以進去逛一逛，總之，儒道佛三家都是我們人生所必需的。」是否因為中國傳統文化「三教N家」並存，剛柔相濟的結構和特徵是否滿足了個體的人，或者一個民族最基本、最主要的文化需求？是否因為它含弘廣大而充滿彈性，於是能抵禦各種文化的衝擊和切割，最後能兼容並包，化異為己？

最早對中華文化進行格局分類的是司馬遷的父親司馬談，他寫了一篇文章叫《論六家要旨》，文中將西漢時期最主要的學術流派分為六家：陰陽家、墨家、儒家、名家、法家和道家。馮友蘭在研究這部分史料的時候對這些主要的流派是由哪些人構成的有一個補充，他在《中國哲學簡史》一書中說：儒家者概出於文士；墨家者出於武士；道家者出於隱者；名家者出於辯者；陰陽家者出於方士；而法家者出於法術之士。物以類聚，人以群分，就是這樣的一些類聚人群構成了不同的學派。

到了西漢後期，著名的學者劉歆於《七略》這本書裡面，在司馬談劃分的基礎上又增加了幾個流派：眾橫家、雜家、農家、小說家。於是中國傳統文化流派就變成了十個流派（也稱十家）；再往後到東漢三國時候，吳國的尚書令闞澤，他在一次上書文獻中提到

當時有儒教、道教、佛教三教。儒教儒家和道教道家是中國本土產生的，而佛教（佛家）是在西漢和東漢年間從印度傳到中國的。闞澤提出中國有三教論之後，東漢班固又一次對當時社會的主要流派進行了劃分，認為小說家記稗官巷議，流言雜說，不堪入流，就把小說家去掉，於是剩下九流（九家）。「三教九流」的定型說就此誕生。

細心的讀者會發現一個很有意思的問題：中國文化史上，兵家很晚都還沒有被列為一個獨立的文化流派！為什麼兵家一直沒有出現在主要文化流派排名裡？這是由中國古代歷史與文化對待兵家的態度和兵家本身特殊的身分決定了的。

中國古代文化歷史對待兵家的態度是什麼？一言以蔽之，「亂奉治抑」！就是社會亂的時候就「捧」兵家，尊崇兵家；一旦天下太平，社會進入和平年代，社會就忽略、排斥甚至打擊兵家。所以一直到近代史學家呂思勉他在《先秦學術概論》一文中才在班固的「九流」基礎上增加了「兵家和醫家」，為兵家安放了一把交椅，於是中國的傳統文化流派就明確下來為「陰陽家、儒家、墨家、名家、道家、法家、眾橫家、雜家、農家、小說家、兵家和醫家」十二家。

「傳」就是從古到今承襲下來；「統」就是提綱挈領，傳統就是經過時間洗磨留下的那些不變的東西。中國文化幾千年，折騰來折騰去，變過去變過來，其主流結構都沒有變，這些沒有變化的就叫傳統。通過一個簡單梳理我們會發現，中華民族的文化劇本實際上早在幾千年前就由我們先人中的智者仁人寫成了，後來一千年、兩千年甚至更長時間的不同朝代更迭，只是不同演員在對這個文化劇本進行不同版本的演繹而已。

人總是生活在一個特定的歷史文化背景當中，如果我們對自己的傳統文化有比較全面和深刻的理解，我們就可以對生活在這個傳

統裡面的人和社會有比較準確的把握。如果我們對這個社會和人有比較準確的把握，我們就容易透過現象看清楚本質，我們就可以事半功倍，我們做起事來就比較順，我們就容易成功，我們在競爭當中勝出的可能性就比較大。對傳統文化的研習和運用要有興趣，有信心，不能急，這是一個潤物無聲的過程，這是一個浸潤氤氳的過程，這是一個無用之用是為大用的過程。

中國傳統文化為什麼會產生出三教九流十二家這樣的流派結構呢？ 中國傳統文化的特點與產生它的地理環境、經濟基礎和文字背景有什麼關係呢？

自然地理環境對中國傳統文化的形成是有直接影響的。 中國，顧名思義就是中土之國，中原之國，世界的中心之國。這個觀念從西周出現一直到清朝中後期在中國人民的心裡都深以為是且根深蒂固，幾千年來我們都認為中國處於世界寰宇的正中，雖說明朝時候西洋傳教士傳來了「地球是球形」和「地球是由幾個大陸和大洋組成，不存在那個國家是地球中心」的現代地理啟蒙知識，可是這種知識和觀點在中國幾乎沒有受到重視，更不用說被廣泛認可和傳播。基辛格在《論中國》一書中記載了當年英國使節馬嘎爾尼勳爵到中國來，乾隆皇帝召見他的時候給英國的喬治王回的一封國書，信裡面乾隆皇帝明確地說「爾島國（英國）遠在重洋，與世隔絕……天朝（中國）乃寰內四海之中心……」。

由於中國在傳統文化上是一個以大陸（內陸）為中心觀念的國家，在傳統觀念裡我們認為領土就是國土，大陸就是領土，四海之內就是我們，四海之外就是蠻夷，中土（中國）之外的國家民族在文化上跟中國都不在一個平等的量級上。基於此判斷和立場，華夏民族的遠古祖先考慮問題多是從大陸的視角出發，很少有人走出海洋反觀大陸，更不用說在跨洲跨洋這樣的眼界中來思考問題。比如孔子、老子、孫子的著作裡面幾乎很少涉及關於海洋的論述，《論

語》裡面提到一次孔子言及海洋，孔子說「道不行，乘浮桴於海」，就是他說如果他的那一套治理國家的理論、方針、政策、辦法再得不到社會的認可，他就想找一個船，乘船漂洋而去，把自己從大陸上放逐了，進入不可知的大海中去隨波濤流浪，這其實只是孔子鬱鬱不得志時說的一句牢騷話。

而以蘇格拉底、柏拉圖、亞里士多德為代表的西方文化就完全不同，他們的眼光和思緒不僅在當時歐洲各國之間，也在海洋各島之間來回穿梭。歐洲民族的傳統文化（希臘文化）明顯具有海洋文化特點。如果說大陸文化以重經驗累積、重穩定循環為特徵的話，那麼海洋文化就是重交流交換、重變化競爭。在中國文化圈與古希臘文化圈生存生活的人，由於受到這種地理環境的影響，因此雙方看待天下、看待社會、看待人生的角度是不一樣的，進而雙方解決問題的手段途徑也是不同的。

中國的傳統文化還受自身物質產生的經濟類型特點影響。中國作為一個大陸農業文明較早高度發達的國家，大陸農業文明這種經濟類型必然認為土地才是財富的來源和根本，於是我們的祖先很早就因為農業發達而形成了重農尚農的價值觀。大陸農業文明最基本的特點是什麼呢？就是土地是不可移動的，春夏秋冬是循環往復的，農耕經驗是靠時間累積的，五穀豐登主要是靠老天風調雨順的。我們的祖先由於受原始靠天吃飯的大陸農業生產方式的影響，就特別注重經驗傳承，特別講究天人相配，特別希望穩定循環，最好年年都「春生、夏長、秋收、冬藏」「立春、雨水、驚蟄、春分、清明、谷雨、立夏、小滿、芒種、夏至……小寒、大寒」永無變化地循環。

在農業文明中，農耕這件事是不能靠偷奸耍滑獲得回報的，必須一分耕耘一分收穫。在農耕文明裡，誰忽悠莊稼和土地，不努力耕作，莊稼和土地就不產出糧食回報他。因此農耕文明看重往復循

第三章 《孫子兵法》產生的社會歷史背景及文化土壤

環，看重穩定規律，看重經驗累積，關注具體實踐對象（如每一棵莊稼或者每一只牛羊等）的生長過程和狀態。而以古希臘為代表的西方海洋文明由於不斷進行跨海跨島的人員交往和貨物交換，因此形成了比較重商的文化。貿易重商的文化看重貿易交換，講求自願公平，注重統計數字。做生意首先要你情我願，才能完成交易，捆綁的買賣是做不長久的；其次是做買賣的人不會過分看重某一樣具體商品的品相，因為具體某一樣商品本身不是商人自己創造出來的，商人對它沒有感情；重商的文化中商人也不會看重某個具體商品品相，因為具體哪一個商品的品相無關大局，商人的目的只是如何實現交易，並通過交易獲得溢出價值。與具體某件貨物的品相相比，商業文明更看重的是批量商品的價格高低和數量多少，更看重的是交易完成的速度與次數，更看重的是交易完成以後自己貨幣數量的增減。商業文明為了盡量多的讓貨物賣掉，獲得更多的利潤，就追求「你有的貨物我有，你沒有的我也有；你有我有的，我就比你便宜；你比我更便宜我就轉向其他貿易」。可見商業文明講究求多、求快、求新、求變的特點，與求穩定、重循環、重因循的古代農業文明在價值觀上是大相徑庭的。

中國傳統文化的特點還與中國文字的特點有關。中國傳統文化產生和傳承憑藉的文字工具和西方古代文明產生傳承憑藉的文字是不一樣的。中國的古文字由象形文字發展而來，在早期是「單字為文」，「文物相配」，就是每個「文」都對應早期先民們日常生活中看見的一個具體的「物」；後來「文」不足以滿足交流記錄的需要，再「合文為字」，「以字表意」。正因為如此，中國文字中相當數量的「根字」是一種象形文，然後再一步一步通過象形、假借、形聲等使中國古文字豐富和發展起來。

比如中國古文字的這個「日」字，就是畫一個圈，中間加一個點；「月」字就是畫一個彎彎的月亮；「水」字就畫一個河流的示

意圖。由於這種「文」是具象性的，而文字是語言的記錄符號，語言是思維的外殼，語言文字的特點必然會影響到我們祖先的思維習慣。中國古文字的具象性，使得我們的祖先多用形象思維，多用感性和比喻表達。這種習慣天長日久影響著我們的文化並在文化上表現出來就是：思考問題或者行文表達「明示不足而暗示有餘」；表達方式往往「邏輯不夠而渲染有餘」，推崇「言有盡而意無窮」。

　　中國文字的這種特點不僅影響著我們的思維方式，影響著我們的審美觀念，而且通過影響我們的思維方式和審美觀念影響著我們的行為習慣，最後形成我們民族獨特的文化現象。比如中國有一種文學形式叫作對聯，我們來看一副對聯的上聯，「此木為柴山山出」，「此」和「木」加起來就是一個「柴」字，「山」和「山」加起來就是一個「出」字，它既是對聯，是一句話，同時它又是一個文字游戲，它還是一幅有景有象有意的畫，對不對？很多人都來對這個對聯，後來公推了一個水平很高的下聯：「因火成烟夕夕多。」因為有火所以產生烟，夕就是每天太陽西下的時候，到晚上做飯的時候，各個村落都炊烟繚繞，勞作一天的人們相邀相伴回家，多麼溫馨的畫面呀。這就是獨特的中國傳統文化，這樣的文字你要把它翻譯成英文，你要把它翻譯成法文，你要把它翻譯成俄羅斯文，可以，但是你翻譯後就失去了這種形式美，這種對仗的形式美感肯定就被破壞殆盡了。

　　再比如陶淵明有幾句詩：「採菊東籬下，悠然見南山；此中有真意，欲辨已忘言。」馬致遠的《天淨沙·秋思》：「枯藤老樹昏鴉，小橋流水人家，古道西風瘦馬。夕陽西下，斷腸人在天涯。」也有異曲同工之妙。你把它們翻譯出來，翻譯成英文試試，翻譯不出來，為什麼？因為這是中國文字所特有的韻味，這就是中國傳統文化中的「明示不足而暗示有餘」，這就是中國傳統文化中的「邏輯不足而渲染有餘」，這就是「言有盡而意無窮」。

第三章 《孫子兵法》產生的社會歷史背景及文化土壤

　　近幾年比較「紅」的一個歌手叫周杰倫，他的一首歌裡面有一句歌詞，「愁莫渡江，秋心拆兩半」。我請很多人幫我翻譯成英語或者法語或者俄語，都說翻譯不出來。大家都覺得這個非常淒美，愁莫渡江，秋和心就是愁字，因為你一渡江就「愁」，就秋心分兩半，相望不相見，空望淚兩行。這種文字表面的形式和形式後面的情緒渲染都翻譯不出來。

　　因為西方的文字大都是字母的排列，比如英語，二十幾個字母沒有表意的功能，不同的排列就是不同的詞，代表不同的意思，這個字母的順序絕對不能亂，亂了字就變了，意思就不同了。西方文化文字的這個特點影響並形成西方文化的特點：重邏輯，重順序，重先後，重單獨個體。漢字不一樣，比如「田」字，你先寫一橫也可以，先寫一豎也可以；你先寫外面的「口」再寫裡面的「十」可以，反之亦可，只要最後所有的橫線和豎線湊齊就行。這也影響並形成中國文化的特點，就是重大關係和諧，重大格局平衡，重最後結果圓融，對細節和局部以及過程往往模糊處理，認為大效果差不多就行！所以說每一種文化現象都有自己產生的獨特的文字背景和原因，中國傳統文化也不例外。

　　中國傳統文化成型濫觴的背景為《孫子兵法》的出現提供了文化和現實條件。中國傳統文化的結構雛形出現在春秋戰國時期，又特別是春秋末期，春秋末期時奴隸制周朝強盛的時代已經過去了，以周天子為「大宗」的王室勢力逐漸衰微，分封的諸侯甚至有權勢的家臣都開始擁有自己的軍隊或私家武裝力量，他們互相攻伐兼併，廢井田，開阡陌，原來奴隸社會的基本經濟基礎——井田制逐步被破壞掉了。新興的地主階級為了擴大和鞏固自己的地盤不斷地與周圍發生摩擦甚至進行戰爭，於是「禮樂徵伐自天子出」變成了「禮樂徵伐自大夫出」，就是到了春秋末期，以前一個國家和另外一個國家建不建交，打不打仗，國家的禮樂頒布與執行這些國計民生

的大事已經由中央政府周天子說了算，到周天子說了不算了，由各諸侯國說了算，甚至由這個諸侯下面的某一個有實權的權官或者家臣說了算，就是出現了孔子在《論語季氏》裡面說的「陪臣執國命」的局面。

由於地方政府甚至是個別強權的家臣力量強大了，目無禮法，僭越周禮的事件就屢屢出現，突破了以前最基本的政治禮法規定，連孔子認為對周禮尊崇遵循得最好的魯國也出現了「八佾舞於庭」和「季氏旅於泰山」這種僭越周禮的行為。什麼是「八佾舞於庭」呢？可能大家都知道「是可忍，孰不可忍」這句話，原話是這樣的：「八佾舞於庭，是可忍，孰不可忍！」，就是按照周禮的規定，只有周天子才有資格在喝酒、吃飯、宴樂、慶祝的時候觀看橫排八個人豎排八個人，八八六十四個人的集體舞，其他諸侯和大臣是沒有資格擅自享受這種規模的娛樂待遇的，可是在魯國竟然出現了一個權臣，在家裡面擅自觀看六十四個人的集體舞，所以孔子批評這種僭越周禮的行為說：是可忍，孰不可忍！

孔子為什麼批評「季氏旅於泰山」呢？泰山在中國傳統文化裡面有獨特價值和意義，不是說你想上泰山去幹什麼事情就可以上去幹什麼的，登泰山是有規矩的，走到泰山腳下哪個級別的人就必須停下來，走到泰山山腰哪種級別的人又要停下來，走到山頂哪種級別的人可以參與祭拜都是有嚴格禮法規定的。帝王（諸侯）登泰山祭拜封禪更是有嚴格條件的，第一個條件是更朝換代國家統一；第二個條件是帝王（諸侯）在位的時候政績卓著、國泰民安、國富民強；第三個條件是必須有祥瑞出現。中國歷史上被主流意識形態認可的，正式登泰山舉行封禪大典的有六位：秦始皇、漢武帝、東漢光武帝、唐高宗、唐玄宗、宋真宗。武則天多牛一個人，空前絕後一女帝，據說上到泰山頂上立了一個碑，一個字都不敢寫！傳說這就是今天泰山頂上的那塊無字碑。如此神聖的一個地方，竟然出現

第三章 《孫子兵法》產生的社會歷史背景及文化土壤

「季氏旅於泰山」,就是不是魯國的王,而是魯國下面一個季氏大臣,竟然也敢小鬼充閻王,擅自到泰山頂上去祭拜天地。

一葉知秋,一滴見海,春秋末期,整個社會亂套了,原來的權威被解構了,以前的規矩都不管用了。新興地主階級為了掠奪土地和人口,無休無止地與周邊的其他諸侯或者是封國發生戰爭,春秋時期記入史書的較大軍事行動就有四百八十三次。用《墨子》的話來說,當時勞動人民「饑者不得食,寒者不得衣,勞者不得息」,甚至「易子而食,折骨而爨」,什麼意思?就是勞動人民又饑、又渴、又餓,得不到休息,還家徒四壁。餓得不行了怎麼辦?就我把我的孩子給你,你把你的孩子給我,相互交換著殺來吃,因為虎毒不食子,對自己的孩子下不了手,這就叫「易子而食」。「折骨而爨」就是窮極無聊,家徒四壁,身無長物,甚至連生火的柴火都沒有了,怎麼辦?就把骨頭(沒有說是什麼骨頭)拿來當柴火燒。當然這也是中國傳統文化的表達方式,重感性,重渲染,少邏輯,缺數據。

《墨子》說春秋亂世「循法守正者見侮於世,奢溢僭差者謂之顯榮」,就是遵紀守法的人被侮辱,被嘲笑;而那種一天到晚不按規矩行事,違規違紀突破社會規範底線的人卻盡享榮華富貴。整個社會「無恥者富,多信者顯」,就是不要臉的人大富大貴,說話不算數的人卻非常出名。人們的精神和思想都處於一個迷亂的狀態。就像某個相聲演員前段時間在網上諷刺社會上一些亂象,他說當社會亂起來的時候:守法朝朝憂悶,強梁夜夜歡歌;修橋補路瞎眼,殺人放火兒多。

人病了就會有醫生出來開藥方治病,社會或者是國家亂了就會有哲人、思想家出來開藥方救世。春秋末期社會亂了,社會生病了,於是就出來一大批仁人志士先賢,紛紛針對當時社會上的亂象開出自己解決問題的方子,提出解決社會問題的辦法。面對同一個

社會問題，一千個人由於對人性的體認和對社會現象的評價不同，就可能會有一千種解決問題的意見和辦法，而且幾乎所有開藥方的醫者（哲人）都會認為自己的方法是對的。所有對社會的認識和判斷都必須建立在人性的認識和判斷基礎之上，而對人性的認識和判斷又建立在人對「物」和「我」的認識和處理原則與行為上。認識和處理「物」「我」關係的核心就是處理好「義利觀系」，用老百姓聽得懂的話來說就是如何看待和處理「公」「私」間的關係。一般說來，人們看待和處理「公」「私」間的關係有以下幾種原則和行為：大公無私（這就是聖人）、公而忘私（這就是賢人）、先公後私（這就是好人）、公私兼顧（這就是常人）、先私後公（這就是小人）、假公濟私（這就是痞人）、徇私枉法（這就是壞人）。怎麼評價和對待這林林總總的人？怎麼解決這些不同的人造成的矛盾衝突？如何能讓這些不同的人共存在一個社會？不同的先賢大家就提出了不同的策略和方案，這就是學術流派的起源。

　　古今中外每一個國家每一個民族都經歷了這樣一個過程，亂世現——哲人出——大辯論——傳統成。這個過程中各先賢大家相互褒貶辯論，逐漸地，價值觀相近或者身分、利益相近的人就慢慢聚集在一起，於是形成一個個學派。現代意義的大學的濫觴，事實上也就是由一群有社會責任感，有擔當的知識分子，為瞭解決人類歷史上或者是自己所處時代社會出現的問題，聚集在一起為這個社會保持和喚醒良心，開出藥方而形成的。

　　現在我們評價一所大學是不是綜合性的大學，就看它的學科門類是否包含了哲學、法學、農學、醫學四大門類，只要這四大學科門類都齊了，就是傳統的標準的嚴格意義上的綜合性大學。為什麼呢？因為哲學解決人的思想問題，法學解決人的紛爭問題，農學保證人吃飽穿暖生存下去，而醫學解決人身體上的毛病。人們的思想問題解決了，身體疾病解決了，生存問題也解決了，社會糾紛也

第三章 《孫子兵法》產生的社會歷史背景及文化土壤

解決了,這個社會不就穩定了嗎。

現代大學既是文化的儲藏者和傳承者,也是人才的培養者,更是社會的批判者、服務者和社會的引領者。在古代中國沒有出現現代意義的大學的時候,某一位先賢哲人創立出一種學派,提出一套學說後,聚集一幫自己的追隨者,形成一個學派,這就相當於發揮了原始大學的功能和作用。春秋時期有哪幾個主要學術流派,春秋戰國時期有哪幾所知名的「大學」呢?他們都在中國傳統文化形成之際扮演了什麼重要角色,留下了什麼痕跡呢?

先說儒家,儒家是些什麼人呢?按照現有史料說法:「儒者遊於六經之中,留意於仁義之際。」就是它主要是研究《詩經》《尚書》《易經》《周禮》《春秋》六本經典,其核心的理論觀點就是必須依靠「仁」和「禮」來解決當時的社會問題,平息到處蔓延的社會亂象,給社會和人民帶來和諧安寧。儒家大多數人靠教授古代典籍或者在婚喪、祭祀典禮中擔任司儀為生。教師或者主持人是儒者的最普遍和原始的身分與職業。

儒家以「仁、禮」為思想內核構建自己的學說,他們「敬天、法祖、重社稷」,儒家指出為什麼這個社會會亂成這個樣子?是因為我們不仁,我們破壞了周禮。那怎麼辦呢?他們提出「仁者愛人」「克己復禮」。就是大家你愛我,我愛你;我們都恢復周朝的制度、禮儀和風俗習慣,「己所不欲勿施於人」。通過道德教化「道之以德,齊之以禮」,讓廣大的老百姓因為道德修養高而主動地自覺地不去做違法亂紀的事情,這就叫「有恥且格」,這個社會就可以恢復到「君君,臣臣,父父,子子」的狀態。就是當皇帝就像當皇帝的,當臣子就像當臣子的,當父親的就像當父親的,當兒子的就像當兒子的,這個社會就可以因為大家遵循仁禮而不亂。

那麼儒家「仁禮大治」願景實現的途徑是什麼呢?就是「內聖外王」和「克己復禮」。儒家提出如果每一個君子都重視自己修

養的提高，遇到事情「喻於義」而不「喻於利」，「無求生以害仁，有殺生以成仁」，這個社會就祥和安寧了。什麼意思？就是當我們遇到一個與自己利益攸關的事情的時候，我們不見利忘義，我們都先想想獲得這個利益是適宜的嗎？是應該的嗎？合不合適？如果是合適的，我們才要這個利益，如果不合適，我們就堅持義而拒絕利，並長期和處處把這個作為處理「義和利」的原則和辦法。當我們遇到有違「仁」這個儒家認為最具有核心價值的東西的時候，哪怕就是放棄自己的生命，也要殺身以成全仁。仁禮大治的願景就實現了。如何才能使這些關於「仁」和「禮」的理論觀點讓更多的人接受並踐行呢？儒家選擇的策略和途徑是：興辦教育！

　　有資料說，20世紀末互聯網曾在全球發起過「過去一千年對人類影響最大的思想家、哲學家、偉人評選」，海選對象包羅古今中外，據說得票排在第7位的是中國儒家的代表人物孔子。他入選前10名最主要的原因不僅僅是他提出「仁」和「禮」這個思想，還有他改變了中國教育模式與文化傳承模式。因為在孔子之前中國是「學在官府」或者「學在私家」，就是當時王公貴族和他們的子弟們才有資格在官辦教育機構或者自己家中接受文化教育，普通老百姓是沒有接受文化教育的資格和機會的。孔子開創性地提出「有教無類」，並興辦私學，讓普通老百姓也可以接受文化教育，擺脫蒙昧，改變了文化與教育被少數貴族壟斷獨享的格局，傳播文明於大眾民間。孔子辦私學先後收弟子三千，賢人七十二，孔子對中國傳統文化傳播方式的變革和對中國文化的傳播和傳承影響深遠！有人評價說「天不生仲尼，萬古如長夜」！因為沒有孔子對教育和文化傳播模式的這種開創和變革，更多的中國人將終身接受不到文化和文明之光的照耀，更多的中國人將在沒有文化滋潤的情況下蒙昧地摸黑走完一生；沒有孔子的這種開創和變革，中國文化在傳承過程中可能範圍更窄，甚至更多的文化無法得到傳承，湮沒沉寂，消

第三章　《孫子兵法》產生的社會歷史背景及文化土壤

失於時間的黑洞。

儒家還有其他一些重要的觀點和思想如「入世」「知命」等，什麼叫「入世」呢？就是我們讀書的目的不應是為了讀書而讀書，而是為了「學以致用」，在哪裡用？怎麼用？「學而優則仕」，就是去管理社會，就是去當官，去服務大眾。儒家甚至認為「不仕無義」，就是如果你學得很好了，你卻不去運用，不去服務社會，不去當官，不去搞管理，是「不義」，就是「不應該，不合適」的。

但是你有入仕的想法和願望，並不能保證這個社會就會給你去當官和施展才華的機會，你可能想做事卻又沒有機會做事，那你不就鬱悶了嗎？為了找到這種內心的平衡，儒家提出要「知命」，認為「智者不惑、仁者不憂、勇者不懼」。儒家提出每個「君子」要明白自己是既有使命，又有命數的，我們知道了自己的使命和命數，做起事來就能「盡人事，聽天命」，我們就「君子坦蕩蕩」而不「小人長戚戚」。就是我們在完成使命的過程中，我們努力了，我們盡心了就可以了，至於是否一定能夠達到我們的期望，這不是我們能夠決定的。那是由什麼決定的呢？命數決定的。所以孔子周遊列國十四載，他在幹什麼？他在積極「入世」，他在「盡人事，聽天命」。

孔子周遊列國聽起來「高、大、上」，如果我們把這事說俗點，這其實是在幹什麼？找工作嘛！到處找工作，到處找自己發揮作用的機會和平臺。十四年呀，一般人早放棄或者崩潰了，孔子的心理素質真好，這種為了實現自己的理想，承擔自己的使命而堅韌不拔的意志力真強大！其實決定蕓蕓眾生人生最後高度差異最重要的因素就是人生目標的高低和追求目標的持久力！

儒家還為我們描述了一種「仁」「禮」大治後的社會生活圖景，它是怎麼描述的呢？他們是用中國特有的文化形式表述出來的，就是邏輯理性不足而形象感性有餘，以小見大，以點帶面，一

065

沙觀世界，一葉見乾坤。這幅社會場景是「暮春者，春服既成。冠者五六人，童子六七人。浴乎沂，風乎舞雩，咏而歸」。就是說陽春三月，江南草長，雜花生樹，群鶯亂飛。在這春光爛漫時候，中原大地的人們脫去厚厚的冬裝，換上了春天的輕便衣服；然後成年的男子五六個，沒有成年的小孩六七個，到沂河裡面去游泳；遊完泳以後，不急著回家，跑到高高的舞雩臺上去吟詩，然後大伙兒唱著歌回家。

為什麼說這就是「仁」「禮」大治的圖景呢？因為春秋時期是一個農業社會，春天是農業社會最忙的季節，在農忙時節成年人和小孩竟然還有時間和心情去郊遊、游泳、唱歌，這委婉而隱諱地說明人們豐衣足食且賦稅徭役不重。否則你家無存糧，上頓吃了沒有下頓，天天有兵役徭役，妻離子散的，你還有時間和心情去春遊、游泳、唱歌嗎？同時也說明這個社會政治清明，治安良好，否則到處都是戰爭和匪患，你還敢站在高高的土臺上去吟詩唱歌嗎？高臺喧嘩易成目標，一枝冷箭過來你小命都沒有了。而五六個大人與七八個小孩一起玩又說明了什麼？說明長者和幼者之間關係很和諧。這些現象的背後是老、弱、病、殘、鰥、寡、孤、獨都有所養，上慈下孝。這不是「仁」「禮」大治的和諧社會是什麼呢？

以孔子為代表的儒家思想看起來很美，可是在孔子的有生之年，他的理論卻是「上下無依」，孔子自己都說「道至大，而世不容；道至修，而世不用」。就是我的思想理論很宏大，可是這個世界容不下；我這套思想理論非常好，可是舉世皆不用。「黃鐘毀棄，瓦釜雷鳴」的結果是孔子自己也周遊列國，顛沛流離，上下無依。

儒家從孔子開始「一根發八芽」，演變成八個主要儒家流派，漢朝罷黜百家獨尊儒術後經過兩千多年的薪火相傳，形成了四書五經等一套浩繁典籍。從孔子到孟子、荀子、董仲舒、程頤、程顥、朱熹、陸守仁、王陽明等，儒家哲人大賢燦若星海。到了清朝的時

候孔子已成了一個儒家和中國傳統文化抽象性的標誌符號，孔子被尊為「大成至聖先師文宣王」。如果大家有興趣去研究一下，你會發現清朝時候人們眼中的孔子和春秋時期的真實孔子相比已經面目全非，判若兩人了。不過儒家特有的剛健有為、公忠為國、以義制利、仁愛寬容和舍身成仁的思想和價值觀，成了中國傳統文化泱泱正流，培養出了群星璀璨的君子儒者。宋朝有一個大儒叫張載，字橫渠，他的幾句話表達出了儒者最經典的人生使命和價值觀念，他說儒者的一生就是要「為天地立心，為生民立命，為往聖繼絕學，為萬世開太平」，每當讀到這幾句話，總感「高山仰止，景行行止；身不能至，心向往之」，相信這是很多中國知識分子孜孜以求的人生目標。

中國傳統文化的第二個主要流派是道家。道家在創立時主要是哪些人呢？道家是以春秋時期政治地位和社會地位不是很高，但是又有相當文化知識的一個群體為主構成的。道家的開創者和集大成者歷來比較公認的是老聃（也有人說是後來的太史儋），他的身分是周王朝的國家圖書館館長（或者管理員），作為一個國家圖書館的館長或者是管理員，他自然有機會接觸到當時普通人沒有機會接觸到的文化典籍，他肯定是有知識有文化的，但是他的實權肯定不大，政治地位不是很高。由於位不高權不重，所以在過去的時光裡他們肯定不是社會利益分配的主要受益者，於是他們對之前的奴隸制社會這種政治、經濟、社會制度不會很推崇和懷念。

到了春秋末期和戰國初期，新興的封建地主階級發展起來，道家仍然處於政治和經濟利益分配中不得志的狀態，他們對地主階級所推行的這種新型的「法」和社會政治、經濟制度也很失望。他們甚至攻擊新興的「法」，提出「法令滋彰，盜賊多有」，就是他們覺得為什麼這個社會這麼亂？就是因為現在的新興的地主階級國家政權把法律法規條款制訂得過多、過細，如果這個社會上沒有這麼

詳細的法律法規，就不存在違法，不存在違法就不存在犯罪。道家引頸回望追眷遠古，沒有找到可以懷戀和驕傲的歷史經歷；面對現實也深感憤懣無奈不滿意，怎麼辦？於是他們就走上了一條「崇道尚弱，保生全身」的道路。

道家提出這個世界上有一個東西叫「道」，這個道是「有物混成，先天地生，寂兮寥兮，獨立而不改，周行而不殆」，道家勉強給這個東西命了一個名字，這個先於天地而生的東西就叫「道」，道就生一，一就生二，二就生三，三就生萬物。這個「道」是人們最應該遵從或者是遵守的，而這個「道」幻化現形出來的一個規律是什麼呢？就是「柔弱勝剛強」。道家認為這個世界上剛的、強的和柔的、弱的相比誰厲害？柔弱的厲害！比如人身上的器官，牙齒和舌頭相比，牙齒明顯就比舌頭要硬和剛強得多，可是到了耄耋之年，請一位老年人張開嘴，你看，哎喲，「一望無牙」！沒有一顆牙齒了，什麼還在？舌頭還在！我們再看那個水和石頭，哪個硬？石頭比水硬。可是一個地方如果有水長期地在流淌和滴落，你會發現最後岩石成溝，水滴石穿！所以整個社會應該遵從這個柔弱，而不應該去追求剛強。

道家認為為了踐行「尚弱避剛」這樣的價值觀念，具體的個體的人應該怎麼做呢？那就要「致虛極，守靜篤」，「保身全生」。道家這樣論述說：「今吾生之為我有，而利我亦大矣。論其貴賤，爵為天子不足以比焉。論其輕重，富有天下不可以易之。」就是我們這個身體和生命對我們來說是有非常重大意義的一個事物，如果有人用大富大貴換取我們的生命，我們願意嗎？如果讓我們有很多錢卻剝奪我們的生命，我們願意嗎？我們都不願意！為什麼？因為生命對我們來說比富貴更有價值，是更大的利。

道家認為怎麼樣才能夠「保身全生」呢？那就要「為善無近名，為惡無近刑」。就是我們可以做好事，但不要把自己搞得名聲

第三章 《孫子兵法》產生的社會歷史背景及文化土壤

太盛，要避免榮譽和虛名成為我們的負擔，要防止盛名傷害我們的生命健康。道家擔心有人走極端，說那我就去做壞事，我做壞事能讓自己過得愉快一點，於是同時又告誡人們「為惡勿近刑」，就是你做壞事可以，小壞怡情，大壞傷生，你不能去碰法律的底線，若碰了法律底線而被刑罰，你的身體和生命就會被傷害。就是你做好事和幹壞事都要掌握好一個度，你既要做，又不要做過；你既要對社會和他人有用，又不要太有用，過猶不及。

基於這種觀念，莊子在《三才》這本書裡面講了一個故事：說一個哲人和一個木匠到森林裡面去砍樹，看到很大一棵樹，周圍的樹都被砍完了，就留下這棵樹沒有砍。哲人問為什麼這棵樹這麼大卻沒被砍呢？木匠說，因為這棵樹的木材材質不好，砍下來以後既不能造房，也不能造車，也不能造船，一句話——無用之材！哲人就說：你看，由於它無用，所以躲過了被砍伐的厄運，得以安度其天年，無用之用是為大用！然後下山來到一個農家，這個農家要款待客人，家裡面養了兩只雁（當時養雁就像今天養雞、鴨、鵝這些家禽），該殺哪一只呢？這個主人說：有一只它會叫喚，另一只它不會叫喚，叫的那一只可以幫我們報時或者是防盜，於是就把不會叫的那只抓來殺了。木匠就說：你不是說山上那個樹因為沒有用而保全生命了嗎？怎麼現在這個沒用的雁被殺了，有用的卻留下來呢？哲人於是說：凡事不能只執一端，要看到世間萬物的變化，要在有用和無用之間走出一條中間道路，以避免陷入尷尬。

道家為適應社會並「保身全生」，還提出要「潔身避世，虛靜無為，以理化情」。什麼叫潔身避世呢？當年孔子帶著子路等弟子們周遊列國，走到一個地方迷路了，就讓子路去問路。有一個道家（隱居者）就對子路說：「悠悠天下，皆是也，誰以易之？與其從避人之士，豈若從避世之人哉！」就是說社會亂啦，綱紀鬆弛，道德淪喪，人心不古，天下烏鴉一般黑（一聽就知道他是那個時代的

批判者！），沒有哪一個人是能改變這個令人失望的社會的！你的老師孔丘帶著你們到處去找工作，尋求施展才華，發展事業的機會，當發現一個國家和地方「道不同不相為謀」，就轉身離開，這就叫「避人」，避開與自己不合適的國家和人。你們這樣到處「避人」不如乾脆像我一樣，不去避人，而是「避世」，將整個世界、整個社會、所有的俗人都迴避掉。怎麼避呢？就是通過隱居，顯示出我不僅不和某一個人打交道，而且我要和整個世界都脫離，與整個人群都保持距離。

　　道家（隱者）為了表明「避世」的決心，他們做出了一些毅然決然的行為，比如說「接輿髡首，桑扈裸行」。「接輿髡首」是幹什麼？就是「接輿」這個人為了表示出他與周圍的人不打交道，跟周圍的人們不一樣，就把自己的頭髮剃了，這就叫「髡首」。你說剃個頭髮算什麼？在春秋時期人們認為「身、體、發、膚受之父母，不敢損毀」，頭髮是不能隨便剪的，如果是很講究的人家，從小孩生下來第一次剃頭獲得的胎毛，一直到老死這期間掉的頭髮、剪的指甲都要收起來，最後埋葬的時候與身體一起埋下去，這才叫敬惜父母精血，愛惜自己的身體。如果有一個人「咔碴」給自己剪成一個光頭或板寸髮型，在當時就是驚世駭俗的行為。一旦你髡首，你跟周圍的人就不一樣，就沒有辦法與周圍的人正常打交道，相當於「自絕於人群」。「桑扈裸行」是幹什麼呢？我們穿衣服第一是保暖，第二是顯示出自己的身分和品位，第三是遮羞和文明。桑扈不穿衣服，他直接就裸奔，裸奔狀態的人就不可能與其他人正常交往。早期的道家（隱者）就以此表現不隨大流，特立獨行，潔身避世。

　　人生而有慾望，慾望是煩惱的源頭。尚弱避世的隱者們反覆地告誡人們要對慾望進行控制，努力達到「致虛極，守靜篤」的最高

境界。他們反覆論證說這個窗戶為什麼有用呢？是因為它是空的，如果這個窗戶是實心的，它就沒有用了；這個房間之所以有用，因為它中間是空的，如果這個房間中間是實心的，那房間就沒用了；這個葫蘆水瓢之所以有用，是因為把葫蘆中間摳空了，它可以用來舀水或者盛東西；這個車輪之所以有用，是因為它中間有很多空的孔可連接輻輳，否則車輪也沒法用。

　　道家用大量日常生活中看得見摸得著的事物來說服和告誡身邊的人要「絕聖棄智，忘情寡欲，虛靜無為」；要反對鬥爭，迴避矛盾；要以理化情。道家認為沿著這條道路走到極致就能「齊物我」，「一生死」，實現「天地與我並生，萬物與我為一」。就是要認識到這個世界分開是我，合成也是我；聚形是我，散毀也是我。凡物「無成與毀，復通為一」。什麼意思呢？就是當我們的意識到達這個境界之後，我們就能理解當人們把一棵樹砍了，從這棵樹的角度看來好像是有東西被「毀」了；可這棵樹砍下來以後做成了一個桌子，從桌子的角度看其實是有東西「成」了；然後突然有一天缺燃料，就把這個桌子劈了來燒掉，這個桌子就變成了柴火，桌子「毀」了，可柴火這個東西就「成」了。

　　由於道家將這種觀點上升到一個哲學高度來看待人生和社會上的成、毀、勝、敗、聚、散。於是呈現出一種完全和儒家、和普通人不一樣的智慧和思維方式，當然也就具有瞭解決社會和人生問題獨特的思路與辦法。如《莊子·至樂》篇記載了一樁公案：莊子妻死，惠子吊唁，見莊子「箕踞鼓盆而歌」，就是莊子又開兩條腿很不莊重地坐著，還一邊敲打著一個瓦盆唱歌。惠子批評莊子說：「妻亡，你不哭也罷，還鼓盆而歌，豈不太過分了？」莊子說：「你說得不對。她剛死的時候，我哪能不難過呢？可是我又想，最初這世上本來沒有她的生命；不但沒有生命，而且沒有形體；不但沒有

形體，而且沒有氣息。在恍惚混沌之中，萬物變化，慢慢才有了氣息，隨之有了形體，隨之有了生命。現在她又回到本源的狀態，這就像春秋冬夏四時輪替一樣自然。她回到了天地之間安然休息，而我卻嗷嗷地哭個不停，我覺得這是不懂得生命的真諦，所以止住了哀痛。」莊子的結論是：萬物「皆出於機、皆入於機」，所以生亦何歡、死亦何悲。這就是道家的「齊物我」，「一生死」。

道家思想在發展過程當中與從漢朝傳入中國的佛教思想相結合，「援道入佛」，形成了中國傳統文化中一朵獨特的奇葩：禪宗！科舉落第才子張繼有一首著名的禪詩：月落烏啼霜漫天，江楓漁火對愁眠。姑蘇城外寒山寺，夜半鐘聲到客船。這個「寒山寺」就是當時非常著名的禪宗禪院。

禪宗提倡「心性本淨，佛性本有，見性成佛」。禪宗在中國濫觴是菩提達摩來中原，由於禪宗的思維方式與中國的道家玄學有相似相通之處，適宜的文化氣候和土壤讓它順利落地生根代代相傳。該宗所依經典，先是《楞伽經》，後為《金剛經》，《六祖壇經》是其代表作。達摩下傳慧可、僧璨、道信，至五祖弘忍傳到第六祖慧能，就達到了一個光輝燦爛的高度。據《六祖壇經》記載，禪宗六祖慧能沒有讀過多少書，年輕時為求道在五祖弘忍的廟裡面去當雜役和尚，就是做做飯、挑挑水、劈劈柴這種後勤和尚，禪宗五祖弘忍某天把廟裡面所有的和尚召集起來，讓每一個人都寫一首偈語（就是寫一首詩）匯報各自對什麼是佛，什麼是禪，什麼是道的理解。大師兄神秀和尚就寫下：身如菩提樹，心似明鏡臺。時時勤拂拭，勿使惹塵埃。大家都說寫得好，可慧能一聽大家念這首偈語，卻說這還沒有理解到什麼是禪的最高境界，於是他口占一絕：「菩提本非樹，明鏡亦非臺；本來無一物，何處惹塵埃。」這首偈語一出來，慧能就被五祖弘忍選為禪宗第六代接班人。禪宗在中國佛教

第三章 《孫子兵法》產生的社會歷史背景及文化土壤

各宗派中流傳時間最長，至今仍延綿不絕。它在中國哲學思想史上也有著重要的影響。宋、明理學的代表人物如周敦頤、朱熹、程顥、陸九淵、王守仁都是禪學大家。

道家通過兩千多年的發展，它經常以「煉丹養生，隨化保命，隱士仙人」的形象存在和出現於中國歷史文化當中。中國的很多知識分子在心靈上都有一個後花園，這個後花園不是儒家，也不是法家，而是道家。有一本書叫《東周列國志》，其開篇辭寫道：「道德三皇五帝，功名夏後商周；英雄五霸鬧春秋，興亡頃刻過手；青史幾行名姓，北邙無數荒丘。前人種樹後人收，說什麼龍爭虎鬥。」這就是中國知識分子躲在心靈後花園裡對政治鬥爭、對社會生活和自己的人生態度的真實寫照。

中國許多典籍文章和詩詞歌賦裡面都氤氳彌漫著道家的氣息。陶淵明寫道：「採菊東籬下，悠然見南山；此中有真意，欲辨已忘言。」這其間就蘊藏著道家精髓。王維《山居秋暝》一詩裡把一個知識分子曾經滄海以後隱居在一個小地方，隨遇而安，天人合一，養身全生，民胞物與的那種知足和寧靜寫得活靈活現：「空山新雨後，天氣晚來秋；明月松間照，清泉石上流。竹喧歸浣女，蓮動下漁舟；隨意春芳歇，王孫自可留。」李商隱的《無題詩》：「錦瑟無端五十弦，一弦一柱思華年。莊生曉夢迷蝴蝶，望帝春心托杜鵑。滄海月明珠有淚，藍田日暖玉生煙。此情可待成追憶？只是當時已惘然。」其中亦有內觀體悟到了人生真味，卻欲說還休，欲說無語，於是看琴是琴，言琴非琴；見月是月，想月非月；望海是海，夢菸非菸，深得道家省身觀道之妙！《紅樓夢》裡的《好了歌》註：「陋室空堂，當年笏滿床；衰草枯楊，曾為歌舞場。蛛絲兒結滿雕梁，綠紗今又糊在蓬窗上。說什麼脂正濃，粉正香，如何兩鬢又成霜？昨日黃土隴頭送白骨，今宵紅燈帳底臥鴛鴦。金滿箱，銀滿

箱，轉眼乞丐人皆謗。正嘆他人命不長，哪知自己歸來喪！訓有方，保不定日後作強梁。擇膏粱，誰承望流落在烟花巷！因嫌紗帽小，致使鎖枷杠，昨憐破襖寒，今嫌紫蟒長：亂烘烘你方唱罷我登場，反認他鄉是故鄉。甚荒唐，到頭來都是為他人作嫁衣裳！」這更是道家的世界觀、人生觀、價值觀，只是苦口婆心到有點直白囉唆了。

春秋時期的第三家主要學術流派是墨家。可能現在很多人對墨家不熟悉，可是在春秋戰國相當長的一段時期裡，墨家號稱顯學。孟子評價春秋戰國時期學術流派說「楊朱墨翟之言盈天下，天下之言不歸楊則歸墨」，可見墨家成了當時流行的主要學術流派。創立和組成墨家的主要是些什麼人呢？他們不是奴隸，人身是自由的，生活是獨立的，有一小塊自己的土地，但又不是奴隸主或地主，也就是處於社會底層的有一定知識、有不多財產的小手工業者和自耕農。春秋末期和戰國時期，一旦這個社會亂起來了，要開戰了，小手工業者和自耕農就是打仗徵召和徭役、賦稅募集的對象，他們就是「興百姓苦，亡百姓苦」中的「百姓」，折騰來折騰去他們都是矛盾磨盤的磨心。於是他們對以前和現在的社會紛爭與戰爭都持否定態度，他們提出解決社會矛盾問題應該「非攻」「兼愛」「尚賢」。

「非攻」就是墨家反對爾虞我詐、弱肉強食的社會游戲規則，反對奴隸主和封建地主階級不顧勞動人民死活進行的掠奪和戰爭。「兼愛」就是墨家希望大家都「視人之國，若視其國；視人之家，若視其家；視人之身，若視其身」。就是你的國家就像我的國家一樣，你的身體就像我的身體一樣，我們兼相愛，不打仗。

墨子提出「尚賢」是有原因的，春秋戰國時期，很多人的身分和職業都是一出生就決定了，且終身不變還世襲世傳的，整個社會

認為「龍生龍，鳳生鳳，老鼠生兒打地洞」。這很不利於社會中下層人民群眾中的精英分子脫穎而出，於是在社會管理人才的選拔產生方面，墨家認為「世卿世祿，親親有不，尊賢有等」的等級制度和世襲制度是不合適的，應該「尚賢」「非命」，提出「雖在肆農工商之人，有才則舉之，高予之爵，重予之祿，任之以事，斷之以令」。就是哪怕我是一個農民或手工業者，只要我有才就應該被提拔上來，任命為官，甚至職位還可以很高，要同工同酬，工資也要給高一點，讓我能夠有權力去從事社會治理和管理工作。

墨家為了讓自己這個學派的思想有更多的人接受和施行，他們成立了嚴密的組織，要求成員對學派的理論身體力行。墨家組織團隊的首領叫「巨子」，巨子在墨家裡面具有生殺予奪大權，墨家之法簡單明瞭：「殺人者死，傷人者償命。」如果你加入了墨家這個團隊，你違法亂紀，殺了人，墨家就執行紀律把你殺掉；如果你傷了其他人，你也要付出相同的身體傷殘的代價。《呂氏春秋·去私》裡面說有一個巨子叫作「腹」，腹的兒子殺了人，當時的秦惠王考慮到違法者是墨家的首領的兒子，就赦免了其按國法應當懲處之罪。可是國法已免，幫規難饒，腹執行墨家幫規，把自己的親兒子殺了。

墨家組織紀律性非常強，墨家的人員分為墨俠和墨辯兩大類。「墨俠」是幹什麼的呢？就是負責攻防戰鬥的軍旅之事者；「墨辯」是幹什麼的？就是專門負責談判溝通和文字記錄者。墨家要求團隊裡面所有的成員能「耐清苦，舍生死」「短褐之衣，藜藿之羹，朝得之，則夕弗得」，就是吃著粗茶淡飯，穿著最簡單的僅可御寒的衣服，哪怕「摩頂放踵，粉身碎骨以利天下」，不計一己之私，為之！重信守諾，嚴於律己，如果能夠「興天下之利，除天下之害」，則赴湯蹈火，在所不辭。

李白寫了一首詩叫《俠客行》，它裡面有一句話形容墨家俠客說：「十步殺一人，千里不留行，事了拂衣去，深藏身與名。」墨俠的典型是《山海經》裡面講的一個故事，說楚國有一對夫婦叫干將和鏌鋣，他們是造劍高手。楚王想讓干將幫他造一對雌雄寶劍，干將知道楚王心術不正，一旦自己造好劍以後，楚王會為了確保擁有絕世無雙的寶劍而殺掉造劍工匠。所以干將造好兩把劍以後，就把雄劍命名為「干將」劍，交給自己的妻子鏌鋣保管，只拿著一把「鏌鋣」雌劍去見楚王。楚王一看確實是好劍，為了讓自己擁有世上獨一無二的寶劍，果然就找個藉口把造劍工匠干將給殺了。

　　干將離家時就告訴鏌鋣說，如果我死了，你等咱們的兒子成年了，要讓他給我報仇。怎麼報呢？「出門見山，山上有松，松下有劍，取劍斬楚王。」等鏌鋣把兒子養到十八歲的時候，她就告訴兒子其父被楚王冤殺的事。兒子就在院中枯松樹裡找到了干將劍，積極準備為父報仇。也許冥冥之中有感應，楚王就開始天天做噩夢，夢中反覆見一刺客拿干將劍來刺殺自己，而且這個刺客的面部形象很清晰，楚王就依照這形象畫出通緝令，下海捕文書懸賞捉拿夢中刺客。干將之子只能逃亡，躲到深山裡面。逃亡路上悲從中來就號啕大哭，結果遇到一個墨俠，問清原委後認為楚王做事有違天道人倫，決定替天行道，幫干將之子報仇，殺掉楚王。

　　墨俠要報仇就要有接近楚王的機會，於是提出要干將兒子兩樣東西，一是干將劍，二是干將兒子的人頭。《山海經》裡面就記載（當然這是不可能的），干將的兒子拿劍「咔嚓」就把自己的頭砍下來了，然後雙手舉著這個劍和頭（屍身不倒）遞給墨俠，墨俠把頭和劍接過來，說你放心吧，我定竭盡全力為你報仇，屍體才倒了。

　　這個墨俠帶著這兩樣東西就去見楚王，楚王一看確實是夢中刺

第三章 《孫子兵法》產生的社會歷史背景及文化土壤

殺自己的這個人的首級，獻上的這把劍也確實是好劍，就信任了這個墨俠。墨俠說，楚王你怎麼才能不再做噩夢呢？你要把這個首級放在鍋裡面去煮，頭煮爛了你就不會再做噩夢了。可是三天三夜過去，這個頭在鍋裡面始終煮不爛。墨俠又告訴楚王說，之所以它不爛，是因為楚王你在精神上還沒有戰勝它，如果楚王你能夠用自己的眼睛和這個首級的眼睛對視，精神上懾服它，它就煮化掉了。楚王就依言去鍋邊看這個首級的眼睛，墨俠趁機手起劍落，就把楚王的頭砍到鍋裡面去了，緊接著墨俠把自己的頭也砍進鍋裡，三個首級就煮成一鍋，不能分彼此！後人感嘆其事，就把這三個首級埋在一起，取名「三王墳」。幫干將的兒子報仇的這個俠士就是典型的墨俠，他們為了追求自己內心的正義，可以拋頭顱、灑熱血，死不旋踵。

由於墨家主要是以勞動人民為主構成的，他們科學唯物的世界觀的形成相對晚一些。墨家提出要「重天志」「敬鬼神」，《墨子》中「上帝鬼神之建設國都，立正長……」這樣的言論明顯地表現出其世界觀中客觀唯心主義的鬼神論。墨家為了吸收成員和控制成員，在勾畫出「非攻」「兼愛」「尚賢」的美好社會模式號召凝聚民心的同時，提出如果人們不按照墨家的思想來指導、規範自己的言行，就會遭到鬼神的懲罰和報復！墨家採用恩威並施、誘嚇並舉的策略，在春秋戰國時期鼎盛一時，尤其是在中下層勞動人民群體中很有影響力，信眾人數可觀，號為「顯學」。

墨家一般以「俠」的形式存在於社會歷史中，統治階級和老百姓對待墨家的態度是「亂世則重，治世則抑」，就是當這個社會混亂的時候，俠客這種黑社會組織性質的組織就會被人們歡迎和尊重，當這個社會進入法制和平的安定狀態時，墨家就會被遺忘甚至會被統治者抑制和鎮壓。比如中國近代歷史上大名鼎鼎的「天地

會」「紅花會」「青幫」「洪門」「袍哥會」「漕邦」等都有墨家遺風，這些組織有時和政治勢力走得很近，甚至在政局未定、群雄逐鹿時被某些政治勢力拉攏利用，顯赫一時；可是一旦政局一統，當政者要麼就和他們保持距離或者撇清關係，要麼就過河拆橋，大開殺戒，找借口消滅這些組織，縱觀歷史，墨家組織鮮有善終者。

春秋時期的第四家主要學術流派是法家。法家是春秋末期和戰國時期的「在朝」之學，法家著書立說的目的就是要解決「如何爭奪權力，如何行使權力，如何穩住權力」這種現實而具體的問題。法家本身就是處在權力中心或者圍繞在權力周圍的知識分子創立的，比如韓非本來就是韓國的一個王孫公子。權力與富貴是親兄弟，權力與危險也是雙胞胎。臺灣作家柏楊在《中國人史綱》一書中有一個統計數據，截止1911年，中國歷史上的「帝王」（應該是只要稱王稱帝，建立或執掌政權的中央政權或者地方政權都算）有558個，非正常死亡的「帝王」就有143個，非正常死亡率達到24.44%，由此資料看來，世界上最危險的職業不是軍人和警察，而是「帝王」。不僅「帝王」危險，帝王的親人家屬也是高危的，比如《明史》記載李自成即將攻陷北京城時，明朝末代皇帝崇禎的言行最有代表性，史載：「城陷，帝入壽寧宮，長平公主牽帝衣哭。帝曰：『汝何故生我家！』以劍揮斫之，斷左臂；又斫昭仁公主於昭仁殿。」然後崇禎在煤山歪脖樹上吊自殺！虎毒尚且不食子，崇禎自殺前親手斫殺自己子女，要不是痛徹心扉，不是四顧絕望，不是別無選擇是下不了手的！

法家認為「好利惡害」是人的本性，人和人之間都是利害關係。提出「臣盡死力經與君帝，君重爵禄以與臣市」，就是當下屬的拼死拼活地工作，把自己的精力奉獻給君帝（老板），君帝就把高高的爵位和豐厚的工資賞給下屬，君臣之間只是利益交易而已。

第三章 《孫子兵法》產生的社會歷史背景及文化土壤

法家甚至認為不僅僅是君臣之間，整個社會都是這個樣子的：「輿人成輿，則欲人之富貴；匠人成棺則欲人之夭死。」這就是說賣車的商家就希望身邊的人都是大款，都發財；而賣棺材者就希望到處都死人，甚至幼年夭亡。並不是說賣車的人就充滿仁德，而賣棺材的人就道德敗壞，是因為如果人不發財就不會買車；如果不死人就不會買棺材，是職業決定，利之所在的結果。

法家提出在保有權力和行使權力的過程當中要「不法古，不循今」，就是古代先人做過的事情，總結的經驗不一定必須遵從，要「天變，地變，道亦變」，因為天道是變幻的，地理是變遷的，整個社會的現象和具體事物的情況都是變化的；這世界上除了一點是絕對的，其他的都不是絕對的，這就是萬事萬物皆「變化」，只有變化是絕對的！故法家堅持「變則通，通則久」，就這一思想觀點而言，法家比當時其他很多流派對世界的認識都準確而深刻。

歷史潮流浩浩湯湯，順之者昌，逆之者亡。人的資質是有差異的，聰明的人知道這個世界一定會變，他預見到變化要來，於是就早早做好應變準備，先於變而變，他就成功；普通人不能預見變化但能感受變化來臨，於是隨著這個變化的大流往前走，就比較安全；那些傻乎乎的不知道要變，而且變化已經來了還沒有跟著動的，最後就被淘汰掉了。

怎麼才能順應和利用「變化」，穩住權力並行使權力，維護自己的利益呢？法家提出要用「法、術、勢」！法家面對社會矛盾和沉疴，一般都是先用法令法規來打破社會原有的利益格局，尤其是不適合社會發展需要的政治、經濟、思想格局。這種打破格局的法令要實施必然傷害危及原來的既得利益者，既得利益者必然會進行直接或間接的反抗與破壞；於是法家就必須在打破原來利益格局，構建新的利益格局過程中殫精竭慮地使用權變之術，通過玩弄權術

來減少「打破—重建」過程中的抵抗阻力，降低自己的變革成本；通過「法令法規」與「權變權術」，逐漸形成對法家變革有利的「格局態勢」，形成有利於變革的輿論氛圍和政治經濟生態。推崇「法、術、勢」的法家精計利害得失，長於權術權變，善於造勢借勢，處理社會矛盾很少脈脈溫情和仁愛美感。但由於法家直面矛盾，因勢變法，追求效率，在富國強兵方面往往非常實用。

我們翻開中國的歷史就會發現，很長時間法家都是屬於「在朝之學」，它一直被統治階級，甚至被社會主導群體應用，只不過很多時候都只用不說而已。比如齊威王的夫人死了，宮中有十個姬妾都被王寵愛，田嬰想瞭解齊王打算立哪個姬妾為夫人，然後自己就請求立這個人為夫人，並通過這件事被齊王看重；於是田嬰製作了十個珠玉耳飾，並把其中一個製作得特別精美，一起獻給齊王。齊王把十個耳飾授給十個姬妾。第二天侍坐時，田嬰先觀察那只精美的耳飾由誰佩帶，然後就勸齊王立她為夫人。再比如甘茂做秦惠王的相。惠王喜愛公孫衍，和他私下說：「我準備立你為相。」甘茂手下的小官吏從孔洞裡偷聽到這件事，就去告訴了甘茂。甘茂很快進見惠王，說：「大王得到賢相，我冒昧前來拜賀。」惠王說：「我把國家托付給你，怎會另外得到賢相？」甘茂回答說：「您準備立犀首將軍公孫衍為相。」惠王說：「你怎麼聽說的？」甘茂回答說：「公孫衍告訴我的。」惠王對公孫衍洩露秘密很生氣。就趕走了公孫衍。

法家這朵花兒的盛開需要用生命和鮮血來澆灌，而且付出生命和鮮血的不僅僅是被統治的老百姓，甚至也包括法家自己。中國歷史上有名的法家人物：商鞅、韓非、王安石、張居正、譚嗣同等最後都付出了生命的代價。法家更多的時候以只可意會不可言說者的身分存在於中國歷史和社會中，很多時候我們都是在用法家的思想解決問題，不過也是只做不說而已。

第三章 《孫子兵法》產生的社會歷史背景及文化土壤

春秋戰國時期第五個主要學術流派是縱橫家。縱橫家是春秋戰國時期很「應景」的一個流派。何謂縱橫？「縱」就是「合眾弱以攻一強」，把弱小的國家團結起來攻打一個強大的國家；「橫」就是跟隨一個強大的國家，分化瓦解以攻各弱小的國家。縱橫家以蘇秦、張儀為代表，他們朝為田舍郎，暮登天子堂，早上還躬耕田畝，身分卑微；但如果進謀獻策說動了某一個諸侯、某一個王，晚上他們就可能指點江山，手握權柄，大富大貴。縱橫家在當時可以「一怒而諸侯懼；安居而天下息」。《戰國策·秦策一》這樣評價蘇秦發起的合縱運動：「不費斗糧，未煩一兵，未戰一士，未絕一弦，未折一矢，諸侯相親，賢於兄弟。」可見其獲得的評價之高！

縱橫家是政客而不是政治家，縱橫家是演講家、談判家。縱橫家朝秦暮楚，事無定主，反覆無常，他們做的很多事情往往都是權宜之計，從他們個人或者所在團體的私人利益出發，而不是從所謂的道德和正義出發。比如縱橫家奉為圭臬的《鬼谷子》很露骨地說：「隙者，罅也，罅者漳也，漳者成大隙也。隙始有朕，可抵而塞，可抵而卻，可抵而息、可抵而匿，可抵而得，此謂抵隙之理也。」他這段話什麼意思呢？就是說這個社會一定是有矛盾和分歧的，矛盾分歧就是「隙」，矛盾分歧大了就是「漳」；所有的矛盾分歧都是從小到大的，都是有濫觴和苗頭的，我們一般的思維方式和處理矛盾分歧的做法就是去彌合這個矛盾分歧。可是鬼谷子為代表的縱橫家卻認為，換個角度看，矛盾分歧就是機遇，甚至是資源，所以我們對於不同的矛盾分歧可以依據我們自己的利益需要採取不同的處理辦法，可以彌合矛盾分歧回到原來狀態，可以把矛盾分歧放一放冷處理，可以把矛盾分歧隱藏起來，還可以把矛盾分歧故意弄大造成分裂，甚至可以在處理矛盾分歧時暗度陳倉中飽私囊，趁機謀取自己的私利。

縱橫家的價值觀和看待問題、處理問題的思路策略都是非主流的。比如戰國時期縱橫家的代表人物蘇秦靠縱橫之術先後遊說燕、趙、韓、魏、齊、楚六國，人生事業巔峰時期以燕國為基地，任縱約長，身掛六國相印。可後來有人在蘇秦起家之地燕國向燕王毀謗蘇秦口是心非、出賣燕國、以權謀私、將要作亂。蘇秦怕獲罪燕王，但沒有逃跑，而是立即返回燕國靜觀其變，燕王果然對其冷淡，且不再給他官職。蘇秦推斷出肯定是有人毀謗自己不忠不信，因而主動求見燕王。並以曾參、伯夷、尾生為例，反對「忠信」，提倡「進取」。蘇秦告訴燕王：忠信之人一切為了自己，進取之人則是為了別人；自己棄家外遊，就是要求得進取。像曾參一樣孝順，就不會離開父母在外面過上一夜，又怎能讓他到燕國，侍奉處在危困中的國君呢？像伯夷一樣廉潔，堅守正義而餓死在首陽山下，又怎能讓他步行千里到齊國取回十座城池呢？像尾生那樣誠信，抱柱而死，又怎能讓他步行千里退去齊國軍隊呢？自己正是以所謂的忠誠信實而獲罪的。

　　面對蘇秦這種完全違背當時主流價值觀念的言論，燕王反問蘇秦：「你自己不忠誠信實罷了，難道還有因為忠誠信實而獲罪的嗎？」蘇秦舉例說：「妻子與人私通，打算毒死丈夫，侍妾就假裝摔倒打翻了毒酒。丈夫很生氣，懲罰了侍妾。侍妾打翻毒酒，保護了丈夫和妻子，卻免不掉挨板子。我的罪名跟侍妾的遭遇相類似！」史書記載燕王反覆思量以後覺得有理，不僅認可了蘇秦的觀點，恢復了蘇秦的官職，還愈發厚待。

　　縱橫家要達到「表面協理天下，背後申己之私」這種境界和目的，也是很有難度的，這要求縱橫家必須精研深諳社情民意，通達掌控人性慾望。故《鬼谷子》說：「非至聖人達奧，不能御世；不勞心苦思，不能原事；不悉心見情，不能成名；材質不惠，不能用

兵；忠實無真，不能知人。」可一旦弄清楚社會和人性的本來面目了，縱橫家就可以「天下唯我」，讓上下左右的人唯其馬首是瞻，實現《鬼谷子》說的「用其意，欲入則入，欲出則出，欲親則親，欲疏則疏，欲就則就，欲去則去，欲求則求，欲思則思」的結果。

《鬼谷子》提出進謀獻策，與人談判交流的時候要明白「事皆有內揵，素結本始。或結以道德，或結以黨友，或結以財貨，或結以採邑」。就是每個人都有愛好、需求或者慾望，這就是每個人的軟肋，只要能發現人的軟肋並對準其軟肋下手進攻，就沒有拿不下來的人！當然人的軟肋還有同類相似性，面對不同類型的人群要有不同的策略，《鬼谷子》總結說「與人臣言私，與人主言奇」，意思就是要說服一個王（一個老板），就要給他說他沒有聽過的新奇的事；而給大臣（下屬，打工者）交流溝通，想要說服他就要告訴他做了這個事情對他私人有什麼好處。而且在說服大臣或者打工者的時候千萬記住「公不如私，私不如結」，就是說公事公辦做成事情的概率一定不如把對方的私利攪進來，拴在一個船上捆在一個線上高。彼此利益攪在一起，我中有你，你中有我，就更有可能說服對方，使談判合作成功。

縱橫家看待問題或解決問題總是運用非常規的思維方式，比如靖郭君（齊威王少子田嬰的封號）準備在自己的薛地築城，以確保自己的安全，謀士們大都去勸阻。靖郭君反反覆復聽到勸阻，聽煩了，就對通報門人說：「不要為那些勸阻我的人通報了。」有個齊國客卿卻堅持請求拜見，並約定說：「我保證就說三個字。多一個字，在下就甘願受烹煮之刑。」靖郭處於好奇，於是召見了他。那人快步進來，見面就說：「海大魚！」然後回頭就跑。靖郭君說：「你且留下！」那人說：「在下不敢把死當兒戲！」君說：「沒事，你接著說完！」客卿於是說：「大人您沒聽說有種大魚嗎，網抓它不住，鉤

釣它不到，可它巨大的身體一旦離開了水，則讓小小的螻蟻欺負吃掉。現在的齊國，也就是大人您的水啊，您一直受著齊國的庇蔭，還要在薛地築城幹什麼呢？沒有了齊國，就算您將薛的城牆建得天一樣高，又有什麼益處呢。」靖郭君被深深打動，感嘆道：「說得好！」便放棄了在薛建城的計劃。這就是縱橫家的行事特徵和言辭風格。

另外一個典型事例是晉文公、秦穆公聯合圍攻鄭國，因為鄭國曾對晉文公無禮，並且在與晉國結盟的情況下又與楚國結盟。晉軍駐扎在函陵，秦軍駐扎在氾南。佚之狐對鄭伯說：「鄭國處於危險之中，如果能派燭之武去見秦伯，一定能說服他們撤軍。」鄭伯找到燭之武，燭之武推辭說：「我年輕時，尚且不如別人；現在老了，沒有能力辦事情了。」鄭文公道歉說：「我早先沒有重用您，現在危急之中求您，這是我的過錯。然而鄭國滅亡了，對您也不利啊！」燭之武就答應了。

鄭軍夜晚用繩子將燭之武從城上放下去，燭之武見到秦伯就說：「秦、晉兩國圍攻鄭國，鄭國已經知道要滅亡了。如果滅掉鄭國對您確實有好處，不用勞煩您手下的人，我們按您的意見執行就是。只是今後您要越過晉國把遠方的鄭國作為秦國的東部邊境，您知道是困難的，您何必要滅掉鄭國而增加鄰邦晉國的土地呢？這是為人作嫁呀！鄰邦的國力雄厚了，您的國力也就相對削弱了。假如您放棄滅鄭的打算，而讓鄭國保留下來，讓鄭國成為秦國使者今後往來於這條道路上的東道主，鄭國隨時供給他們所缺乏的東西，對您秦國來說，也沒有什麼害處呀。況且，您曾經對晉惠公有恩惠，他也曾答應把焦、瑕二邑割讓給您。然而，他早上渡河歸晉，晚上就築城拒秦，這是您知道的。晉國什麼時候滿足過呢？既然它已把鄭國當作東部的疆界，就會想擴張西部的疆界。晉國的西邊就是秦

國呀，如果不侵損秦國，晉國從哪裡取得它所企求的土地呢？滅掉鄭國這事其實是使秦國受損而使晉國受益，您好好掂量掂量吧！」

秦伯一聽，有道理呀，我是被晉國賣了還在幫他數錢呀，我差點當了冤大頭！就轉過來與鄭國簽訂了盟約。並留下杞子、逢孫、楊孫三位將軍幫鄭國守衛邊疆，自己先率軍回國。晉軍那邊傻眼了，盟友變敵人了！子犯再請求晉文公下令攻擊秦軍。晉文公說：「不行！假如沒有秦人的支持，我就不會有今天。我們還是回去吧！」這樣晉軍也撤離了鄭國。

這個用「海、大、魚」三字說服靖郭君的齊國客卿和以三寸不爛之舌退十萬之師的燭之武，就是標準的縱橫家言談行事的風格。縱橫家常以軍師、幕僚、買辦、經紀人的身分出現在中國的歷史上。

兵家是春秋戰國時期很重要又特殊的一個流派。面對當時的社會紛爭和矛盾，兵家開出的解決問題的藥方既不同於儒家的「仁、禮」，也不同於道家的「虛靜、無為」，也不同於墨家的「兼愛、非攻」，也不同於法家的「法、術、勢」，他們開出的方子是「強兵以王」或者是「強兵以霸」。春秋末期及戰國時期的兵家是有一定政治地位，運籌帷幄之中，決勝千里之外，重武尚力的職業或準職業軍人。《漢書・藝文志》將中國傳統的兵家分為四類：第一類權謀家，第二類兵形勢家，第三類兵陰陽家，第四類兵技巧家。兵權謀家研究因時而化，行權用謀，勝敵於無形；兵形勢家研究以同樣的兵力、同樣的物資，怎麼樣部署才能形成更強的戰鬥力，形成對自己有利的態勢和形勢；兵陰陽家研究「金、木、水、火、土」五行在方位、顏色、旗號等方面如何表現和相生相克；兵技巧家研究戰爭當中的武器設備和工具的改進等。

中國兵家幾千年來群星璀璨：孫武、司馬穰苴、孫臏、吳起、

尉繚、趙奢、白起、李靖等。據《漢書‧藝文志》記載，漢朝時就有《齊孫子》《吳起兵法》《公孫鞅》《龐煖兵法》《倪良兵法》和《信陵君兵法》《司馬兵法》等，漢初張良、韓信整理輯錄的兵法有182家。經過兩千多年的豐富和發展，中國現存的兵書有2,000多冊，可兵家卻因其獨特的特點，而在中國文化歷史上處於比較微妙的地位。

因為兵家研究的是人類歷史上看起來最宏大卻也是最悲哀的東西：戰爭。兵家研究人類在競爭當中，在獲取勝利當中，最具有智慧和智謀，但同時又最讓人絕望的陰險的東西：就是兵不厭詐，就是無所不用其極的同類相殘。正因為這個特點，所以說兵家在中國的歷史上具有強烈的「器用」特點和遭遇。就是當社會動盪，有需要的時候就使勁培養和尊奉兵家人才；可一旦天下穩定，統治者和社會大眾又害怕身邊有太多攻無不克戰無不勝的兵家人才。於是歷史上勾踐與文種，劉邦與韓信，以及齊王與孫臏這樣的「兔死狗烹，鳥盡弓藏」的兵家悲劇就反覆上演。

由於關於孫武和孫臏的史料都不夠完整，顯得神龍見首不見尾，而吳起的資料在現有史料裡是比較完整的，因此我們可以通過吳起的一生管中窺豹，看看兵家的行事風格和際遇命運。吳起出生在戰國時期的魏國，年輕時家境殷實，身體強健，脾氣暴躁。他整天不治產業，遊手好閒，周圍鄰居就譏謗批評他，說他的壞話。吳起一怒之下殺了三十多人後潛逃，逃跑前咬著自己的臂膀對自己的母親發誓：此生不做卿相誓不還鄉！吳起逃到齊國後，找了個地方拜師學習，齊國的大夫田居很賞識他，就主動把自己的女兒許配給他為妻。在齊國求學期間吳起的母親去世了，他想起自己離家前對母親發的誓言，於是強忍悲痛「仰天三嚎，旋即收淚，誦讀如故」。他的老師曾子知道後覺得吳起「大不孝」，將其逐出師門。

第三章　《孫子兵法》產生的社會歷史背景及文化土壤

　　於是吳起改學兵法，學成後到魯國工作，後逢齊、魯兩國交兵打仗，魯穆公就準備用吳起做將軍，旁邊有人就提出異議，說吳起的老婆是齊國人，吳起領兵伐齊不合適。吳起知道這個消息以後做了一件很殘忍的事情，他回到家裡二話不說就把自己的老婆殺了，提著老婆的頭去見魯穆公，穆公雖覺得他太殘忍，但愛其才，仍拜他為大將。吳起任將軍期間要是發現身邊的士兵受傷甚至傷口化膿，他就趴下去用嘴對著士兵的傷口幫他吸出膿血，使其傷病早點康復。

　　後來吳起被人誣陷挑撥，為躲禍只好逃離魯國到了魏國。來到魏國以後吳起又因其才華橫溢而很快受到重用，建立起一支在中國軍事史上鼎鼎大名的精銳部隊──「魏武卒」，可後來他再次因捲入政治鬥爭而不得不逃離魏國投奔楚國。到了楚國以後又深得楚悼王器重，高調強勢地變革強軍，大幹了一番，使得楚國國力大增，可是吳起因此得罪了一幫守舊貴族權勢人物。楚悼王薨，屍骨未寒，一幫貴族就群起追殺吳起，吳起無處躲藏，就跑到楚悼王的屍體邊，趴到楚悼王的屍體上。他覺得這些追殺他的人可能會投鼠忌器，讓自己躲過一劫；如果確實躲不過的話他也可以「借屍殺人」。果然那些貴族和叛軍喪心病狂，仍然用箭射殺了吳起，但同時箭鏃也射到了楚悼王的屍身上。楚悼王的兒子楚肅王即位以後嚴查這些射傷自己父親屍體的大逆不道之人，結果有七十家貴族因此而被滅族。以吳起為代表的兵家做事就是這樣：冷靜、殘酷和殘忍，他們的命運也大多坎坷多舛，令人嘆息。

　　由於名家、小說家、雜家、農家和醫家在春秋時期和後來的文化史上對中國人民認識世界改造世界的影響力有限；陰陽家雖然在中國文化史上影響大些，但與本書所研討主題的直接關係不大，故此不一一列舉研討。

回顧幾千年的中國文明史，哲人先賢來來去去，各個流派起起滅滅，縱覽古今之餘不僅讓人心生感慨：襟懷納百川，志越萬仞山；目極千年事，心地一平原。中華文化歷盡劫波，還能出現並流傳下來《孫子兵法》這本古代兵家的標誌性著作，實乃中華文化之幸，人類文化之幸。

　　土不厚則樹不高，淵不深則水不涼。因為有了豐富的傳統文化土壤，才培育出了中國傳統文化的一枝奇葩——《孫子兵法》，《孫子兵法》以其獨特的魅力讓中國的古代兵家在中國傳統文化中，甚至在世界的文化史上佔有了一席之地。因為《孫子兵法》為人類處理矛盾紛爭奉獻了一種獨特的智慧：怎樣看待國家與國家間的矛盾；如何確立國家間矛盾處理的原則與目標；如何評價國家間矛盾處理手段與效果的優劣；如果一定要通過戰爭解決矛盾衝突，那麼如何看待勝利；如何獲取勝利；如何保有完整的勝利等。

第四章 DISIZHANG

《孫子兵法》形成與傳播的幾個重要歷史階段

一部著作能夠成為經典，通常要同時滿足幾個條件：首先是著作本身要有大真、大善、大美的本質與內容，它能幫助讀者深刻洞察世界，指導讀者發現社會真相，陪伴讀者揭示自然大美，引領讀者窺探人類本性；其次是著作要經得住時間長河的洗滌，要能避免在流傳過程中被時光的流沙湮沒；再次是著作要在不同歷史時期都被人關注，不因一時籍籍無名而被新的同類著作超過和替代；最後著作還要具有相當範圍和規模的傳播，保持在一定空間範圍內被共同認可和推崇。《孫子兵法》從形成之初就高屋建瓴，洞悉有關戰爭、國防、軍隊管理領域的本質問題；又在流傳過程中因為歷代先賢大家的研讀修訂而日臻完善，聲譽日隆；並隨著中外文化交流漂洋過海，流布世界各地。基於此，它才穿越歷史的時光隧道，在中國文化史（乃至世界文化）上形成了一座標誌性豐碑。

《孫子兵法》從無到有，從民間流傳到政府專門組織人員編校，甚至成為國家科舉考試必考科目，其從小範圍流傳到全球知名的歷程，可以劃分為幾個主要階段。

第一階段是遠古到春秋的孕育和產生時期。這個階段持續的時間比較長。從遠古時期的人類與獵物的搏鬥，再到人類之間的戰爭行為，不斷有人記錄和總結這種衝突，並形成廣義或者狹義的「兵書」，到春秋末期已經出現了數量可觀的兵書戰策，其中有一本叫《軍政》的兵書應該在當時很有影響力，可惜《軍政》這本書後來佚亡湮沒，找不到了。可以肯定孫子是借鑑了包括《軍政》在內的眾多兵書，並在《軍政》等兵書戰策的啟發和影響下，加上孫子的家學淵源薰陶和自己學習實踐總結，寫出《孫子兵法》初稿。

第二個階段是戰國至秦漢時期，這是對《孫子兵法》的增益和早期校理階段。戰國至秦漢時期很多先哲都對《孫子兵法》的篇章結構，乃至行文用詞進行了刪減潤色或批註考據。史料記載漢代時

第四章 《孫子兵法》形成與傳播的幾個重要歷史階段

官方曾組織人力，對《孫子兵法》進行了三次較大規模的整理。一次是在漢高帝時，時間大致在高帝六年（公元前201年）至高帝十一年之間，由張良、韓信「序次」；第二次是在漢武帝時，由軍政揚僕牽頭「捃摭遺逸，紀奏兵錄」；第三次是在孝成帝時，由任宏負責「論次兵書」，任宏將當時的兵書分為「兵權謀」「兵形勢」「兵陰陽」「兵技巧」四種，《孫子兵法》位列「兵權謀」之首。這三次整理對《孫子兵法》的定位、定型和流傳都具有重要意義。

第三個階段是魏晉至隋唐的刪繁和註釋時期。因為東漢之前的書幾乎都是在竹簡木簡上的手抄體，看書的人也在竹簡木簡上旁寫批註，時間久了，書籍原文和後代讀者的批註兩種手寫文字就混在一起，書籍的內容就越來越多。最多的時候，《孫子兵法》竟然串進衍文擴張到煌煌10萬字之多！山東銀雀山漢墓出土的《吳問》《四變》《黃帝伐赤帝》《地形二》《見吳王》等，均應是這個時期後人解釋、闡發、增益孫子「十三篇」之作。這就需要更後面的人去刪掉竄進書籍原文的多餘的文字，並考證說明哪些是原文。

目前，有據可證魏晉至隋唐時期最早研讀過《孫子兵法》的人是曹操，因為曹操寫了一本書叫《孫子略解》，什麼叫《孫子略解》？就是曹操一邊讀《孫子兵法》一邊寫讀書筆記，最後讀書筆記就成為一本新文獻。曹操《孫子略解》的問世，標誌著《孫子兵法》真正進入了註解的時期。曹操注重文字訓解，且他本人又是軍事家，還重實際運用，因此，其註解理論性、實踐性兼備，《孫子略解》對後世研究《孫子兵法》有重大影響。

曹操在中國歷史上既是一個政治家，還是一個軍事家，同時還是一個文學家，用我們今天的話來說就是他的綜合素質與同臺競技的劉備、孫權相比是最高的。舉個例子，我們來看曹操寫的《碣石篇·觀滄海》一詩：「東臨碣石，以觀滄海。水何澹澹，山島竦峙。樹木叢生，百草豐茂。秋風蕭瑟，洪波湧起。日月之行，若出其

中。星漢燦爛，若出其裡。幸甚至哉，歌以咏志。」我也去過碣石，可我站在碣石那個地方一看，就這個樣子啊？風景不過如此嘛！我就寫不出曹操這樣的詩來。很多人都知道曹操寫了一首詩叫《短歌行》：「對酒當歌，人生幾何？譬如朝露，去日苦多。慨當以慷，憂思難忘。何以解憂，唯有杜康。青青子衿，悠悠我心。但為君故，沉吟至今。呦呦鹿鳴，食野之蘋。我有嘉賓，鼓瑟吹笙。明明如月，何時可掇。憂從中來，不可斷絕。越陌度阡，枉用相存。契闊談讌，心念舊恩。月明星稀，烏鵲南飛。繞樹三匝，何枝可依？山不厭高，海不厭深。周公吐哺，天下歸心。」這首詩曾長期受到某些人的詬病，說這首詩行文隨意散亂，沒有多少邏輯性，缺少中心思想。

可是大家知道什麼叫《短歌行》嗎？中國的古人喝酒是有講究的，不是端起酒就傻喝，一般是要「曲水流觴」並行酒令之類的。世界聞名的《蘭亭序》形象細緻地記錄了中國古代文人風雅的喝酒場面：「永和九年，歲在癸醜，暮春之初，會於會稽山陰之蘭亭，修禊事也。群賢畢至，少長咸集。此地有崇山峻嶺，茂林修竹；又有清流激湍，映帶左右，引以為流觴曲水，列坐其次。雖無絲竹管弦之盛，一觴一咏，亦足以暢敘幽情。是日也，天朗氣清，惠風和暢，仰觀宇宙之大，俯察品類之盛，所以遊目騁懷，足以極視聽之娛，信可樂也。」這裡提到的「流觴曲水」是一種特殊酒令，人們將盛酒的酒杯放在彎彎曲曲的水溝裡順水漂蕩，如果杯子漂到誰面前停下，這個人把酒杯端起來就得當場賦詩一首，如果寫出了詩就喝敬酒，寫不出詩，就喝罰酒，同樣是喝酒，敬酒和罰酒感受是完全不一樣的。這種端起酒杯吟的詩就是《短歌行》。要曹操喝酒時張口就現場吟一首詩，不打草稿，有文採，還要有邏輯性，這要求是不是高了點？

據傳民國時期坐鎮山東的某位軍閥仿效曹操，在遊覽之餘也賦

詩紀念，於是有了《大明湖》：

大明湖，湖明大，
大明湖裡有荷花。
荷花上面有蛤蟆，
一戳一蹦達。

還有《趵突泉》：

趵突泉，泉趵突，
三個泉眼一般粗，
咕吐咕吐咕吐吐。
趵突泉裡常開鍋，
就是不能蒸饃饃。

還有了與曹操一樣在喝酒行酒令時寫的《蓬萊閣》：

好個蓬萊閣，他媽真不錯。
神仙能到的，俺也坐一坐。
靠窗擺下酒，對海唱高歌。
來來猜幾拳，舅子怕喝多。

類似戲謔地記載其他沒有文化又附庸風雅的武將酒桌上口占一絕的詩還有《即景》：

遠看寶塔黑丫丫，
上面小來下面粗；
有朝一日翻過來，
下面小來上面粗。

以及不是武將的「文人」的口占一絕《冬日即景》：

昨夜北風寒，
天公大吐痰；
一輪紅日起，
便是化痰丸。

這一首首歪詩，與曹操的詩放一起，誰的文化修養和綜合素質如何是不是高下立判？

曹操不僅喝酒寫詩，散步也寫詩。比如《步出夏門行（龜雖壽）》：「神龜雖壽，猶有竟時。騰蛇乘霧，終為土灰。老驥伏櫪，志在千里；烈士暮年，壯心不已。盈縮之期，不但在天；養怡之福，可得永年。幸甚至哉，歌以咏志。」這就應該是曹操在散步時構思寫下的。

我曾看見美國前總統杜魯門紀念館牆上用英文寫了一句話：讀書人不一定能當領導，但領導人一定要讀書！曹操因喜歡讀書，而表現出較高的知識、能力和綜合素質，於是他的團隊在三國鼎立的競爭當中最終勝出。曹操不僅自己喜歡讀書學習，他的子女也喜歡讀書學習，綜合素質也高，曹丕、曹植都是當時知名的文人，在詩詞和文學理論上頗有建樹。比如曹植就能在應激狀態下寫成七步詩：「煮豆燃豆萁，豆在釜中泣；本是同根生，相煎何太急。」

在現有史料上沒有證據證明劉備愛看書學習，他培養出的接班人劉禪也無好學記錄，劉禪在歷史上留下最有名的一句話是：「此間樂，不思蜀！」亡國後樂不思蜀，一副孬種相。孫權和孫策也沒有在史書上留下好讀書有文化的證據，倒是他們的繼任者孫皓據史料記載荒淫無度，最後本來以水軍和水戰見長的東吳日益委頓，於是當不擅長水戰的魏晉大軍來臨時，留下「王濬樓船下益州，金陵王氣黯然收。千尋鐵鎖沉江底，一片降幡出石頭」的可嘆結局！（赤壁之戰東吳能以少勝多，不是小說上說的諸葛亮草船借箭之類的，主要是曹操遠道而來的大軍是陸軍，陸軍人數雖多，不擅長水戰，周瑜的率領的軍隊是水軍，諳習水戰。曹操人數雖多，其實是以己之短，搏人之長，於是有了赤壁之敗）。所以人們要不斷學習，提高自己的文化素養，才能避免犯低級錯誤，在競爭中勝出。

魏晉南北朝時期，除了曹操的《孫子略解》之外，還有東吳沈

友註《孫子兵法》、賈詡《鈔孫子兵法》，王凌集註《孫子兵法》、張子尚的《孫武兵經》《孟氏解說》等。這些著作大都偏重文字訓詁，表現出《孫子兵法》早期註解時期的簡略特點。

隋唐五代是《孫子兵法》註釋的高峰時期，這一時期註解《孫子兵法》的著作主要有：隋代的《蕭吉註孫子》；唐代的《李筌註孫子》、《賈林註孫子》、杜佑《通典》中的訓解《孫子》、《杜牧註孫子》、《陳暤註孫子》、《孫鎬註孫子》、《孫燮集註孫子》；以及五代的《張昭制旨兵法》等。在後來宋人歸納編輯的《十一家註孫子》中，唐朝的作者就占了五家。除註家多外，隋唐五代時期註解《孫子兵法》的眾多著作還具有另闢蹊徑、糾謬補缺、義詳例豐、整體把握等特點。

第四個階段是開始對《孫子兵法》進行系統研究和整理的宋代。宋朝非常重視兵學的研究和整理，前期的《孫子兵法》研究以官方組織為主，到了後期（北宋末至南宋亡），則以私人著述為主，這方面的代表作是宋神宗詔令朱服、何去非校定的包含《孫子兵法》在內的以官方名義頒行的《武經七書》，和大約成書於兩宋期間的民間版本的《十家孫子會註》。此後的孫子書，以《武經》本《孫子兵法》和《十家孫子會註》這兩個版本為底本不斷繁衍，形成了傳世版本的基本系統。

《孫子兵法》在唐宋時期已經作為國家選拔國防武備人才的必考書目。中國歷史上各個時期的官員人才選拔制度主要有以下幾種：第一種叫察舉制，就是政府聽說哪個地方有個人很厲害，就來徵召。比如劉備之所以三顧茅廬，就是因為諸葛亮住在隆中那個地方，表現得與眾不同，於是名聲大振，然後劉備代表的統治階級就會去尋訪和徵召這種能幹的人，整個社會當時都是這樣發現和選拔官員的，劉備並沒有像我想像的那樣降尊紆貴，給諸葛亮高於常規的特殊尊重和超常待遇。

中國歷史上還曾經採用的另一種人才選拔模式叫「薦舉制」，就是由士大夫名門望族給朝廷薦舉他們認識的優秀人才為官。在「薦舉制」這種官員選拔模式下，獲得「推薦」成為知識分子達到做官目的的唯一手段。而推薦的標準，除了儒書學識外，還在於道德行為。在強烈的競爭下，必須有突破性的聲譽，才能引起有推薦權的人的注意。至於如何才能有突破性的聲譽，那需要出奇制勝。所以很多知識分子，都兢兢業業，通過踐行五類「善」行來獲得被推薦的機會：一是長時期為父母服喪。孔子和孟子開始倡導的 3 年之喪，東漢政府開始硬性規定中級以上政府官員，必須服 3 年之喪。當大家都服 3 年之喪時，3 年之喪便沒有什麼稀奇了，於是有人加倍地服 3 年之喪，更有人索性服 20 年之喪。二是辭讓財產和辭讓官爵。如分家產時，弟兄們都堅持要最少的一份；父親留下來的爵位，本應是嫡子繼承的，嫡子卻逃入深山，而把它讓給其他庶出的兄弟。三是尚俠尚義。人們的所有行為一分為二，一個是義的行為，另一個是利的行為，尚俠義就是只考慮「義」，不考慮「利」。四是廉潔。以不取非分之財為最大的善。五是對恩主絕對效忠。政府高級官員的僚屬，大多數由高級官員自行聘任。一個知識分子一旦被聘任，就算踏上了光明燦爛的仕途。像宰相所聘任的僚屬（三府椽），有的只幾個月便出任州長（刺史），不出數年就擢升為中央級官員。這是知識分子前途最重要的一個契機，在被推薦為「茂才」「孝廉」後，還必須再突破被聘任這一關，否則仍只是在野之身，飛黃騰達不起來。士大夫對於聘任他的恩主，不但要冒險犯難，還要為恩主犧牲性命。上述五類行為，並不是每一個士大夫都做得到的，但他們都爭相或真或假地去做。

「薦舉制」實行一段時間後，大夫為維護自己百般經營才得到的既得利益，於是推薦和聘任人員的範圍就逐漸縮小。最初選擇薦舉對象時，還注重聲譽，一個與各方面都沒有關係的平民，只要有

被稱讚的道德行為，就有被推薦被聘任的可能性。後來情形發生變化，必須是士大夫家庭的一員（子弟），這個可能性才存在。一種固化的門第觀念，因之產生。社會的縱剖面呈現無數直線行業，木匠的兒子繼續當木匠；農夫的兒子繼續當農夫；士大夫的兒子繼續當士大夫，也就是說，做官的兒子繼續做官，這就是門第。一個士大夫的門第，以其家族中做官人數的多寡和官位的大小，作為高低的標準。像楊震，四代中出了三個宰相（四世三公）。像袁紹，四代中出了五個宰相（四世五公）。這種門第，受到社會普遍的羨慕和崇敬。

其實「察舉制」和「薦舉制」這兩種辦法實行久了都有些問題，察舉制容易造成社會上出現大量沽名釣譽之徒，沒有真才實學，通過假隱居，做一些驚世駭俗或與眾不同的事來嘩眾取寵，走「終南捷徑」出仕為官，有點像現在網上的一些名人，通過做出格的事並大肆炒作，以此來獲取關注度和知名度。而薦舉制就容易出現任人唯親，拉幫結派，最後「仕不出寒門」，推薦來推薦去都是既得利益圈子裡面的人，國家選人用人範圍狹小，無能者屍位素餐，一般老百姓中的精英幾乎得不到薦舉為官的機會，社會階層嚴重板結，底層人民沒有上升空間，以至於在南北朝時期出現了「王與馬，共天下」這種兩大門閥瓜分壟斷社會管理職位的情況，其結果是底層知識分子失望和絕望，社會怨氣和矛盾增加。

從隋唐時期開始，一種全新的人才（國家官員）選拔方式出現了，這就是科舉制，用考試的方式讓社會上有知識有能力素質高的人才能脫穎而出。科舉考試讓大量普通民眾中的優秀分子可以「朝為田舍郎，暮登天子堂」，通過科舉考試擠入管理國家和社會的階層裡。科舉考試最大的優點是給全社會人才創造了一個改變命運的公平競爭的機會，而機會公平對於原來的等級世襲是一個巨大進步。科舉考試不僅僅是文考，還有武考。武考除了考核騎馬、射

箭、舉石鎖，還要考文化，考什麼呢？就是考研究國防和帶兵打仗的兵家的《武經七書》。也就是說，從唐宋開始，《孫子兵法》就是國家統一高考的必考科目。

第五個階段是對《孫子兵法》考據闡發大繁榮的明清時期。時間之河浩蕩悠長，《孫子兵法》沿著歷史長河漂流到明清時，在明清時期人們的眼中，《孫子兵法》已經是一個標準的古董了，裡面的某一個詞和某一個字是什麼意思已經需要闡發考據才能明白了。明清時期是《孫子兵法》疏解、闡發和考據的大豐收時期。劉寅的《孫子直解》、趙本學的《孫子書校解引類》、李贄的《孫子參同》、黃獻臣的《武經開宗》、朱墉的《孫子匯解》、顧福棠的《孫子集解》、黃鞏的《孫子集註》等，都不僅僅是註字訓詞，還注意在理論闡發上下功夫，其中不少講解多有新見，且更注意系統性、指導性，體例也更趨完備。與偏重講解《孫子兵法》義理研究學派相對應的，是清代中期出現的有關孫子的考據研究學派。其代表人物有孫星衍、畢以珣、章學誠等。他們在有關孫子生平事跡、《孫子兵法》成書時間、篇數和內容、文字校訂和註釋等方面做了深入考究，提出了許多新的見解。由於孫星衍自認為是孫武之後，因此其研究有時有點「戴有色眼鏡為祖宗立傳」的嫌疑，故本書專門附錄了相對中立「第三方」的畢以珣的《孫子敘錄》供讀者參考。

明清時期有史料證明研讀過《孫子兵法》並聯繫實際運用得很好，且建立了赫赫軍功的眾多名人中有王守仁。據說王守仁是書法家王羲之的後代，他出生在一個書香門第，也是官宦之家。王守仁的成長經歷從小就與眾不同，他到五歲都不大會說話，也不知道是發育太晚還是大器晚成。可是王守仁一旦會說話，一旦開始學習就不得了了，他十二歲的時候就寫出了一首詩叫《蔽月山房》：山近月遠覺月小，便道此山大於月；若人有眼大如天，當見山高月更闊。那個時代十二歲的小孩沒有學過天文學，不知道銀河系中太陽、地球和月亮之間的大小關係，王守仁怎麼會有如此的時空觀？

第四章 《孫子兵法》形成與傳播的幾個重要歷史階段

這是不是很不可思議？

王守仁的父親是當年科舉（公元1481年）的狀元，官至南京的吏部尚書（明朝一度在北京和南京並設兩套政府部門機構，南京的多為虛職）。王守仁年紀輕輕就在科舉考試中考中進士從而入仕，但是因為得罪了當時權傾朝野的大宦官劉瑾而被貶到貴州的龍場驛（相當於現在的一個鄉村郵政所所長），官場熱鬧，書齋寂寞，身不自由心自由，偏僻之地好讀書，王守仁沒有因仕途遭遇重大挫折而買醉頹廢。他在荒僻野靜的「玩易窩」（貴州已經將此處列為文物保護單位，成為一個文化旅遊景點）靜心沉思，最後有了所謂「龍場悟道」，創立了自己的「心學」哲學體系，提出四句王門心法：「無善無惡是心之體；有善有惡是意之動；知善知惡是良知；為善去惡是格物。」

後來明朝遇到叛亂危局，王守仁雖為一介書生但臨危不懼，挺身而出，聚集敗軍散勇，依靠自己對人性的深刻認識，對《孫子兵法》的精研領悟，運籌帷幄，屢戰屢勝，成功平息叛亂，成為安邦柱國的一代英雄。中國歷史就是因為不斷有王守仁這樣寵辱不驚、澄懷觀道的先賢、仁人、大儒出現，他們萬古不磨意，中流自在心，才把中國文化一步一步推向前進。

第六個階段是《孫子兵法》與西方兵學的交融和研究轉折的民國時期。民國時期是古代孫子學的結束、現代孫子學開始的轉折期。一是《孫子兵法》與現代火器條件下的戰爭實踐結合緊密，在戰役戰術乃至戰略思想上均有新的重大發展，這個時期的孫子研究理論與冷兵器時代諸註家闡發的理論相比，出現了質的飛躍；二是以克勞塞維茨的《戰爭論》為代表的西方兵學著作進入中國，《孫子兵法》的理論與西方軍事理論在碰撞中激盪融合，已不單是閉關鎖國的中國文化思維的近親繁衍，使孫子研究因此獲得新生並表現出生機勃勃的氣象；三是人們開始注重對《孫子兵法》的軍事理論進行系統闡發，而不只是訓字、註詞、解句、講章，已初步將《孫

子兵法》的軍事理論概括為戰爭問題、戰爭指導、戰略戰術、治軍思想等幾個方面，通過借鑑西方兵學學科思維進行系統的分析論述，為現代人更科學地概括《孫子兵法》的軍事理論框架打下了基礎。

　　第七個階段是對《孫子兵法》的研究跨出兵學領域，進入多學科領域研究應用的繁榮期：1949年至今。對《孫子兵法》的研究，尤其是應用研究達到繁榮的新高度是在中華人民共和國成立以後。20世紀70年代山東銀雀山漢簡本《孫子兵法》版本的出現，打破了宋朝《武經》本和《十一家註孫子兵法》兩大基本版本系統流傳的格局，不但在《孫子兵法》版本流傳、文字校勘、註釋訓解、軍事思想闡發、哲學思想研究等方面有頗多建樹，而且開闢了多學科、多領域研究《孫子兵法》的新局面。

　　20世紀90年代開始，《孫子兵法》的應用研究也出現繁榮局面，有的研究者從系統論入手，有的從決策學著眼，有的從管理學探討，還有的從經濟學、預測學、談判學、語言學、心理學、邏輯學、地理學、醫學等不同角度進行研究。「孫子學」跨出軍事領域，在運籌決策、戰略系統、組織管理等方面呈現出滿園春色、碩果累累的局面。

　　《孫子兵法》是中國古代兵家標誌性著作，凡是要研究中國傳統文化，必定涉及中國古代兵家；凡研究中國古代兵家，就必須要研究《孫子兵法》。《孫子兵法》不僅思想深邃，而且文採斐然，對後世軍事、國防、組織團隊管理都產生了極為深遠的影響。宋代鄭厚在《藝圃折衷》中認為：「孫子十三篇，不惟武人之根本，文士亦當盡心焉。其詞約而縟，易而深，暢而可用。《論語》《易》《大傳》之流，孟、荀、揚著書皆不及也。」明代茅元儀在《武備志·兵訣評序》中提出：「前孫子者，孫子不遺；後孫子者，不能遺孫子。」給《孫子兵法》在中國文化格局和中國兵家序列中確立了一個清晰的地位。

第五章 DIWUZHANG

《孫子兵法》在國內外的傳播交流與影響

中國書籍最早是竹簡、木簡手寫形式，後來是紙張手工謄寫形式，再後來是雕版紙張印刷形式，最後是活字排版紙張印刷形式，《孫子兵法》在中國古代的傳播也受到這一變化歷程的影響，呈現出在早期書籍手寫謄抄階段只有少數人有機會接觸學習《孫子兵法》，而隨著書籍紙張化和印刷化才逐漸有更多的人有機會接觸和學習《孫子兵法》的規律。雖然《孫子兵法》成書以後一直不斷地有人學習傳播，但在早期都是以家學傳承或師徒小範圍一對一授受的形式流傳，直到宋朝將其列為國家武備人才選拔考試的必考內容，《孫子兵法》才得以在社會上獲得廣泛關注和研習。隨著接觸和研習《孫子兵法》的人員身分職業的豐富和複雜，《孫子兵法》開始跨出軍事領域，在社會其他領域影響人們的世界觀和方法論。並隨著中外文化交流流傳到其他國家和民族，影響了其他地區和民族的戰爭觀念和戰爭行為，從而逐漸成為一本舉世公認的關於戰爭藝術的經典著作。

中國國內歷代研讀《孫子兵法》史料記載及評價抽樣。對於相同的世界，每一個人看到的都是不完全相同的，正如西方諺語所說：世界上有一千個讀者，就有一千個哈姆雷特。《孫子兵法》自成書以來，在中國文化史上一直被歷代學人關注研讀，留下延綿兩千多年傳承、傳播、交流的軌跡。很多中國歷史上的大家名流都研讀過《孫子兵法》並留下了精彩紛呈的評價。這些大家中除了東漢的曹操外，還有籍貫身世均不詳的南北朝時期的孟氏，以及唐朝的李筌、賈林、杜牧、陳皞四位大家，唐朝研究《孫子兵法》的大家中以杜牧的見解與觀點影響最大，宋朝則有王晳、梅堯臣、籍貫身

第五章 《孫子兵法》在國內外的傳播交流與影響

世均不詳的何氏、張預四位大家的著作留世。後人將這縱跨一千多年的十位大家的評註思想集結成書，就是大名鼎鼎的《十家註孫子兵法》。除了這十大家外，宋朝歐陽修的《孫子後序》、宋朝鄭友賢的《十家註孫子遺說並序》、明朝談愷的《孫子集註序》、清朝孫星衍的《孫子兵法序》、清朝畢以珣的《孫子序錄》和清朝魏源的《孫子集註序》也頗有影響，其中宋朝鄭友賢以問答釋疑的形式，對自己在考證《孫子兵法》文本和理解《孫子兵法》章句中的成果進行了總結，既有高屋建瓴，也有「方馬埋輪」中「方」應該是「放」這樣的發微探幽，讓人擊節讚嘆的閃光觀點不時呈現！學海無涯，我們要一一回溯歷代大家研習《孫子兵法》的過程不太現實，而且大多數讀者對「翻故紙堆」不感興趣，沒有精力和興趣去浩如菸海的古文獻資料裡「尋章摘句」，完整探尋歷代學者對《孫子兵法》研習的痕跡。因此本書嘗試按照歷史先後順序，採用「去肉留骨」「去粗取精」和原文摘錄的方式將歷代大家名流研讀《孫子兵法》並留下的心得體會簡要原文羅列，雖有盲人摸象的嫌疑，但相信也可管中窺豹，幫助讀者在最短時間內感受到《孫子兵法》在中國 2,000 多年流傳史上對中國人思維方式、價值觀念和行為模式的影響。

有提十萬之眾，而天下莫敢當者誰？曰桓公也。有提七萬之眾，而天下莫敢當者誰？曰吳起也。有提三萬之眾，而天下莫敢當者誰？曰武子也。——《尉繚子・制談篇》

吾治生產，猶伊尹、呂尚之謀，孫吳用兵，商鞅行法是也。是故其智不足與權變，勇不足以決斷，仁不能以取予，強不能有所守，雖欲學吾術，終不告之矣。——《史記・貨殖列傳》載白圭語

孫武、闔廬，世之善用兵者也。知或學其法者，戰必勝；不曉什伯之陣，不知擊刺之術者，強使之軍，軍覆師敗，無其法也。——王充《論衡・量知篇》

操聞上古有弧矢之利，《論語》曰：「足兵」，《尚書》八政曰「師」，《易》曰：「師貞，丈人吉」，《詩》曰：「王赫斯怒，爰整其旅」，黃帝、湯、武，咸用干戚以濟世也。《司馬法》曰：「人故殺人，殺之可也。」恃武者滅，恃文者亡，夫差、偃王是也。聖人之用兵，戢時而動，不得已而用之。吾觀兵書戰策多矣，孫武所著深矣！孫子者齊人也，名武，為吳王闔閭作兵法一十三篇，試之婦人，卒以為將，西破強楚，如郢，北威齊晉。後百歲餘有孫臏，是武之後也。審計重舉，明畫深圖，不可相誣。而後世人未之深亮訓說，況文煩富，行於世者失其旨要，故撰為《略解》焉。——《孫子十家註・孫子序》載曹操語

孫武所以能制勝於天下者，用法明也。——《三國志・馬良傳》載諸葛亮語

孫武兵經，辭如珠玉，豈以習武而不曉文也！——劉勰《文心雕龍・程器》

朕觀諸兵書，無出孫武；孫武十三篇，無出虛實。夫用兵識虛實之勢，則無不勝焉。——《唐太宗李衛公問對》載李世民語

然！吾謂不戰而屈人之兵者，上也；百戰百勝者，中也；深溝高壘以自守者，下也。以是較量，孫武著書，三等皆具焉。——《唐太宗李衛公問對》載李世民語

自古以兵著書列於後世、可以教於後生者，凡十數家，且百萬言。其孫子所著十三篇，自武死後凡千載，將兵者有成者、有敗

者，勘其事跡，皆與武所著書一一相抵當，猶印圈模刻，一無差跌。——杜牧《樊川文集·註孫子序》

自六經之道散而諸子作，蓋各有所長，而知兵者未有過孫子者。——陳直中《孫子發微》

數年間，予承乏浙東，乃知孫武之法，綱領精微莫加矣。第於下手詳細節目，則無一及焉。猶禪家所謂上乘之教也，下學者何由以措。於是乃集所練士卒條目，自選礦畝民丁以至號令、戰法、行營、武藝、守哨、水戰，間擇其實用有效者，分別教練，先後次第之，各為一卷，以誨諸三軍俾習焉。顧苦於繕寫之難也，爰授梓人。客為題曰：《紀效新書》。——戚繼光《紀效新書·自序》（卷十八本）

夫習武者，必宗孫、吳。孫武子兵法，文義兼美，雖聖賢用兵，無過於此。吾獨恨其不以《七書》與《六經》合二為一，以教天下萬世也。——李贄《孫子參同·自序》

今古兵法盡於七經，而七經盡於孫子……——李贄《孫子參同·梅國禎序》

孫武子十二篇，治病之法盡之矣。——徐大椿《醫學源流論·用藥如用兵論》

這些研習心得言論中，比較有意思的是《史記·貨殖列傳》白圭語和名醫徐大椿的《用藥如用兵論》，顯示出《孫子兵法》的世界觀和看待問題、解決問題的方法論早已跨出兵學範疇，進入並影響指導著商業和醫學等其他領域。

《孫子兵法》代表中國傳統文化在對外交流中的源流及影響脈絡。

據史書記載，公元 734 年，也就是處於鼎盛時期的唐朝開元二十二年，在中國留學長達十七年之久的日本學者吉備真備歷盡艱辛回到日本。這位文武兼修的飽學之士，在離開繁華的唐朝都城長安時並沒有攜帶什麼絲綢珍寶，而是用唐朝廷賞賜給他的錢大量買書，將《孫子兵法》等書籍捆載而歸，回到故鄉後將其傳授給日本的文士武將。

而據一部名叫《續日本紀》的日本古書所載，吉備回國後的第二十六年（公元 760 年），奈良王朝曾派授刀舍人春日部三關、中衛舍人土師宿彌關城等六人到太宰府跟隨吉備學習《孫子·九地篇》《諸葛亮八陣》以及結營向背等方面的知識。日本的資料反向證明吉備所帶回的這批典籍中確實包括了被人們奉為「兵經」的《孫子兵法》。按照這一記載推算，《孫子兵法》傳入日本至少有 1,200 多年的歷史了。

公元 10 世紀，當年親耳聆聽吉備授課的土師宿彌關城的後世子孫大江匡房對朝廷秘藏的《孫子兵法》加以整理。其後歷代日本兵家將帥都對它情有獨鐘。著名日本武將武田信玄平時就很尊敬孫武這位無法見面的老師，他的案頭總是放著一部《孫子兵法》，他的軍旗上則繡著「風、林、火、山」四個大字，象徵著《孫子兵法》中「其疾如風，其徐如林，侵掠如火，不動如山」的用兵境界。

日本兵法家北條氏長、山鹿素行、荻生徂徠、吉田松陰等人，也都有對《孫子兵法》頗具獨特見解的研究著作問世。據統計，從 16 世紀以來，日本的各種《孫子兵法》註本達到 160 多種。在世界古代文化交流史上，一個國家對別國的某一本兵法著作有如此長

第五章 《孫子兵法》在國內外的傳播交流與影響

時間的研究熱情,投入如此巨大的精力,這恐怕也是絕無僅有的現象。

把《孫子兵法》引向歐洲的第一人是法國天主教耶穌會傳教士約瑟夫·J·阿米歐(他的中文名字叫錢德明,別名錢遵道)。這位1718年出生於法國土倫的耶穌會士,1750年奉派來華,第二年就被乾隆皇帝召進京城,此後一直受到清朝的禮遇。而這個錢德明在北京一住就是43年,這期間除了傳教以外,他把主要的精力都用在研究中國文化上面。他學會了滿文、漢文,把中國的歷史、語言、儒學、音樂、醫藥等各方面的知識介紹到法國去,引起法國乃至歐洲文化界的廣泛關注。錢德明靠著自己在滿漢語文上的深厚功底,依據一部《武經七書》的滿文手抄本,並對照漢文兵書開始了翻譯工作。1772年,巴黎的迪多出版社出版了這套名為《中國軍事藝術》的兵學叢書,其中第二部就是《孫子兵法》。

《孫子兵法》的第一部俄文譯本是俄國漢學家斯列茲涅夫斯基於1860年翻譯完成的,書名叫《中國將軍孫子對其部下的指示》。

1905年,英國皇家炮兵上尉卡爾·斯羅普將日文版《孫子兵法》翻譯為英文,並在東京出版。1910年,英國漢學家賈爾斯的《孫子兵法——世界最古之兵書》英譯本在倫敦出版。1963年英國著名戰略學家利德爾·哈特為曾駐軍中國的美國海軍陸戰隊將軍、軍事理論家格里菲斯的新譯本《孫子兵法》寫序時說:「《孫子兵法》是世上最早的兵法著作,但其內容之全面與理解之深刻,迄今還無人超過。」

美國戰略學家約翰·柯林斯研究《孫子兵法》後評價說:「孫子是古代第一個形成戰略思想的偉大人物。」

1910年《孫子兵法》的第一本德文譯本由布魯諾·納瓦拉翻譯成書並在柏林出版，書名是《孫子兵法──一位中國軍事經典作家論戰爭》。

目前《孫子兵法》有英、日、俄、法、德、意等近三十種譯文版本，全世界的《孫子兵法》譯本有數百種之多。《孫子兵法》的傳播流布歷史真正體現了「花開中國，香遍全球」。

第六章 DILIUZHANG

《孫子兵法》的作者「孫先生」之謎

《孫子兵法》這本書實實在在地呈現在世人面前，它的偉大和深刻是毋庸置疑的了，可是誰是這一經典著作的作者卻困擾了人們2,000多年。《孫子兵法》中的「子」在中國的傳統文化裡面有其獨特含義，「子」是尊稱，就是「先生」的意思。不是誰都配得上稱為「子」的，只有德隆望尊，學識淵博者方能稱為「子」。中國對傳統文化資料的梳理歸類就是按照經、史、子、集四大部來收集分類的。一個人的作品要進入「子」部，那可不是一般水平可以企望的。「孫子」就是孫先生，「孫先生」肯定不是一個人的正式名字，就像孔子不姓「孔」名「子」，莊子不姓「莊」名「子」一樣。那麼誰是《孫子兵法》的作者孫「子」呢？迄今為止至少有5種影響比較大的觀點和說法。

觀點一：《孫子兵法》的作者「孫先生」就是孫武。

孫武是誰呢？翻開歷史史料我們發現，在西周時期有一個貴族叫嬀滿，這個「嬀」是姓，「滿」是名，在中國文化史上，「姓」是母系氏族時候出現的一種文化現象，「女」旁一個「生」就構成「姓」，姓最早是用來幹什麼的？姓是用來別婚姻的。就是標明你是誰生的，你的血統血緣是什麼，便於杜絕同姓通婚，以確保不因為近親繁殖造成下一代有遺傳病。所以古老的姓很多都有一個共同的偏旁就是「女」字旁。姜子牙的「姜」是一個古姓，有女旁；秦王嬴政的「嬴」，有女旁；姬軒轅的「姬」有女旁；烽火戲諸侯裡的女主角叫「褒姒」，就是來自古褒國的「姒」姓美女，也有女旁。所以古姓為了「別婚姻」，大都在姓裡留有女字旁。

姓氏的「氏」是怎麼來的呢？是用來幹什麼的呢？氏就是用來「別貴賤」的，從母系氏族進入父系氏族，再到奴隸制國家出現期間，由於非長子的貴族嫡系子孫們必須離開宗主地，被分封到某個其他地方食採邑，為了標明自己與宗主地貴族的血緣承續關係，就

第六章 《孫子兵法》的作者「孫先生」之謎

保留父系的統一標誌「氏」，早先只有貴族有「氏」，後來非貴族因為立了軍功或者其他原因也有機會被賞賜一個「氏」，再後來普通庶民也上行下效，用自己的職業或者居住地的某些特點為自己命一個「氏」，時間一久每個人就都有姓有氏（日本人的某些姓如「松下」「田中」「渡邊」等就是日本統治者受到中國政府人口戶籍登記管理制度的啟發，向中國政府學習國民人口統計管理辦法，於是要求日本國民必須在規定時間內家家有姓氏，人人有姓名，於是不少日本國民就以自己的居住地或者生活區域內有特色的景觀等隨機命名而來，這反應了中國姓氏來源的某些文化特徵）。再往後發展逐漸姓氏合一，到今天乾脆有姓無氏。但在中國歷史上很長一段時期，是先有「姓」後有「氏」，且「姓」和「氏」是有區別的。

言歸正傳，西周的媯滿後來被周天子冊封為陳國的國君，再後來媯滿的後代媯完來到齊國，改姓田，所以媯完在一些史料裡又叫田完，田完的五世孫田書因為領兵伐莒有功，齊景公在樂安這個地方封給他一片領地食採邑，並賜他姓「孫」，孫書生的兒子孫憑，孫憑做到了齊國卿一級的官位，孫憑的兒子就是孫武。

比較早而明確記載孫武就是《孫子兵法》作者的是司馬遷，他在《史記‧卷六十五‧孫子吳起列傳》中有如下記載。孫子武者，齊人也。以兵法見於吳王闔閭。闔閭曰：「子之十三篇，吾盡觀之矣，可以小試勒兵乎？」對曰：「可。」闔閭曰：「可試以婦人乎？」曰：「可。」於是許之，出宮中美女，得百八十人。孫子分為二隊，以王之寵姬二人各為隊長，皆令持戟。令之曰：「汝知而心與左右手背乎？」婦人曰「知之。」孫子曰：「前，則視心；左，視左手；右，視右手；後，即視背。」婦人曰「諾。」約束既布，乃設鈇鉞，即三令五申之。於是鼓之右，婦人大笑。孫子曰「約束不明，申令不熟，將之罪也。」復三令五申而鼓之左，婦人復大笑。孫子曰：「約束不明，申令不熟，將之罪也；既已明而不如法者，吏士之罪

也。」乃欲斬左右隊長。吳王從臺上觀，見且斬愛姬，大駭。趣使使下令曰：「寡人已知將軍能用兵矣。寡人非此二姬，食不甘味，願勿斬也。」孫子曰：「將在軍，君命有所不受。」遂斬隊長二人以徇。用其次為隊長，於是復鼓之。婦人左右前後跪起皆中規矩繩墨，無敢出聲。於是孫子使使報王曰：「兵既整齊，王可試下觀之，唯王所欲用之，雖赴水火猶可也。」吳王曰：「將軍罷休就舍，寡人不願下觀。」孫子曰：「王徒好其言，不能用其實。」於是闔閭知孫子能用兵，卒以為將。所以司馬遷在《史記》裡說：「（吳國通過後來的柏舉之戰，先採用輪番騷擾，拖疲楚軍，然後突然棄船登陸奇襲楚國國都的戰術）西破強楚，入郢，北威齊晉，顯名諸侯，孫子與有力焉。」

據史料記載，孫武字長卿，出生於春秋時期齊國樂安，就今天山東的惠民一帶，具體什麼時候出生，什麼時候去世的沒有更詳細準確的史料。大約在公元前517年左右，孫武為了不做當時國內政治鬥爭的犧牲品，於是就從當時的齊國往南走，到了相對落後但是蓬勃向上充滿機會的吳國（今天的江浙一帶）。後來孫武一生就在吳國工作，最後死了也葬在吳國，所以有些史書上說他是「吳孫子」。

孫武來到吳國以後認識了一個從楚國逃亡來的人，這個人叫伍子胥，也叫伍員，兩人惺惺相惜，十分投機，結為密友，伍子胥在中國歷史上留下了不可磨滅的印記。看一個人在中國的歷史上是否「踏石留印，抓鐵留痕」，最簡單的辦法就是翻看中國的《成語辭典》，如果某一個或者某幾個成語與哪個人有關，就說明這個人在中國的文化歷史上留下了不可磨滅的印記。很多人年輕的時候都曾經豪情萬丈，說自己這一輩子「自信人生兩百年，會當擊水三千里」，要麼就要流芳百世，確實不行就要遺臭萬年。可事實上一個人流芳百世很難，遺臭萬年也不易，能夠在歷史上一路走過留下不

第六章 《孫子兵法》的作者「孫先生」之謎

可磨滅的印記，那既需要實力也需要機遇，是非常有難度的。因為絕大多數人的一生都如蘇軾詩中所說：「人生到處知何似，應似飛鴻踏雪泥；泥上偶然留指爪，鴻飛那復計東西。」雁過無痕是芸芸眾生的人生真相。

可是伍子胥就在中國歷史上「踏石留印，抓鐵留痕了」。伍子胥的父親伍奢是楚太子羋建的老師（就是太子羋建的太傅），按照當時的政治游戲規則，楚太子羋建登上楚王位以後，伍子胥的爸爸伍奢就可能任楚國的相國。可是天有不測風雲，楚太子羋建到了婚嫁年齡的時候，楚平王羋棄疾（羋棄疾本身就是個狠角色，他不信王權天授，發動政變逼死了中國歷史上大名鼎鼎的「楚王愛細腰，宮中多餓死」的楚王羋圍而登位）就派一個叫費無極（也是太子羋建的老師，只不過是少傅）的官員到處給羋建物色太子妃。出於門當戶對的考慮，最後找到秦國的長公主孟嬴，費無極把孟嬴接回楚國的路上發現這個秦國的公主太漂亮了，就動了歪心眼，想討好一下楚平王，於是去找到楚平王說：此女國色天香，傾國傾城，乾脆大王您把這個公主收為自己的妃子算了。結果這個楚平王也不靠譜，道德修養不夠高，經不住美色誘惑，竟然同意了。於是就狸貓換太子，把一個陪嫁的丫鬟冒充孟嬴公主嫁給了太子羋建。

紙是包不住火的，若要人不知，除非己莫為。後來這個孟嬴公主和楚平王生下一個小男孩，孟嬴為了謀求自己後半生的榮華富貴，她就天天琢磨怎麼能讓自己的這個小兒子代替太子羋建成為下一任楚王；還有一個政治勢力就是費無極，他突然有一天覺醒了，發現自己犯了一個殺頭之罪，因為老楚王按一般的生理規律來說一定比年輕太子羋建先去世，太子羋建就會繼承楚王位，一旦太子羋建當上楚王以後發現費無極把自己的老婆變成了自己的小媽這事，就會追究費無極的罪行。怎麼辦呢？宮內和宮外兩種政治勢力就為了共同利益勾結起來，要把太子羋建廢掉。這就是政治鬥爭，「高

天滾滾寒流急，大地微微暖氣吹」，你不知道在哪個地方敵對的勢力就形成並出擊了。

在高度專制和集權的政治體制下，要置一個級別很高的政敵於死地最簡單又最有效的辦法是什麼？告他謀反！於是太子羋建就被人誣告謀反，伍子胥的父親就稀裡糊塗身不由己地捲入了這場政治鬥爭，而且被劃邊站隊到太子一派。集權政治體制下的政治鬥爭是很殘酷的，一人得道雞犬升天，城門失火殃及池魚。為了把太子羋建周圍的人斬草除根全部清洗掉，楚平王把伍奢也抓了起來，並讓伍奢寫一封信叫自己的兩個兒子伍尚和伍員來證明伍家沒有參與謀反。伍奢說：知子莫若父，我大兒子伍尚宅心仁厚，比較老實，他看到我這個書信肯定會來；可小兒子比較精明，他見信後要逃跑。果然兄弟倆接到父親的信以後就去不去自首發生了分歧。伍員說：覆巢之下豈有完卵？父親就是鳥巢，我們兄弟就是鳥巢裡面的兩顆蛋，現在風雨來了，鳥巢都保不住了，我們這兩顆蛋還能留住嗎？快跑吧！

結果哥哥去自首，就和父親一起被殺害了。伍子胥帶上楚太子建的兒子潛逃，先後到宋和鄭國，都不得安生，逃亡過程中發現到處都是抓捕他的畫像和通緝令，想到自己不久前還是一個衣食無憂的公子哥，今天就成了身無長物、命懸一線的逃犯！又氣又急又恨，結果一夜白頭！這是中國歷史上文獻較早記載當一個人受到重大刺激的時候，頭髮由於應激反應可能在很短時間內由青絲轉白髮的例子。春秋時期是沒有染髮劑的，那時男人的頭髮都很長，伍子胥一個年輕人滿頭白髮，形象大變，得以蒙混過關來到了吳國。

伍子胥來到吳國以後認識了孫武並立下一個誓願，要在自己有生之年攻擊楚國，為自己的父兄報仇。要按常理單獨某個人挑戰一個國家肯定是不行的，只能借其他國家的力量來達成自己的人生目標。這就必須借助和利用掌握某國國家軍政大權的特殊人物，於是

第六章 《孫子兵法》的作者「孫先生」之謎

伍子胥想方設法結識了當時吳國的一個貴族公子，這個公子叫「光」，然後精心籌劃，指使刺客「專諸」以廚師獻魚的辦法，通過魚藏劍，幫助公子光刺殺了當時的吳王僚。公子光登上吳王位，史稱闔閭王。（闔閭的兒子就是夫差，夫差的夫人就是「沉魚、落雁、閉月、羞花」的四大美人中「沉魚」的西施。西施年輕的時候到河邊去洗衣服，因為長得太漂亮了，河裡的魚一看美女就忘了呼吸，魚就沉下去了，所以傳說西施有沉魚之貌。）

伍子胥由於幫助闔閭奪王位有功，事後得到提拔重用，做了吳國相當於副相國的高官，並找機會向吳王闔閭推介了自己的好友孫武。於是有了前面司馬遷《史記》記載孫武見吳王闔閭獻兵法十三篇的橋段。可見《孫子兵法》的初稿就是一封求職信。

公元前482年，在孫武等將領的輔佐下，吳王夫差在黃池會盟天下英雄，成為春秋五霸之一。伍奢被殺後的第十六年，伍子胥和孫武帶領吳國的軍隊攻進楚國的都城郢都，可這個時候殺害伍子胥的父親和哥哥的楚平王已經死了並埋了。按照中國傳統文化，人死為大，入土為安，可伍子胥有個性，他「發墳鞭屍」，就是把這個墳打開，把楚平王的屍體挖出來痛打了三百鞭（也有史料說打的是墳而不是屍骨）。有人說打三百鞭有什麼嘛！要知道，伍子胥的這個鞭可不是我們騎馬用的馬鞭，而是一種武器。什麼是鞭呢？中國最著名的兩個門神，貼在門上闢邪的神，一個叫秦瓊（秦叔寶）手上拿的武器叫鐧，四四方方的一根鋼棍，另外一個是甘肅那邊過來的鮮卑族勇士，叫尉遲恭，他手上拿的像竹子一節一節的鋼棍就叫鞭。尉遲恭在中國歷史上確有其人，據《舊唐書》載：尉遲敬德，朔州善陽人。大業末，從軍於高陽，討捕群賊，以武勇稱，累授朝散大夫。劉武周起，以為偏將，與宋金剛南侵，陷晉、澮二州。敬德深入，至夏縣，應接呂崇茂，襲破永安王孝基，執獨孤懷恩、唐儉等。武德三年（620年），太宗討武周於柏壁，武周令敬德與宋

金剛來拒王師於介休。金剛戰敗，奔於突厥；敬德收其餘眾，城守介休。太宗遣任城王道宗、宇文士及往諭之。敬德與尋相舉城來降。太宗大悅，賜以曲宴，引為右一府統軍，領舊部八千人（敢於讓投降將領繼續統領舊部，可見李世民雄才大略，用人不疑，疑人也用）。

武德三年（620年）七月，李世民奉命率軍東徵割據洛陽的鄭帝王世充。九月，尋相和劉武周手下的一些舊將相斷叛變逃走，唐朝諸將對尉遲恭也懷疑起來，認為尉遲恭必叛，就把其關押在軍中。

行臺左僕射屈突通、尚書殷開山都說：「尉遲敬德剛剛投降，思想感情還沒有歸順。這人非常勇猛剽悍，關押的時間又長，已被我們猜疑，必然產生怨恨。留著他只怕會留下後患，請立即殺了他。」

李世民說：「我的看法跟你們不同，尉遲恭如果懷有叛離意圖，怎麼會在尋相之後呢？」當即命令將其釋放，並帶進自己的臥室，賞賜給他金銀珠寶，對他說：「大丈夫憑著情感志向互相信賴，不必把小小委屈放在心上。我終究不會聽信讒言去迫害忠臣良將，您應體諒。您一定認為應當離開，現在就用這些東西資助您，表達我們短暫共事的情誼。」史書記載從此尉遲恭對李世民一生忠誠追隨，死心塌地，絕無二心。李世民發動著名的「玄武門」之變時，負責執行最關鍵又是最冒險任務——控制皇帝李源的，就是尉遲恭！

言歸正傳，回到伍子胥鞭屍上來。一具屍體已經埋了一段時間了，如果摳出來再痛打三百鐵棍，當然屍骨橫飛慘不忍睹啊！伍子胥原來有一個楚國的同學或者同事叫「申包胥」，申包胥見此就使人謂子胥曰：「子之報讎，其以甚乎！吾聞之，人眾者勝天，天定亦能破人。今子故平王之臣，親北面而事之，今至於僇死人，此豈其無天道之極乎！」伍子胥曰：「為我謝申包胥曰，吾日暮途遠，吾

故倒行而逆施之。」伍子胥的意思就是說我是什麼人呀？天快要黑了，前面的路還很長，我只能逆天道人倫而行。綜上，「覆巢完卵」「一夜白頭」「發墳鞭屍」「人定勝天」「倒行逆施」等若干個成語都與伍子胥有關，說明伍子胥確實在中國的文化史上留下了不可磨滅的印記。

隨著吳國霸業的蒸蒸日上，闔閭的接任者夫差漸漸自以為是，不斷與老臣伍子胥發生矛盾，最後伍子胥被賜死。孫武知道「狡兔死，走狗烹；飛鳥盡，良弓藏；敵國破，謀臣亡」的道理，於是辭職歸隱，繼續修訂《孫子兵法》。

縱觀孫武一生的事業和人生軌跡，伍子胥很關鍵，闔閭很關鍵，夫差很關鍵。可見每一個年輕人在成長的過程當中要成功，第一自己要行，要有水平；第二要有人說你行，說你厲害；第三說你行的那個人還要行才行，如果說你行的那個人沒有實力，沒有影響力，你要脫穎而出仍然是比較困難的。就如韓愈所言「世有伯樂然後有千里馬，千里馬常有，而伯樂不常有」。

觀點二：《孫子兵法》的作者「孫先生」應該是孫臏。

比如梁啟超就說：「兵家有『吳孫子』『齊孫子』兩種，吳孫子則春秋時之孫武，齊孫子則戰國時之孫臏也，此書（即《孫子兵法》）若指為孫武作，則可決其偽，若指為孫臏作，亦可謂之真。」

那麼孫臏又是誰呢？「臏」是什麼意思？「臏」在古代是一種刑法，把人的膝蓋取掉或者把腳板砍掉叫「臏」。受了「臏」刑的就是瘸子，孫臏就是孫瘸子的意思。可見「孫臏」也一定不是一個人正式的名字。史書記載「孫臏」本名孫伯靈，年輕時與龐涓一起在蒙山鬼谷子處學習兵法，孔子說：「登東山而小魯，登泰山而小天下。」孔子說的這個東山就是孫伯靈的學習之地蒙山。

孫伯靈（後來的孫臏）和龐涓一起在鬼谷子門下學兵法，龐涓

先學成下山，告別時同學相互間約好「苟富貴勿相忘」，與現在同學畢業時相互寫畢業留言冊，留工作地址聯繫方式，約定今後有機會相互照應提拔之類差不多。龐涓來到魏國事業發展得不錯，很快做了將軍，魏王就讓他推薦同學朋友中的優秀人才，龐涓就推薦了孫伯靈。

孫伯靈到魏國工作以後很快顯示出比龐涓能幹。人心唯危，龐涓覺得後來的孫伯靈光芒萬丈，自己逐漸要變成一個小蠟燭了，心懷嫉恨就使了陰招，指使人告孫伯靈私通齊國，犯了「謀反」大罪。因為孫伯靈是齊國人，那時魏國和齊國長期處於敵對狀態，結果魏王「疑罪從有」，判處孫伯靈「臏」刑。孫伯靈受刑後人稱「孫臏」，龐涓這時又站出來「保護」並收留孫臏，感動之餘的孫臏發奮晝夜寫兵書以求報答龐涓的救護之情。後來孫臏識破了龐涓當面人、背面鬼的詭計，想方設法逃到齊國，做了齊國田忌將軍的軍師，為中國成語辭典貢獻了兩個著名的成語，「田忌賽馬」和「圍魏救趙」。

田忌長期與齊王賽馬，率土之濱莫非王土，齊王的馬來源廣、品種好，幾乎每次都是齊王勝田忌敗。結果孫臏自告奮勇來安排賽馬出場順序，當齊王派自己跑得最快的馬的時候，孫臏派田忌跑得最慢的馬去比賽，結果輸得很慘；第二場齊王派跑得第二快的馬上場，孫臏就派田忌跑得最快的馬上場，剛剛贏了那麼一點；第三場齊王派自己跑得第三快的下馬參賽的時候，孫臏就派田忌跑得第二快的中馬，又贏那麼一點點，於是三場二勝就贏了。這就是很樸素的系統論，相同的元素，不同的組合可以得出完全不同的結果。

孫臏貢獻的第二個成語是「圍魏救趙」，公元前341年，魏王派龐涓帶領軍隊去攻打趙國，包圍了趙國的都城邯鄲，趙國向齊國求救。齊王派田忌和孫臏出兵救趙，孫臏建議率軍直奔魏國都城大梁，讓龐涓的軍隊必須回撤救援魏都。然後孫臏在魏軍回撤的過程

第六章 《孫子兵法》的作者「孫先生」之謎

中讓齊軍「減竈驕兵」，就是不斷減少士兵每天埋鍋造飯的數量，讓龐涓做出了一個錯誤的判斷，認為孫臏帶領的這支軍隊軍心渙散，逃兵很多，為了殲滅齊國軍隊的有生力量，龐涓扔下了自己的大部隊，只帶了五千精兵倍道兼程，追趕齊軍。

孫臏仔細算好這支軍隊大概在什麼時候會到達非常適合打伏擊戰的峽谷——馬陵道，就用石頭和樹木將馬陵道給堵死了，然後在路邊找了一棵樹，把樹皮剝了，用古體字寫下「龐涓死於此樹下」。再在山谷道路兩邊埋伏下弓箭手，下令只要有人來到樹下舉火把看樹上的字，就萬箭齊發。龐涓的探子看見前面路堵了，有棵樹上寫了幾個字，自己不認識（下屬沒有文化是多麼可怕呀），就跑回去報告龐涓，時至黃昏，龐涓到樹下看不清楚，就舉著火把再看，結果埋伏的齊軍萬箭齊發，把龐涓射成了刺蝟。龐涓這個人心胸狹窄，史書記載他臨死之前說了一句話：「咦，此戰使豎子成名！」就是：「哎！這一戰讓孫臏這家伙揚名立萬了！」如果史料記載屬實，說明龐涓這個人過於看重個人恩怨得失，對待競爭勝敗的格局不大，眼界不高。言行表現性格，性格決定命運，因此對他的敗喪也不用意外和惋惜。

再後來孫臏捲入了鄒忌與田忌之間的矛盾鬥爭，當時鄒忌是齊國的相國，田忌是將軍，文武不和，孫臏因卷進政治鬥爭而被屠戮，沒有得到善終。鄒忌在中國史料記載裡是一個有自知之明的賢相，他不僅人長得又高又帥，還能近取譬，並盡職盡責，敢於諫言，深得齊威王信任。據《戰國策・齊策一》記載：鄒忌修八尺有餘（當時的一尺約合現在的 22 厘米，八尺有餘就是一米八幾的個頭），形貌昳麗（昳麗就不僅僅是帥，而是帥得很斯文而精致）。朝服衣冠，窺鏡，謂其妻曰：「我孰與城北徐公美？」其妻曰：「君美甚，徐公何能及公也！」城北徐公，齊國之美麗者也。忌不自信（這裡的「不自信」就是「自己不相信」，而不是「沒自信」），

而復問其妾曰:「吾孰與徐公美?」妾曰:「徐公何能及君也!」旦日,客從外來,與坐談,問之客曰:「吾與徐公孰美?」客曰:「徐公不若君之美也!」明日,徐公來。孰視之(認真看對方,說明很重視),自以為不如;窺鏡而自視(再次反覆對比,說明很謹慎),又弗如遠甚。暮寢而思之(有見微知著,能近取譬的能力)曰:「吾妻之美我者,私我也;妾之美我者,畏我也;客之美我者,欲有求於我也。」

於是入朝見威王曰:「臣誠知不如徐公美,臣之妻私臣,臣之妾畏臣,臣之客欲有求於臣,皆以美於徐公。今齊地方千里,百二十城,宮婦左右,莫不私王;朝廷之臣,莫不畏王;四境之內,莫不有求於王。由此觀之,王之蔽甚矣!」史書說由於齊威王聽了鄒忌的建議,廣開言路,鼓勵進諫,從諫如流。於是齊國得道多助,不動干戈而列國敬仰,靠軟實力「戰勝於朝廷」。田忌和孫臏面臨這樣一個高帥且深得領導信任的對手,於是在政治鬥爭中慘敗喪命,還有一個原因是齊威王政權穩固後,對他威脅最大的不是文官系統,而是田忌為代表的武官系統,孫臏卷進了武將系統「鳥盡弓藏」的魔咒,上下夾擊,無力回天。

孫臏的一生走了一段又一段冤枉路,段段都緣遇錯指路人。可見選擇朋友就是選擇生活方式,選擇領導就是選擇身家前途啊。有研究資料表明,一個人6個最好朋友的生活質量和收入水平的平均值,大概就是這個人的生活質量和收入水平。怎麼篩選出這6個人呢?就是每天晚上晚飯後到睡覺前這一段業餘時間和週末、節假日,我們長期跟哪些人在一起混,這些人中你接觸和聯繫頻率最高的前6個,就是影響你經濟收入和生活質量的人。

蓬生麻中,不扶而直;白沙在泥,與之俱黑。馬克思說「人的本質是一切社會關係的總和」,你待在什麼樣的朋友圈子,構建什麼樣的社會關係,最後就決定你成長為什麼樣的人。至於我們的領

導有些時候不是我們可以選擇的，但有些時候是可以選擇的，古人告誡我們「上交若諂，下交必瀆」，就是如果一個領導對他的上級卑躬屈膝，無原則地服從諂媚，那麼他轉過來面對下屬，就一定不會把下屬當人。因為人都一定要在心理上尋求平衡，在某個地方失去的，多半會在另一個地方找補回來！「上交若諂」的領導就會「見不得窮人吃飽飯」，因此不值得追隨。

觀點三：《孫子兵法》的作者「孫先生」是田開。有學者（如褚良才）認為孫武不是史料上記載的「孫書」的孫子，而是「田無宇」的兒子，是孫書的長兄；褚良才認為「孫武」本姓田，名開，字子彊，諡武子。據其觀點，孫子就是《左傳》中記載的炊鼻之戰的齊將田武子。田開本為齊國大夫，後來去了吳國，更為孫姓，以兵法十三篇干吳王，仕吳，為吳將。不過這個觀點旁證物證不多，也就是一家之言而已。

觀點四：《孫子兵法》的作者「孫先生」既是孫武也是孫臏，**孫武和孫臏其實是一個人**。比如日本的「孫子學」學者齋藤拙堂就認為：「今《孫子》一書為孫臏所著，孫武與孫臏畢竟同是一人。武是其名，而臏為其綽號。」因為在很長的歷史時期內人們都只見到《孫子兵法》，而沒有見過《孫臏兵法》，直到1972年在山東的銀雀山漢墓中出土了兩本竹簡書，這兩本書一本是《孫子兵法》，另外一本書清清楚楚表明是《孫臏兵法》。

銀雀山漢墓發掘後，馬來西亞學者鄭良書感嘆說：「《孫子》十三篇和《孫臏兵法》（的出土），對這個千餘年來懸而未決的疑案，起了決定性影響。」於是日本學者大橋武夫說：「令人驚訝，想不到孫子是兩個人。」事實勝於雄辯，這說明孫武和孫臏是不同的兩個人，而且各寫了一部兵書，這種兩孫合一的觀點才逐漸不再被認同。

觀點五：《孫子兵法》的作者「孫先生」子虛烏有，《孫子兵

法》乃偽托之書。《孫子兵法》誕生和流傳的兩千多年間，也有些學者認為《孫子兵法》這本書既不是孫武寫的也不是孫臏寫的，而是戰國時候齊國「稷下學宮」的偽托之書。就是齊國請了一群人來偽托春秋古人「孫子」的名義集體寫成了這本書。為什麼稷下學宮要偽托著書呢？因為「田氏代姜氏有齊國，非一時也」，就說有很長一段時間齊田氏都想代齊姜氏做齊王，終於到田常這一代，田常殺了齊簡公自立為王，這是中國歷史上有記載的大臣擅自忤逆謀殺諸侯，自己取而代之的事件，田常怕背上一個篡權弒君，得位不正的名聲，就組建「稷下學宮」，召集了一大批的御用文人來從各個方面論證自己是順天應時，而且政治血統正統，具有做齊王的資格，於是編纂了包括《孫子兵法》在內的若干托古偽作。

也有學者認為是司馬穰苴寫成了《孫子兵法》，甚至有人認為是田忌寫成了《孫子兵法》，但是由於這些各種各樣的猜測或者觀點沒有史料和資料來證明，因此我們暫且還是應該認為寫《孫子兵法》的這個孫子是——孫武。

「孫子是誰」的答案為何會有這麼多分歧呢？為什麼大名鼎鼎的孫子竟然會隱藏在歷史的雲霧菸塵當中？是什麼讓歷史長河湮滅了孫子這個英雄？是什麼原因讓究竟是誰寫成了《孫子兵法》的真相出現如此多爭議？

一是《孫子兵法》本身表現出的特點造成了猜測與爭議。《孫子兵法》的內容與形式確實具有出人意料、讓人產生懷疑的特點：因為中國乃至世界上其他民族與《孫子兵法》同時代甚至晚若干年的兵書著作的謀篇行文差不多都是採用故事體為主，就是都在講故事一樣記錄什麼時間什麼地點誰怎麼打了一場仗。或者其他的兵書戰策都是採用對話語錄體謀篇行文，一問一答地記載誰和誰討論怎麼加強國防，怎麼練兵行營，如何指揮打仗。比如《孫臏兵法》中就故事性地詳細記錄了桂陵之戰計敗魏軍的整個過程，《吳子兵法》

第六章 《孫子兵法》的作者「孫先生」之謎

記錄了吳起與武侯的討論談話；國外比《孫子兵法》還晚幾百年的弗隆蒂努斯（公元 35 年至公元 103 年）寫的《謀略》一書，幾乎就是一本故事會。可是在《孫子兵法》裡幾乎找不到一處故事性表述的痕跡，也找不到一個對話討論性的形式段落，整個《孫子兵法》都直接捨事說理，都是歸納或者演繹思維下的形而上的理論化思維總結與表達。

　　與《孫子兵法》同時代的書相比較，比如說《老子》《論語》，甚至再往後近千年的《李唐對問》等，都是隨想隨筆體或是語錄體的行文方式，可是《孫子兵法》採用的是一種成體系的理論化論文體行文方式。打個比方，就是與《孫子兵法》同時代的古聖先賢們都還在寫小學、初中階段的記敘文或者議論文，《孫子兵法》卻是一篇研究生的畢業理論論文！大家可能覺得這個理論和故事相比，並不能說明理論有多高明，甚至覺得理論還枯燥一些。但是理論雖然枯燥，卻具有概括性、普適性和穿透力，就像「主體對於作為客體的植物生殖器官外延的觀照，由此而產生的肉體並上升到精神上的愉悅」這樣的抽象理論表達，表面上只說了一句話，可是這句話可以翻譯成「人聞到花香很高興」，也可以翻譯成「猴子吃到香蕉很愉悅」等，對很多對象、時間、地點、環境都成立，一句頂一萬句！

　　理論是一個人、一個團隊、一個民族認識世界的能力強大和思維成熟的標誌。思維的強大和成熟讓人們在認識世界和改造世界的實踐中就必然佔有優勢。中華文化從明清開始，就是由於閉關鎖國和封建專制壓迫等原因，沒有在理論上有借鑑和突破，尤其是對自然科學的研究停留在經驗和秘方的層面，影響了我們借助現代科學認識世界改造世界的能力。由於沒有自然科學的理論指導，經驗和秘方只能支撐小作坊和簡單手藝，中國社會失去了規模化的機器大工業設備製造能力，沒辦法進行工業化大規模生產，而西方在現代

科學技術的支持下進行了第一次和第二次工業革命，中國從康熙皇帝在位時期開始，逐漸落後於西方。

二是兵家本身的思維方式和行事特點決定了其在中國傳統文化格局中「亂奉治抑」的地位，以及統治者「過河拆橋」的策略，造成了孫子真相的湮沒。雖然目前沒有確鑿資料證明孫武捲入了危險的政治鬥爭，遇到了不測，可是在中國歷史文獻中除了清晰記載了他「以兵法十三篇見吳王闔閭」外，還模糊記載著他可能參與策劃指揮了「柏舉之戰」，吳國軍隊先是「輪番襲擾，拖疲楚軍」，然後「棄舟登陸，出奇偷襲」，最後攻破楚國郢都。至此孫武在正史中就神龍見首不見尾，這起碼可以證明他的後半生是遇到挫折和變故了，就算他智慧過人能躲過肉體生命的危險，他的政治生命和學術生命肯定也是遇到了重大困境。

三是中國古代治史的目的與治史對象的特殊傳統，也容易造成孫子的湮沒。中國傳統文化的發展看起來是比較注重歷史的，經、史、子、集四大部，歷史就是四大部之一。中國的史籍史書的確也很多，可是我們仔細研究就會發現，中國很多傳統的史書史料都在圍繞一個國家或者一個城邦的最高領導者，就是那個諸侯或者王或者皇帝在寫，對於他們每天幾點起床，幾點幾分在什麼地方幹了什麼事情，都以「起居註」的方式記下來，可是對諸侯或者王或者皇帝之外的人的信息，卻很少有人去有計劃有規律地收錄存儲。中國傳統文化治史「重王輕民」，當然會造成連孫子這樣的人也少有一手原始史料留存。

另外，中國歷代治史或者寫史的工作都幾乎是被官府壟斷和直接干預的，其目的是「借鑑」，就是寫史治史都是為了統治階級更好地治理國家，將歷史作為一種現實統治的警戒鏡鑒，於是有益於資治的就濃墨重彩，連篇累牘，而無益或者有損於資治的就一筆帶過甚至刻意迴避。孫子當時還沒有到達被史官關注加以研究以資治

第六章 《孫子兵法》的作者「孫先生」之謎

的地位和影響，於是被忽略是有可能的。

由於中國以儒家為主的傳統主流意識形態本來就有反暴力的理想主義傳統，尤其是漢代董仲舒「罷黜百家，獨尊儒術」以降，儒家「遠人不服，則修文德以來之」成了中國統治集團主流意識形態解決國際分歧和糾紛的首善策略，主流意識形態認為提高自己的修養德行來吸引對手、感化對手、臣服對手才是君子的「王道」，用武力解決糾紛乃是有功無德的「霸道」，「王」「霸」之間的價值評判一直是「褒王貶霸」的。加上中國自西漢的經略西域成功，逐漸在東亞形成了一個「老子天下第一，無人敢稱老二」這種一超獨大的格局，在這種格局下，只要中國自己的內政是穩定的，東亞很難有外來勢力能打破這種平衡，就算有外來勢力侵入，也都很快被中國體系宏達而富有包容張力的文化同化掉了。中國不需要再扮演國際社會多強並存競爭格局中的強國角色，在中國主流意識形態裡，遠東成為一個大家庭，中國就是大家長，在這種格局下，中國文化處於輸出方地位，如果中國再重武尚兵，宣揚鬥爭和競爭思想，那就是「天下本無事庸人自擾之」！於是中國傳統文化中尚武進取意識就逐漸淡化，重文輕武就成為必然，認為「兵」是不好的，當社會亂了，需要通過暴力武力打敗敵人獲取勝利的時候，大家就尊重或者追捧兵家兵法；可一旦取得天下，社會和平穩定了，社會進入恢復建設期，社會就忽視甚至否定抑制兵家和兵法。「兵家」在主流意識形態中慢慢邊緣化，到北宋「靖康之難」爆發，終於國土破，君臣虜，惡果顯現！

中國歷史文化主流意識形態中道家也認為「兵者不祥之器，非君子之器，不得已而用之」，其中「兵」和兵家都是凶器。中國有一本成書年代究竟是何時都還有爭論的書叫《三十六計》，它以《易經》作為自己的核心價值觀和成書模版，加上道家的「術數」

思想取名《三十六計》。為何叫「三十六計」？因為六六得三十六！六六三十六在今天社會大眾文化心理上認為是亨順，是吉祥；可是在中國古代傳統文化（比如《易經》）裡面「六」是代表「陰」的數，而三十六是「至陰」之數，就是「最不吉」的數。《三十六計》是研究「兵」的，所以用三十六來為書命名，本來就表明了中國傳統歷史文化心理的價值評判和作者對待兵家和戰爭的否定態度。

再加上傳統文化中存在對歷史人物「以成敗論英雄」的評價標準有時有失公允，不利於對具體歷史人物客觀全面記載和評價。中國古代史料經常以戰爭和鬥爭結果來評價和對待特定歷史人物，多流於「以成敗論英雄」的歷史觀，一個人成功了勝利了就一切都好，失敗了就一切都差，成王敗寇。而軍事鬥爭用杜牧的話來說「勝敗兵家事不期」，常勝將軍是很難得的，絕大多數都是勝勝敗敗的，對歷史人物不客觀公允的評價就容易造成「一敗遮九勝」的結局。

四是中國傳統文化太重視歷史，可是沒有一個確保歷史客觀中立的政治和文化體制機制設計。作為政治附庸的史官在治史時往往唯上、唯權且為尊者諱，於是當朝對前朝留下的史料以自己的利益和價值偏好為標準進行「春秋筆法」式的取捨甚至篡改也就比較常見。「秉筆直書」本來應該是史官史家的職業操守，可是在變態的政治體制制度之下，其實非常艱難。

《史記》在《齊太公世家》篇中記載一個了故事：齊國的國王齊莊公（名光）被相國崔杼殺害了。崔杼串通幾個人立齊莊公兄弟為國君，自己獨攬大權。崔杼叫太史伯記錄這件事，說：「你要這樣寫：先君是害病死的。」太史伯說：「我寫給你看吧。」崔杼等太史伯寫好，拿過竹簡一看，上面寫著：「夏五月，崔杼謀殺國君

第六章 《孫子兵法》的作者「孫先生」之謎

光。」崔杼大怒,對太史伯說:「你長著幾個腦袋,敢這麼寫?」太史伯說:「我只有一個腦袋,但如果你叫我顛倒是非,我情願不要這個腦袋。」崔杼一怒之下把太史伯殺了。太史伯的弟弟仲接替了哥哥的職位。他把自己寫的史簡呈交給崔杼,「夏五月,崔杼謀殺國君光。」崔杼不再說話,吩咐手下把太史仲也殺了。第三個太史叔還是不屈服,也被崔杼殺了。等到第四位太史季上任,崔杼把他寫的竹簡拿來一看,上面還是那句話。崔杼問:「你不愛惜性命嗎?」太史季說:「我當然愛惜性命。但要是貪生怕死,就失了太史的本分,不如盡了本分,然後去死。」崔杼嘆了一口氣,只好作罷。雖然這事因三個盡忠職守的史官前赴後繼的就義得以如實記載流傳,可這成本是否也太大了點?歷史上這樣成群的忠義盡職的史官群體出現的概率有多大?所以有些史實被篡改或者遺漏湮沒是可能的,孫子的事跡和孫子的著作也在歷史風雨中,並沒有不受政治需要而被摧殘篡改風吹雨打的特赦權。

五是社會動盪造成的人禍損毀,容易讓關於《孫子兵法》的史料湮沒。《孫子兵法》成書的春秋戰國時期社會動盪激烈,戰亂頻仍,各諸侯國為了掠奪土地、人口和財物,無休止地發動戰爭。僅春秋 300 年有史料文字記載的較大軍事行動就有 483 次,肯定有很多書籍史料在戰亂中被無意破壞焚毀。加上秦朝的「焚書坑儒」、漢朝「罷黜百家獨尊儒術」、南北朝時期佛教大盛,政府與社會大力崇佛而排斥其他文化流派等歷史文化事件,都極有可能人為地讓《孫子兵法》和《孫臏兵法》這樣不符合當時需要的「非主流意識形態」的書籍被遺忘甚至被故意損毀。

六是《孫子兵法》成書時的以竹、木簡為主的物質形態也致使其容易損毀失傳。《孫子兵法》在春秋時期成書時的存在狀態是竹簡或者木簡上用墨水書寫,竹、木簡的天然特性決定了其不易複製

傳播，也不易流傳和長期保存（當時書籍都只能筆抄手謄，一對一流傳保存，不能批量編印發布）。任何天災或者人禍都會造成本來總量不多的《孫子兵法》湮沒或者失傳。孔子「學富五車」在當年很不得了，周遊列國都有五輛牛車幫他運送書籍，可是紙張出現後，五車竹簡、木簡書籍的內容最多一個書箱的書籍就夠了。現在更是隨便一個內存稍微大點的 U 盤，就可以保存 50 輛車的竹簡、木簡書籍的內容。加之竹簡、木簡還容易受水火腐損，更是影響了《孫子兵法》在歷史長河中的長期存藏與廣泛流傳。

20 世紀 70 年代山東銀雀山漢墓出土的竹簡、木簡，一暴露在空氣中就開始發生氧化反應，竹簡就變得黢黑，竹簡上的字就完全看不見了，最後採用現代科技配方的化學藥液浸泡搶救後，才又顯露出竹簡上的文字信息。從春秋時期直到 19 世紀之前，都是沒有這種科學保存搶救技術的，如果這期間有古竹簡木簡類的書籍史料出土，估計也只能看其自朽而遺棄。綜上，孫子與《孫子兵法》湮沒在歷史長河迷霧中是「良有以也」。

為什麼應該或者可以認為《孫子兵法》的作者是孫武呢？

一是 1972 年山東銀雀山漢墓出土的《孫臏兵法》的文物物證。有文物有真相，說明孫臏寫成的書是《孫臏兵法》，起碼說明目前流傳於世的十三篇的《孫子兵法》的作者應該不是孫臏。

二是春秋以前中華文化的保存和傳承模式使得孫武有條件和可能寫《孫子兵法》。春秋以前的文化保存和傳承傳播模式是「學在官府」或者「學在家族」，就是說那個時候只有貴族子弟才有機會進官辦的學宮學習文化，或者貴族子弟通過爺教父、父傳子、子授孫進行家學教化傳承。而孫子世代官宦世家，父輩有機會為孫子存儲和提供大量可供研學的典籍資料，且祖輩父輩又是行伍領兵的將軍，讓孫武不僅能接觸《軍政》這樣的古代兵書戰策，還能耳濡目

第六章　《孫子兵法》的作者「孫先生」之謎

染，觀摩研習實際軍事行動，為其構思和寫作《孫子兵法》提供了理論基礎和實踐案例。孫子的成長環境與「少也賤」的孔子等出身卑微、「自學成才」的同輩先賢相比，格局完全不同，一個人的出身和成長環境會影響一個人的思維，思維會影響一個人的行為，行為會造成不同的人生結果！

　　某種意義上說：人就是環境的產物，有什麼樣的家庭教育和成長環境，就長成什麼樣的人！春秋末期，各個諸侯國間戰爭頻仍，各國諸侯都積極「強兵以王」或者「強兵以霸」，在整個社會渴求軍事人才和軍事著作的背景下，再加上鮮活的社會戰爭現實與家學教化傳承，為《孫子兵法》的出現提供了充分的可能條件。

　　《孫子兵法》本身的內容特點使其有可能長期被人研習運用，不至於沉默失傳。《孫子兵法》與其他同時代甚至後代兵書比較，其注重「兵謀略」和「兵形勢」的形而上的特點，讓它擺脫了「兵陰陽」和「兵技巧」家受歷史階段性生產力發展的決定性影響，具有了穿越具體歷史時間局限，長期保存流傳的可能。因為戰爭在不同歷史時期和生產力條件下的武器裝備、隊形陣法、口令條例等會不斷變化，甚至是顛覆性變化，但是戰爭中關於競爭和求勝的規律性的「謀略」和「形勢」卻是萬變不離其宗的，於是研究「兵陰陽」和「兵技巧」的兵書逐漸退出歷史舞臺，而注重「兵謀略」和「兵形勢」的《孫子兵法》卻長盛不衰。

　　三是孫武本人的人生實踐給他撰寫《孫子兵法》提供了實踐經驗和依據。孫武應該是親身策劃並指揮實施了攻楚入郢的一系列戰役戰鬥，在實施「輪番騷擾疲楚」和最後「舍舟登陸突襲」的柏舉之戰中，實踐和驗證了自己理論上的所學所思，然後又加以提煉總結和豐富，使得孫子有機會理論聯繫實際，寫出既有理論高度又有實踐溫度的《孫子兵法》一書。

在眾多的「《孫子兵法》的作者應該是誰?」和「『孫先生』究竟是誰?」這類研究文獻中，清朝的學者畢以珣撰寫的《孫子敘錄》一文論證了《孫子兵法》的作者應為孫武，並在孫武的身世事跡方面史海沉鈎，考據全面，言之成理，幾乎可以稱為集大成者。而且，畢以珣在該文中對《孫子兵法》原文註釋方面也頗有獨到建樹，本書將《孫子敘錄》原文附錄於後，供有興趣者研讀。

第七章

《孫子兵法》中的團隊管理思想

孫子兵法與管理團隊

人們認識世界和改造世界總是從「一葉一森林，一沙一乾坤」到「千江有水千江月，萬里無雲萬里天」，就是一般先把握單個具體事物獨特的屬性，再逐漸歸納抽象到事物的普遍規律性，然後再用這個「普遍規律性」去指導自己認識和改造遇到的每一個具體新事物。團隊作為一種獨特的人員組織形式，其對組織成員的能力、特長發揮和組織目標的有效實現具有獨特價值。古今中外的軍隊組建和管理，都顯示出比較標準的團隊組織形態。《孫子兵法》作為一部研究戰爭、國防和軍隊管理的光輝著作，它不論是從世界觀還是方法論層面都包含著大量團隊管理的思想理念和團隊管理的方法技巧。本書嘗試著用《孫子兵法》裡的團隊管理思想之「月」，去投映團隊領導、團隊成員、團隊文化、團隊制度、團隊戰略、團隊決策等一條條不同的團隊管理實踐之「江」；通過對《孫子兵法》中散現的關於團隊管理的「一沙」「一葉」論述進行逐一檢視，整理揭示出其中蘊含的團隊管理思想、原則、藝術、方法等大「森林」和「大乾坤」。

關於團隊和團隊管理的基本概念與理論

什麼是團隊呢？ 團隊是指合理利用每一個成員的知識和技能協同進行決策或執行，以提高認識和解決問題的能力與效率，更好地實現組織目標的一種人員組織形式。團隊之所以在當前各個領域如此受重視，一是因為團隊這種組織形態是「因事而立、工作導向、效率優先、隨時可變」的；二是團隊具有目標明確、人員靈活、協作性強、溝通充分、運轉高效、創新力強等傳統科層化部門設置的組織不具備的優勢。

團隊這種組織形態可以有效克服傳統科層化部門設置的弊端。傳統科層化部門設置大多「因人設崗、政治導向、層級優先、相對

固定」,一個組織一旦結構固化、人員固化、層級固化、程序固化,必然會造成組織內部「謀人不謀事、謀職不謀事、謀穩不謀變」,在一團和氣的表象下出現官僚化弊端。在這種組織機構和文化裡,日常工作中人人都和和氣氣的,客客氣氣的,可就是效率低下,就是干不成事。

團隊與團伙和群體是有差別的。團隊與團伙的主要區別是團隊是為共同目標協同工作的,遇到困難時,為實現團隊利益和目標,團隊成員可以犧牲個體的利益而維護和達成團隊利益目標;而團伙更多的是成員間為各自目標利益的權宜配合,一旦遇到團伙個體利益與團伙整體利益發生衝突的情況,團伙內往往是一盤散沙,成員間相互拆臺,甚至出賣背叛,落井下石。團隊與群體的主要區別是團隊的組織結構和成員是相對穩定的;而群體的成員和結構是變動松散的,群體的成員是臨時糾合的。

團隊的類型是多種多樣的。按照工作任務和權限,團隊可分為顧問型團隊、參謀型團隊、決策型團隊、執行型團隊、監督評估型團隊和多功能型團隊等。按照人員組織結構可分為單純部門團隊、平行跨部門團隊、斜向多層級團隊。按照團隊存在的時間可分為:臨時項目團隊、固定工作團隊、階段性任務團隊。

構成團隊的一些基本要素。團隊的構成要素可簡要概括為:目標、人員、定位、權限、計劃。團隊的目標構建一般應遵循目標的明確性、目標的可衡量性、目標的可實現性、目標的階段性和目標實現時間的可控性等原則。團隊的目標必須與團隊所在更高一級組織的目標一致;團隊領導者應使每位團隊成員清晰地瞭解並認同團隊目標;團隊大目標要能拆分成若干小目標並可具體分解到各個團隊成員身上,通過團隊合力要具有實現共同的目標的可能性;成功的團隊需要團隊成員對所要達到的總體和階段目標都有清楚的瞭解,並堅信這些目標包含著重大的意義和價值;團隊的目標要清晰

明確而且有階段和層級性，團隊及團隊成員在實現團隊總目標的過程中需要不斷感受到實現階段性目標的成就感和價值感，並以此實現團隊的激勵，尤其是實現團隊成員自我激勵去克服工作中遇到的障礙和困難。

團隊規模和團隊成員角色搭配是有規律的。團隊人員是構成團隊最核心的要素，三個以上的人就可以構成團隊，團隊最佳規模是十人左右，如果人員太多最好分為若干亞團隊；在一個團隊中需要有人出主意，有人訂計劃，有人實施，有人協調不同的人一起推進工作，還要有人去監督團隊工作的進展和評價團隊最終的績效和貢獻。不同的人員應因事設崗，因能上崗，通過各施其長、分工協作來共同完成團隊的目標；精簡、高效的組織機構設置和能力與崗位職責相宜的團隊成員安置是團隊高效能完成任務、達成目標的保障。

團隊成員人選的判定標準不僅僅是團隊成員的個體技能。團隊是以任務完成為導向的，是否有利於提高團隊工作效率，是否有利於團隊目標的實現是甄選和判斷團隊成員的主要標準。團隊成員的角色和相互間關係可能會時常變換，成員角色具有靈活多變性，所以團隊成員要具備充分的談判技能，才能面對和應付各種情況。有精湛技術能力的人並不一定就有處理團隊內關係的技巧，高效團隊要求成員不僅要具備實現團隊目標所必需的技術和能力，而且要有能夠良好合作的個性品質。

團隊成員應該對團隊的定位和自身在團隊內的定位有認同感。高效的團隊成員應明白自己所屬團隊在其所屬更大組織中處於什麼位置，誰有權利選擇和決定團隊的成員，團隊最終應對誰負責；還有就是每個成員應明白自己在團隊中扮演什麼角色，是出主意、訂計劃還是具體實施或評估。團隊成員對自己所在團隊在更大組織中的定位應清楚明了並有認同感，要把自己屬於該團隊的身分看成是

實現自我價值的一個重要方面，並努力調整使得自身價值與團隊價值的實現同向合拍。

團隊領導人在團隊不同發展階段扮演的角色是有差異的。作為團隊成員中的一個關鍵組成要素——團隊領導人，團隊上下應該明白團隊領導人的權限是隨團隊發展階段而變化的，團隊領導人的權利大小跟團隊的發展階段相關。一般來說，團隊發展的初期階段領導權應相對比較集中，團隊越成熟領導者所擁有的權利相應越小。有效的領導者要能夠在不同時期和環境下為團隊指明前途所在，向成員闡明變革的可能性，鼓舞團隊成員的自信心，幫助他們更充分地瞭解自己的潛力。高效團隊的領導者往往擔任的是教練和後盾的角色，他們對團隊提供指導和支持，但並不試圖去控制它。

團隊是按計劃行事的，團隊計劃在團隊管理和激勵中具有天然的價值。團隊目標的最終實現需要一系列具體的行動方案，可以把計劃理解成目標的具體工作程序，按計劃進行可以保證團隊完成目標的進度是可測可控的，只有在有計劃的前提下才能考核評估團隊是否在一步一步地實現目標，據此評價或調整團隊前進方向和實現目標的進度，團隊也只有按照團隊計劃完成工作才能在達成目標過程中持續體會到成功感和價值感，產生自覺持續地克服後續困難的動力。

什麼是團隊管理呢？ 團隊管理就是以團隊任務為導向，將差異當作資源來看待、開發和共享，通過科學呈現、組合與運用差異，最後協同實現團隊目標的一種組織管理形式。團隊管理主要包括：團隊目標確立，團隊文化構建，團隊人員管理，團隊制度建設，團隊效能評估，團隊獎懲實施，團隊衝突與壓力化解，團隊系統平衡等環節和任務。

團隊管理形式本身具有天然的提高工作效率的優勢。 團隊管理形式是一種動態化、扁平化的人員組織形式，它可以隨時按照團隊

任務目標組建並調整甚至解散團隊人員；它可以依據團隊成員變化和外部環境變化及時修訂團隊計劃；它可以很好防止出現組織管理人浮於事，成本虛高；它可以很好預防組織內部條塊分割，各自為政。團隊管理這種形式可以避免傳統的組織科層化設置導致的部門機構能設不能撤；避免部門機構數量越設越大，組織管理層級越來越多；避免組織溝通協調日益不暢，各部門工作關係表面一團和氣實際相互牽制推諉；避免組織由於結構固化和作風官僚化而出現程序至上、因循守舊、反應遲鈍、效率低下等問題。

團隊建設與團隊管理一般包括幾個規律性環節和階段。

團隊初創期，也就是團隊從混亂中理順頭緒的階段。此階段團隊成員由不同動機、需求與特性的人組成，此階段缺乏共同的目標，彼此之間的關係也尚未建立起來，人與人的瞭解與信賴不足，尚在磨合之中，整個團隊沒有建立規範，或者對於規矩尚未形成共同看法，這時矛盾很多，內耗很多，一致性很少，往往花很多力氣，卻產生不了多大效果。這個階段團隊負責人的領導應採取控制型風格，不能放任自流。這個階段的團隊目標要由領導者設立，清晰直接地告知團隊成員想法與目的，不能讓成員自己想像或猜測，否則容易出現團隊目標缺失或者混亂。這一時期也要快速建立必要的規範，規定不能太多太繁瑣，否則不易被理解，會導致礙手礙腳，造成團隊發展受限。

團隊磨合期，就是團隊成員開始產生共識並積極參與團隊活動的階段。此時團隊負責人重點是挑選核心成員，培養核心成員的能力，明確授權與清晰權責。在可控的情況下，對於較為短期的目標與日常事務，應授權部屬直接進行，但要定期檢查，進行必要的監督。授權應逐漸進行，不能一下子放太多，否則回收權力時會導致士氣受挫。這個階段應將團隊成員間的配合培訓作為重要工作任務。

第七章 《孫子兵法》中的團隊管理思想

團隊衝突期，團隊衝突期就是團隊成員可以公開表達不同意見，出現衝突的階段。當團隊中的一方感覺到另一方對自己關心的事情產生不利影響或者將要產生不利影響時，衝突就開始了。團隊建設中衝突與生俱來且無法避免，有時衝突對團隊工作開展還是有益的。在團隊衝突期要允許成員提出不同的意見與看法，甚至鼓勵建設性的衝突，讓團隊目標逐漸內化為團隊成員的共同願景。因為過分融洽、和平的團隊容易對變革和反應遲鈍，變得冷漠；所以在某些情況下還應該鼓勵團隊衝突團隊關係從保持距離、客客氣氣變成互相信賴、坦誠相見，規範由外在限制變成內在承諾。這個階段團隊領導者必須創造成員平等參與團隊工作的環境，並以身作則，包容差異與不同的聲音，容忍出現一定的混亂，借助建立共同願景與團隊學習渡過難關，此時期是否轉型成功，是團隊能否長遠發展的關鍵。

團隊成熟期，就是開始顯示團隊建設成果，團隊不斷實現目標的階段。這個階段團隊成員都有強烈的一體感，人人被動忠誠地用心、用力、用智工作，團隊以合理的成本實現事半功倍。

有團隊的地方就一定有領導和管理行為，領導和管理既有相關性但又不是一回事。領導就是處理戰略而前瞻性的問題，通過開發願景，確定團隊的前進方向，並就開發出的願景與團隊內的其他人進行交流，獲得團隊內人員的認可後激勵他們克服困難，達到這個願景的行為與過程。管理是處理具體而現實的問題，是通過制訂計劃、設計組織結構以及監督計劃實施的結果，達到有序而一致的這種狀態的行為與過程。某種意義上說領導就是做正確的事情，管理就是把事情做正確。如果一個團隊的負責人既具有領導才能又具有管理才能，這個團隊就會發展得很好。

軍隊歷來就是採用團隊管理的典範。在整個人類發展的歷史長河中，有一種很特殊的團隊組織和管理形式，這種團隊的組成成員

依據目標任務既相對固定又不斷變動，真可謂「鐵打的營盤，流水的兵」；這種團隊的結構組織既職責分明又協同高效；這種團隊的團隊目標與成員個體目標大多高度契合；這種團隊的每一次行動都謀劃嚴謹、方案精準；這種團隊能夠按需要很快組建形成亦可按需要很快解散重組，尤其是在演習或者戰爭過程中，由於兵力和兵種的協同，這種解散和重組更是俯拾皆是；這種團隊幾乎可以說是人類組織行為中效率最高的典範，這種特殊的團隊組織和管理形式就是——軍隊。《孫子兵法》作為兵家聖典，它研究戰爭，研究軍隊管理，研究具體戰鬥戰術的應用，它的論述中隨處閃耀著團隊管理的智慧光芒。

《孫子兵法》中的團隊領導思想

一個團隊的狀態和工作效率及工作結果與團隊領導者密切相關。所謂「兵熊熊一個，將雄雄一窩」，就是說將領在團隊管理中具有重要作用。正如《孫子兵法》對將領的重要性的判斷：「將者，國之輔也。輔周則國必強，輔隙則國必弱！」作為團隊的領導者，重點是做正確的事情，而不是把事情做正確。團隊領導者必須「合人人之私，成眾人之公」，開發出團隊成員公認共識的願景，並以此公認共識的願景激勵引導團隊前進。

團隊領導者應明白自己的使命和職責。團隊領導者的主要工作應該是出主意，用幹部，抓戰略，抓資源，抓文化；團隊領導者應該明白哪些是重要的，哪些是不重要的，哪些是必須堅持的，哪些是必須放棄的。就如《孫子兵法》所言：「料敵制勝，計險厄、遠近，上將之道也。」《孫子兵法》還指出，「故戰道必勝，主曰無戰，必戰可也；戰道不勝，主曰必戰，無戰可也。故進不求名，退不避罪，唯人是保，而利合於主，國之寶也」，意思是團隊領導者要明白自己是團隊的一分子，自己也是完成團隊目標的參與者，團

隊目標高於個人目標；自己的主要使命和職責是整合資源，帶領團隊成員完成團隊任務和目標，不應把團隊看作自己的附庸，把團隊看成完成自己私人目標的工具。

團隊領導者在團隊中具有獨特而重要的地位。《孫子兵法》裡有大量關於團隊領導者的論述，它在開篇第一篇《始計篇》就提出，決定一場戰爭勝敗有五個關鍵因素：一道、二天、三地、四將、五法，「將領」這個因素排在第四位。《孫子兵法》說：「將者，智、信、仁、勇、嚴也。」我們現在評價一個人是不是人才，都用「德才兼備」作為標準，「德」是放在第一的，「才」是放在第二的。但《孫子兵法》評判一個人是不是當領導的料，提出的標準是把「智」放在第一位的，「智」就是智商，《孫子兵法》認為一個好的將領或者說一個優秀的領導者第一是智商要高。現代心理學認為普通人智商的正常值是 78，低於 78 就是弱智，智商超過 120 就非常聰明。《孫子兵法》認為將領或者領導者智商要在 120 以上，「智」是作為一個優秀將領或者領導者的第一要義。因為戰爭很殘酷，作為一個將領一定要知天、知地、知敵、知友還要知己。要知道這些東西就必須具備大量知識，必須不斷學習吸收新知識，智商當然就高。

《孫子兵法》認為將領的「智」首先表現為要有「明辨之智」。戰爭中最複雜最難破解的戰爭迷霧是什麼？就是信息的不對等、不透明、不公開，就是真假信息的交錯混雜。將領必須能從紛繁複雜的信息迷霧中吹糠見米，透過現象看到本質，條分縷析地把有價值的信息梳理出來。

《孫子兵法》的原文是這樣論述的：「兵者，詭道也。故能而示之不能，用而示之不用，近而示之遠，遠而示之近，利而誘之，亂而取之，實而備之，強而備之，怒而撓之，卑而驕之，逸而勞之，出其不意，攻其不備。」就是將領帶領打仗面臨的是一個詭詐

多變的世界，這個世界裡的敵、友要用什麼手段或者方法，顯示出來的現象卻往往是不用；本來空間相隔很遠，顯示出來的現象卻是相隔很近；你喜歡什麼東西，什麼東西對你有利，對方就用這個東西來誘惑你，一旦你心亂了，沒有章法了，對方就攻取你；如果你實力強大對方就避開你；如果你容易生氣，修養不好，對方就挑逗你；如果你顯得很謙卑很謹慎對方就不斷地拍你馬屁吹捧你，想方設法讓你驕傲起來忘乎所以；如果你身體很好，休息得很好，對方就想方設法讓你疲勞，把你「壯的拖病，病的拖垮；胖的拖瘦，瘦的拖死」；如果你的團隊內部非常團結互信，對方就會想方設法地挑撥離間你，因為關係不和全靠挑撥，通過挑撥才有分歧，對方有分歧自己才有乘機取勝的機會。

「親而離之」甚至「借刀殺人」是「智將」的拿手戲。當年項羽和範增關係很好，項羽尊稱範增為「亞父」，翻譯成今天的話就是干爹，於是張良無中生有地捏造了一個所謂範增侄子的人物，並以他的名義給範增寫了封信，又故意將信錯送給了項羽，信中說：範增叔叔，我現在在劉邦這裡過得很好，他們都很照顧我，望叔叔不用擔心雲雲。項羽無意中看見了這封信，心裡就不舒服，我和劉邦對立打仗，範增你是我的顧問和軍師，我如此信任你，尊你為亞父，你卻把自己的侄兒送到劉邦那裡去，你什麼意思？但只是心存芥蒂，面上沒有拿出來說破。不久項羽派一個使節到劉邦這裡來，劉邦竭盡奢華之能事準備了宴席接待來使，一坐下來就迫不及待地問：「範增將軍派你來有何重要消息？」對方很錯愕：「對不起，我是霸王項羽派來的。」劉邦演技好呀，立馬說：「你是項王派來的呀？搞錯了。」於是立即把面前桌席上的山珍海味撤走，隨便弄了點粗茶淡飯敷衍著接待了。使者很詫異差別怎麼如此大，回去就給項羽報告了。經過多次挑撥離間項羽終於上當，責成範增提前退休，範增歸鄉路上心情鬱結背瘡發作，一命嗚呼。項羽的智囊文膽

第七章 《孫子兵法》中的團隊管理思想

沒有了，沒了運籌帷幄之中、決勝千里之外的範增，競爭中很快失去戰略章法，最後江河日下，自刎烏江。所以作為一個將領要有明辨是非之智，知道哪些是真的哪些是假的。

作為一個將領智商高要有「相敵之智」，要能通過現象判知究竟敵人想幹什麼，在幹什麼，將要幹什麼。《孫子兵法》說：「敵近而靜者，恃其險也。」就是說如果兩軍已經隔得非常非常近了，可是對方還是安安靜靜不慌不亂的，就務必要防範對方有什麼可以憑藉的天險或者很凶險的東西，千萬不要輕敵貿然進攻，空城計就是諸葛亮反其意而用之的典型。「遠而挑戰者，欲人之進也；眾樹動者來也；鳥起者伏也。」就是敵人隔得很遠就挑逗你說：來呀，有種你過來打呀！表明敵人希望你主動去進攻他，你主動進攻對他有利；遠遠地看見山林上的樹唰唰動，林中的鳥突然驚飛起來，說明敵人在樹林裡有埋伏！

「辭卑而益備者，進也；辭強而進驅者，退也；無約而請和者，謀也；半進半退者，誘也。」就是說如果對方在談判或交涉的過程當中言辭很謙卑，準備得很充分，那麼小心敵人要進攻了；相反如果兩軍交涉過程當中對方言語激烈態度強硬，顯示出要進攻又不進攻的樣子，說明對方在放煙幕彈，馬上要逃跑了。如果對方在沒有任何徵兆的情況下突然就跑來說：咱們不打了，咱們講和吧。這裡面肯定有陰謀和隱情。如果對方進攻一下就撤退，他撤退時你不去追擊，對方卻又來進攻你，你一追擊他又馬上後退，說明對方在引誘你，估計前面一個陷阱和口袋早就準備好了，在等你去上鉤。

「杖而立者，饑也；汲有先飲者，渴也；見利而不進者，勞也；鳥集者，虛也；夜呼者，恐也。」就是說如果對方的很多士兵站立時都將身體倚靠著槍械，說明對方糧草不濟，士兵饑餓無力了；敵方派出去打水的士兵一到河邊就自己使勁先喝水，說明對方軍隊肯定已經口渴得不行了；如果明明有一個很有利的地形甚至戰利品擺

在對方前面，敵人都沒有想要的跡象，知道為什麼嗎？肯定是對方極度疲勞了！如果發現對方營寨裡的樹上有很多鳥兒，鳥兒還悠閒唱著婉轉的歌，說明這一定是一個空營，別去偷襲這個空營，否則會被包圍；如果對方軍隊走路的時候誇張而大聲地唱歌或者是喊話，說明這些人非常害怕和緊張。

經常在荒郊野地走夜路的人都有這個經驗：一般走夜路唱著歌走的，說明這個人膽子小；走夜路悶聲不說話的人膽子大。漆黑的晚上，遠遠地看一個人唱著歌過來，另外一個人站在路邊不聲不響，兩人還有一段距離，這個唱歌的人就不唱了，就會緊張地問：「誰呀，前面是誰呀？」默不作聲的人如果再繼續不說話，唱歌的人一般會停下來甚至轉身就跑了。「夜呼者，恐也」說明孫子是有生活經驗的！

孫子認為科學合理的用間是將領「相敵之智」的基礎和保障。一個聰明的將領一定要有「相敵之智」，要能從這些表面現象的背後看到問題的真相和本質。怎麼才能夠準確地看到問題的真相和本質呢？《孫子兵法》說：「明君賢將，動而勝人，成功出於眾者，先知也。」怎麼先知呢？「取於人！」取於哪些人呢？取於五種間諜：一是取於「因間」，就是到某個地方就請熟悉那個地方情況的當地人做間諜；二是取於「內間」，就是收買對方內部的官員或者管理人員為自己提供情報；三是取於「反間」，就是當敵人派一個間諜來刺探我方情報時，要不惜成本想方設法地把他收買過來，使之成為雙面間諜，主要為己所用；四是用「死間」，就是收集敵方情報並向敵方傳遞虛假情報信息，敵人聽信「死間」就會上當，上當遭受損失後就會殺害提供虛假情報的「死間」；五是用「生間」，就是我們經常看到影視劇裡一個將領坐在軍營大帳裡面，外出偵查後活著回來通報信息的人就是生間。我們曾經在小學課本裡認識的放牛娃──抗日小英雄王二小就既是因間（對日寇而言）又是死間

第七章 《孫子兵法》中的團隊管理思想

（對八路軍而言）。

《孫子兵法》說：「非聖智不能用間，非仁義不能使間，非微妙不能得間之實。」因為間諜誰都會派，但是如果你智商比較低，你派出去的間諜打探回來的消息你都判斷不出哪個是真的哪個是假的，哪個有價值哪個是垃圾信息，你的間諜就沒用。世界上有三種人沒有人欺負，一是威猛人不敢欺，比如張飛、李逵；二是仁德人不忍欺，人品太好了，大家都不好意思欺騙和欺負；但是孫子認為這兩種都不太可靠，最可靠的是什麼呀？是精明人不能欺！有人要想蒙蔽欺騙你，還沒行動你就洞悉玄機，看得清清楚楚，這才安全靠譜，所以孫子把「智」，就是聰明放在將領素質的第一位。

《孫子兵法》認為一個將領，一個領導者還要有「授權之智」。書中說「將能而君不御者勝。不知軍之不可以進而謂之進，不知軍之可以退而謂之退，是謂縻軍」。就是如果一個下屬很能幹，要因事設崗，因崗選人，因事授權，且用人不疑，大膽放權。最怕一個領導者不知道軍隊該怎麼帶，不知道仗該怎麼打，可是不願放權，不敢信任人，冒充內行一天到晚指手畫腳，作為一個司令官卻越過軍長甚至越過師長直接指揮團長，這樣的軍隊就會混亂，就沒法打仗，將領把自己的軍隊搞亂了就會導致敵人取得勝利。

「領導」就是帶領和激勵他人干事者，科學授權是優秀領導的基本功。一個將領或者領導人，肯定每天會面臨若干的任務，如果每個任務來了領導人都身先士卒，親力親為地去做，表面上看起來兢兢業業，非常辛苦，可是時間一久「事必躬親，後繼無人」。領導者累死了，所有的事就停擺了。可見領導者必須要學會授權，把各種任務分分類，看哪些是重要的，哪些是緊急的，哪些是重要而緊急的，哪些是重要但不緊急的，哪些是緊急但不重要的，哪些是既不緊急又不重要的。然後再看看身邊的人哪些是有工作能力的，哪些是有工作意願的，哪些是既有能力又有意願的，哪些是有能力

沒有意願的，哪些是有意願沒有能力的，哪些是既沒有能力也沒有意願。然後把不同性質的工作任務與不同的人員一一匹配，有的採用大尺度授權，有的採用關鍵環節提醒指導，有的採用交心溝通激發積極性，有的採用嚴格指令和檢查督促，實現人盡其才。

《孫子兵法》還認為一個將領的「智」要表現為有「御人之智」。「御」就是統領，要駕馭得住下屬。孫子說「將軍之事，靜以幽，正以治，能愚士卒之耳目，使之無知」。兵家的智慧之所以叫冰冷的智謀，這就很有代表性。兵法認為一個將軍一定要胸有城府，要「心中了亮，滿臉豬像」，喜形不露於色。不能讓下屬知道你為什麼高興，為什麼不高興，不能讓對手甚至下屬知道你在想什麼。要讓自己的下屬耳朵聽到的、眼睛看到的都不一定是真相；有些時候甚至要「民可使由之，不可使知之」，就是讓下屬知道該幹什麼，但不讓他知道為什麼要這樣干。

怎麼才能實現「能愚士卒之耳目，使之無知」這個目標呢？孫子說：「易其事，革其謀，使人無識」，就是不斷地給下屬安排新任務，今天讓他在非洲干個事，明天派他到歐洲辦個事，後天又把他派到大洋洲去辦個事；然後「易其居，迂其途，使人不得慮」，今天讓他住這個地方，明天讓他住那個地方，本來直線就可以過去的偏要讓他走曲線到達，就是不讓他一下子知道目的地在哪裡；再「帥與之期，如登高而去其梯」，突然給他下達一個緊急任務，讓他高度緊張沒有退路，就像讓他爬到樓上去，等他一上樓就把梯子撤走。這一段長期受到非議和詬病的馭下之術，很典型地代表了兵家冷冷的智謀特點。

兵家對人性是什麼有自己獨特而深刻的認識。兵家是不相信人性本善或者人性本惡的，他們覺得如果人性本善，那麼社會上的惡怎麼來的？善之花怎麼會結出惡之果？反之亦然，如果人性本惡，惡之花怎麼會結出善之果？兵家認為人的本性是趨利避害，求生避

第七章 《孫子兵法》中的團隊管理思想

死的。

基於對人性的這種判斷，《孫子兵法》認為御人之智就是要「屈諸侯者以害，役諸侯者以業，趨諸侯者以利」，這三句是典型的兵家思維模式。「害」就是人不願意得到的，人最害怕的，「屈諸侯」就要靠「害」；兵家認為要想駕馭住下屬，只要某個事物是下屬最害怕的，是下屬不想要的，領導者就要「抄之在手」，緊緊把這個東西拿在自己手裡。「役諸侯者以業」就是「害」住對方以後，就要一天到晚給對方布置工作，讓對方疲於奔命，無暇旁鶩，沒心思琢磨歪事；「趨諸侯者以利」就是如果對方喜歡什麼，對方認為什麼東西是好的，是有價值的，領導者就用這個東西來激勵懸賞對方。這就像美國前總統羅斯福提出的「胡蘿蔔加大棒」御人術。

在中國歷史上「屈諸侯者以害，役諸侯者以業，趨諸侯者以利」這三點做得很好的是趙匡胤。趙匡胤陳橋兵變後黃袍加身，登基以後的某天把當年擁戴自己登上皇位的部將大臣召在一起喝酒，他一邊喝一邊就唉聲嘆氣，眾將領和大臣就問：皇上你有什麼不高興的事嗎？趙匡胤說：我知道我這個皇帝怎麼來的，不就是你們把這個衣服（黃袍）披在我身上，我就當皇帝了麼？萬一哪天你們的下屬又把這件黃袍披在你們身上呢？聽不聽得出這句話裡面有殺機？就是我們怎麼乘人之危把人家孤兒寡母的轟下臺的我心裡清楚呀！如果哪天你們的下屬如法炮製，把黃袍披在你身上，我到哪裡去了？我也就下崗了麼，說不定我連孤兒寡母衣食無憂的待遇都沒有！眾將領聽出了弦外之音的殺機，嘩啦啦就跪下一片說：皇上你說怎麼辦你才能吃得好睡得安？趙匡胤馬上順路下坡說：這樣吧，人生不就圖個榮華富貴嘛？我給諸位錢財土地，你們把軍權交回來。這就是歷史上鼎鼎大名的杯酒釋兵權。

對於「杯酒釋兵權」史書上是如下這樣記載的。趙匡胤召諸將

飲酒，酒酣曰：「我非爾曹不及此，然吾為天子，殊不若為節度使之樂，吾終夕未嘗安枕而臥。」守信等頓首曰：「今天命已定，誰復敢有異心，陛下何為出言耶？」帝曰：「人孰不欲富貴，一旦有以黃袍加汝之身，雖欲不為，其可得乎。」……帝曰：「人生駒過隙爾，不如多積金、市田宅以遺子孫，歌兒舞女以終天年，君臣之間無所猜嫌，不亦善乎。」守信謝曰：「陛下念及此，所謂生死而骨肉也。」明日，皆稱病，乞解兵權，帝從之。皆以散官就第，賞賚甚厚。

「經濟基礎決定上層建築」，這些離職將官有地有錢，時間長了他可能就會去琢磨錢財土地之外的東西，隱患還在！所以隔了一段時間趙匡胤又請這些離職將官回來喝酒，喝著喝著趙匡胤又唉聲嘆氣，下面眾人就說：我們不是交出軍權了嗎，皇上你怎麼還唉聲嘆氣的？趙匡胤說：你們日子過得自由舒服，我天天都關在這個宮裡面，憋悶得慌！我想到處轉轉，我想到你們家去做客。皇上這樣說，不管你是否真的歡迎，出於禮貌肯定都要說：哎呀，歡迎您來呀！趙匡胤又順路下坡說：那好，元宵節我到你家，端午節我到他家，中秋節我到另外一家，嘩嘩嘩就把眾大臣的接待任務排了一圈。排定了日程又說：我現在是皇上，我來作客不能一個人來，我要帶人喲，帶多少呢？太監、宮女、秘書、保衛人員總共幾千人吧，這幾千人不能住在露天野外吧？於是大家回去就抓緊修房子，大興土木，家財耗費良多，終於完成了接待任務。

因為到各家做客都玩得愉快，趙匡胤龍顏大悅，作為答謝又請眾離職將官帶著自己的長子來宮中喝酒，開席就說：今年我過得很愉快，因為我到你們各家去，你們都款待得很好。今天為了答謝你們的熱情款待，我請大家喝酒，不醉不歸！安排每一個客人背後站一個太監，人盯人專門負責倒酒，他自己背後也站一個太監倒酒。這些大臣背後站的太監酒壺裡倒出來的一定是高度醇酒，至於趙匡

第七章 《孫子兵法》中的團隊管理思想

胤杯裡倒的什麼液體，沒人敢上去檢驗，結果一個酒局下來，趙匡胤超水平發揮，把下面所有人灌得一塌糊塗，個個爛醉如泥。趙匡胤把醉酒大臣們的大兒子都叫來，自己搖搖晃晃站起來說：各位世侄，今天我和你們的父親在一起喝酒，很愉快！麻煩你們把自己的父親扶回家去，辛苦大家啦！趙匡胤站起來正要離席，突然轉回來說：對了對了，我喝多了，差點忘了一個事，剛才喝酒的時候，諸位的父親愛國之心天日可鑒，聽說最近國庫空虛，紛紛表示要捐款，還說七日之內就將捐款送來，不用急嘛，一個月內送到國庫就好，朝廷將發文褒獎，散會！

第二天早上各家的兒子都給老爸說：老爸，你昨晚是不是喝多了？家裡總共還剩一個億，你就捐五千萬？這些老頭就說：我說了嗎？我喝酒喝多了，真記不得是不是說了這個事情！可是君無戲言，捐錢換榮譽表彰吧！一番折騰後，原來的將軍們現在既無軍權，又有沒有大量現金在手上，留下一堆房屋土地等固定資產和虛名榮譽，趙匡胤終於發現，這下安全了，消停了！標準的「屈諸侯者以害，役諸侯者以業，趨諸侯者以利」。

孫子認為作為一個好的將領的第二個基本素質就是要「信」。 信就是講誠信，有威信，就是對自己有信心，也讓別人對自己有信心。《孫子兵法》說，「令素行以教其民，則民服，令素不行以教其民，則民不服」就是一個將領如果經常說話算數，下屬（士卒）就信服你，否則就不服你。中國有句古話叫「口惠而實不至，其怨大矣！」就是當領導的不要隨便承諾給人好處，一旦許諾了要給人一個好東西，口惠了而實不至，最後卻沒有把這個東西給人家，對方對你的怨恨和不滿比你沒有許諾還大！

後人在研讀《孫子兵法》過程中對「令素行以教其民，則民服；令素不行以教其民，則民不服」這句話註釋說：「善為將者，令出之法，小過無更，小疑無申言；號令一出，不可反易。」說的

147

也是這個道理。這個世界上沒有哪一個決策是百分之百好的，我們只能努力讓我們做出的某個決策是相對好的。一個領導人在明白了這個道理並做出一個決策後，除非這個決策有明顯的重大錯漏，你才需要去更改它，否則你就必須堅持下去，因為朝令夕改會讓一個將領的威信和誠信受到傷害。

賞罰是團隊管理的手段和工具，用得好事半功倍，用不好就事倍功半。《孫子兵法》說：「數賞者，窘也；數罰者，困也。先暴而後畏其眾者，不精之至也。」作為將領，如果在不該賞的時候卻使勁在「賞！賞！賞！」，不該罰的時候又使勁在「罰！罰！罰！」，賞罰都沒有什麼公正客觀的依據與標準，完全憑自己的好惡與情緒，再加上自己多變而說話都不算數，這樣的將領就不合格，其管理的團隊遲早要出大問題。

《孫子兵法》提出，一個將領要有威信，要下屬敬畏，就必須「令之以文，齊之以武」，使「勇者不得獨進，怯者不得獨退」。正如古人所言，領導和管理一個團隊必須「教施於未然之前，法施於已然之後」，就是要先開展紀律教育，教育過了還違反紀律，就要堅決懲處！只有這樣領導者才能立威，實現《孫子兵法》所說的「士無餘財，非惡貨也；無餘命，非惡壽也。令發之日，士卒坐者涕沾襟，偃臥者涕交頤，投之無所往者諸、劌之勇也」。當兵的（下屬）對錢不看重，對命不看重，並不是說他不喜愛錢財或者不想長壽，當將領發布攻擊命令的時候，士卒坐著的或者躺著的都一把眼淚一把鼻涕地哭，但是哭完了必定會按照命令進攻，而且個個像專諸（就是刺殺吳王僚的勇士）和曹劌（也是春秋時期的勇士，「一鼓作氣，再而衰，三而竭」典故的主角）一樣勇猛，為什麼？因為他們知道自己背後有一個比敵軍危險得多，令出必行執法如山的將領。

　　《孫子兵法》認為將者（領導幹部）的第三個基本素質是

「仁」。儒家認為「仁者愛人」，仁就是人與人之間我愛你，你愛我，相親相愛一家人。在儒家的價值觀念裡「仁」是最高境界和追求，「仁」就是終極目的，於是「己欲立而立人，己欲達而達人」，「己所不欲，勿施於人」。可兵家的仁和儒家的仁是不一樣的，「仁」在兵家的觀念裡是達成目的的手段和工具，而不是目的本身。

兵家認為將領的「仁」是為勝敗服務的，是功利性的。《孫子兵法》提出一個將領的仁是要「視卒如嬰兒，故可以與之赴深溪，視卒如愛子，故可以與之俱死」。兵家把下屬（兵卒）看成嬰兒和愛子，表現出「仁」的特點，目標是為了讓下屬（兵卒）跟領導者一起去跳深深的溪溝，要下屬（兵卒）跟領導者慷慨赴死。正因為兵家的仁只是手段，所以兵家認為將領在危險或者特殊的情況下，該愚兵的時候就要愚兵，要「犯之以事勿告以言，犯之以利勿告以害」，對於下屬士卒有些時候只需要告訴他們做什麼事情就行了，不用告訴他們為什麼要做這個；有時只告訴他們做這個事有什麼好處，不要告訴他們做這個事情有什麼危險。為什麼要這樣信息不公開不對等呢？因為如前所述，兵家對人性的判斷不是「人之初性本善」，也不是「人之初性本惡」，而是人的本性是「求生避死，趨利避害」。所以兵家認為當士卒必須面對危險和死亡時，為了讓他們能夠死裡求生，絕地反擊殺出生天，就要「投之之地然後存，陷之死地然後生」，因為「夫眾陷於害，然後能為勝敗」，明白並如此操作的，才不是婦人之仁，才真正是兵家之「仁」。

基於這種價值判斷，孫子之後的兵家提出：「殺一人而三軍震者，殺之！賞一人而萬人悅者，賞之！」就是如果把一個人殺了能引起三軍震恐，那就別管這個人該不該殺，殺掉！如果獎賞某一個人大家都會振奮，就不管該不該獎賞，獎賞！可見儒家和兵家對仁的理解和運用區別都非常大，儒家認為「仁」是目標，兵家認為「仁」是工具。

《孫子兵法》認為將領的第四個基本素質是「勇」，就是勇敢。「兵熊熊一個，將雄雄一窩」，狹路相逢勇者勝，將領的個性必然影響團隊的個性。什麼是將領之勇？蘇軾寫了一篇文章叫《留侯論》：「人情有所不能忍者，匹夫見辱，拔劍而起，挺身而鬥，此不足為勇也；天下有大勇者，猝然臨之而不驚，無故加之而不怒，此所挾持者甚大，其志甚遠也。」留侯就是西漢開國元勳張良，張良有兩個故事很經典，第一個是他作為戰國時韓國的貴族公子哥，因為秦始皇滅了他的宗主國，為報滅國之仇，張良找了一個大力士在博浪沙刺殺秦始皇，秦始皇的車隊經過時大力士向秦始皇扔出一個大鐵球，結果鐵球砸中副車，只把始皇的秘書或者妃子的車砸壞了。謀殺始皇失敗的張良因此亡命天涯。第二個故事是他在下邳這個地方的一個橋上遇見一個老者，老者很不禮貌地喊張良「哆！豎子！」並要張良下到干涸的河床裡面去幫自己撿掉下去的木拖鞋，張良看老人氣宇非凡，於是不僅不生氣，撿上拖鞋後還幫其穿上，老者由此認為張良「孺子可教」，授張良奇書《本經陰符》。

　　後來張良靠自己的智勇，在劉邦創立西漢王朝的過程中立下汗馬功勞，劉邦登基後論功行賞，封張良「三萬戶」。張良看見其他功勳將領如蕭何、樊噲等都才封「一萬戶」，經過深思熟慮，毅然上書劉邦堅持自己也只要「一萬戶」，並推辭了原來富庶之地的封地，主動申請封為並不富庶的「留」地的侯爵。張良給劉邦說，之所以希望自己封「留侯」。是因為「留」地是他遇見劉邦，改變自己命運的地方，他對「留」地飽含深情。這看似平常的一個舉動，一方面讓張良避免了自己一人封賞太重而成為眾矢之的，和諧了同事關係，另一方面又把一次政治封賞變成了他和劉邦的私人感情證明。結果後來在劉邦的夫人呂後和劉邦的繼任者大肆削減非劉姓封王封侯者的政治風暴中，很多開國元勳的封地都被收回中央，唯獨張良及其子孫封享的「留」地因為是張良和劉邦的友情見證而被保

第七章 《孫子兵法》中的團隊管理思想

留傳承多世。基於此，蘇軾認為張良很勇敢，因為他符合一個將領「勇」的標準：遇事有主張，臨危不慌張，事後敢擔當！

《孫子兵法》認為作為一個將領，其「勇」應該由幾個主要素質構成。

第一，要有「決策之勇」。就是「戰道必勝，主曰無戰，必戰可也；戰道不勝，主曰必戰，無戰可也。進不求名，退不避罪，唯人是保而利合於主」，該退的時候就要敢於退，很多時候敢於棄退就是一種勇氣。人生就是選擇，得到並不勇敢，真正的勇敢是敢決策、敢放棄。正如《尉繚子》所說：「將專主金鼓爾，臨難決疑，揮兵指刃，此將事也，一劍之任，非將事也。」「事前有主張」，站得高，看得遠，有原則和觀點；「臨危不慌張」，大家驚慌失措束手無策的時候敢於拍板決策；「事後敢擔當」，決心已下，行動實施，結果出來，不管安危好壞，敢於承擔後果。這三點是領導者之「勇」不同於匹夫之勇的判定標準。

第二，要有「逾矩之勇」。很多事情都有歷史經驗和游戲規則，當面臨特殊情況的時候，將領「施無法之賞，懸無政之令」，敢於突破經驗與常規的條條框框就是勇。拿破崙在滑鐵盧決戰前把一只預備隊的指揮權交給了格魯西元帥，拿破崙給格魯西下的命令是：當我向威靈頓領導的英軍發動進攻的時候，英軍的盟軍布呂歇爾帶領的普魯士軍隊是我們的隱患，你的任務就是去找到布呂歇爾的軍隊並且殲滅他，不要讓它成為主戰場決戰時的預備隊！於是格魯西就死板地執行這個命令，到處去找布呂歇爾率領的這支普魯士軍隊未果。而主戰場那邊經過艱苦鏖戰，雙方都筋疲力盡了，格魯西的下屬認為主戰場的決戰來臨了，不該繼續尋找這支不見蹤跡的普魯士軍隊，應該以預備隊的身分立即回去增援拿破崙的主戰場。可格魯西說自己得到的命令是尋找布呂歇爾率領的普魯士軍隊並和其作戰，猶豫不決，不敢突破拿破崙原來下達的命令。結果布呂歇

爾率領的軍隊繞了一圈回到了主戰場，作為威靈頓英軍法人預備隊參加了決戰。本已強弩之末的拿破侖主力部隊在布呂歇爾率領的這支生力軍的反擊下，終於潰敗了。歷史的前進軌跡也因為拿破侖選了一個沒有逾矩之勇的格魯西元帥而在滑鐵盧這個地方拐了個彎。

第三，要有「克己之勇」。《孫子兵法》說：「主不以怒而興師，將不可以慍而致戰。」如果一個將領連自己的情緒和行為都控制不住，莽撞決策，輕率開啓戰端，就一定不是一個勇敢的好將領。知人者智，自知者明；勝人者強，自勝者勇。能夠戰勝自己的人才是最大的勇者。人生就是一場修煉，一個人能戰勝自己多少，他就能把自己抬升到多高！

《孫子兵法》認為優秀將領的第五個素質是「嚴」。一個好的將領要嚴格和嚴厲，嚴格和嚴厲的目的是「齊勇怯」。兵家認為人上一百形形色色，有的人很勇敢，遇到敵人會興奮地跳出來就衝上去了；有的人卻很怯懦，看到敵人兩股顫顫轉身就跑，將領的角色和職責就是要通過自己的「嚴」來「齊勇怯」。將領就是要讓團隊內的勇者和怯者都按自己的命令統一進退，讓「勇者不得獨進，怯者不得獨退」。其次是通過將領的「勇」來讓團隊成員「齊財命」，因為正常的人都是想發財的，都是愛惜性命，不喜歡自己夭亡的。作為將領就是要執行嚴格的軍法軍令，當將領發出攻擊命令的時候，士卒們會拋棄身上累贅的財物，奮不顧身，一邊痛哭一邊衝鋒陷陣，置之死地而求生，因為他們明白雖然敵人很危險，可是身後有一個比敵人還危險的嚴厲的將領。

對《孫子兵法》研究比較透並運用得比較極端的是戚繼光。戚繼光是明朝著名的軍事家、武術家和民族英雄，十歲的時候就繼承他父親的爵位官居四品，但是只有爵位沒有薪俸，後來參加科舉的武舉考試，中舉後被派到東南沿海去抗擊日本倭寇。戚繼光到任不久就遇到倭寇來犯，血氣方剛的他帶著軍隊就出城迎戰，下達衝鋒

命令後自己一馬當先就往前衝，可是突然發現身後一個兵也沒有跟上來，自己的部下全逃跑了，這一仗戚繼光很窩囊地敗了。

無奈之下戚繼光就給朝廷上了一封奏章，說現在這支軍隊在抗倭戰爭中嚴重不堪用，希望朝廷給自己四千軍隊的編製和保障，讓自己重新招募組建一支軍隊。申請獲準後戚繼光就去義烏招募了幾千礦工和農民，他為什麼要到那個地方去招人馬呢？因為他上任的途中經過義烏，發現那個地方的老百姓民風彪悍，村與村之間鬧矛盾打群架，青壯的男人在前面打鬥，年輕婦女就去抬傷員下來包紮，老年人就在後面修理武器和做飯。

戚繼光帶兵既重文化建設，又重技能培訓。他將招來的礦工和農民組成新的戚家軍，先用了一段時間先認真討論「我為什麼當兵，我當兵為誰？」最後達成一致共識：「當兵就是保家鄉，報效朝廷，建功立業，封妻蔭子。」然後再認真訓練了一種針對倭寇武器裝備特點的、攻防兼備的「鴛鴦陣法」，並頒布了一個簡單而嚴酷的兵法法令：如果某次戰役作戰不利失敗了，主將戰死，偏將斬首；偏將戰死，手下的千總斬首；千總戰死，手下的百總斬首；百總戰死，手下的旗總斬首；旗總戰死，手下的隊長斬首；隊長戰死，如果手下的十名士兵手上沒有提倭寇的腦袋，十名士兵全部斬首！

戚家軍的「鴛鴦陣」是什麼樣的呢？該陣法以十二人為一隊，隊長站在最前面，隊長後面站兩列士兵，每列五人，最前面是拿一人多高一人多寬藤牌的兩個盾牌兵；其後是兩個狼銑兵，狼銑是一種獨特的武器，五米長左右桿子的頂部裝著刀刃和鉤刺；狼銑兵的背後是拿兩米多長梨花槍的長槍兵，長槍頂部綁著可噴毒菸的火藥噴射筒；長槍兵的背後是樸刀兵，樸刀是有長桿可揮砍的戰刀；全隊最後是炊事兵。這樣標準裝備的十二個人作為一個戰鬥小組，即可獨立作戰又可排列並肩戰鬥。

那個時候倭寇使用的兵器主要是兩米長左右的雙手持握柳葉砍刀。當倭寇進攻到盾牌兵五米開外時，所有的狼筅就開始前伸揮拉，突破狼筅防禦區的過程就必然殺傷一批倭寇；當倭寇衝過狼筅陣進到距盾牌三米到兩米的地方，長槍隊就點火噴蒸往前捅，同時狼筅就往後拉，這個空間就會再殺傷一批倭寇；倭寇再往前衝，盾牌兵就啪啪啪將盾牌並在一起，一長排一人多高的盾牌就變成一堵牆，盾牌牆裡面看外面很清楚，外面的倭寇卻看不到裡面的情況，某個倭寇一旦露出可以被砍的破綻，盾牌兵讓開一個縫，樸刀兵就出來咔嚓砍一刀，盾牌又關上。

戚家軍由於統一了思想，鴛鴦陣法又好用，加上軍法嚴厲，整個戚家軍從成軍之日起到戚繼光離職，取得了以平均22人傷亡換取斬殺1,000個倭寇的戰績。從1559年到1586年共約9,850天，共斬獲日本倭寇的首級15萬多個，平均每天15.2個。戚繼光也因此獲得「俞龍戚虎」的稱號（另外一個抗倭牛人是俞大猷）。

《孫子兵法》認為一個將領的「嚴」還要表現為能「禁祥去疑」。就是不能讓小道消息和鬼鬼神神的謠言在團隊內公然傳播，影響團隊士氣。當一個重大決策出抬，信息還處於保密階段的時候一定不能有人走漏消息，否則「間事未發而先聞者，間與所告者皆死」，就是派出間諜或特務去做一個秘密事情，如果這個事情還沒有做成功，事情就洩露了，就有人在傳播這個事情了，將領就要表現出「嚴」，把執行任務的間諜和洩露傳播秘密的人都處死！因為只有讓小道消息和流言禁絕，讓需要高度保密的信息嚴格地保住密，才能夠「兵不修而戒，不求而得，不約而親，不令而行，禁祥去疑，至死無所知」，軍隊才會一切行動聽指揮。中外歷史都反覆告誡人們，信息就是資源，信息就是力量，同時信息也是危險！禍從口出的悲劇比比皆是，以至於有人深刻指出：口可食，不可言！

「智、信、仁、勇、嚴」是《孫子兵法》提出的做一個將領應

第七章 《孫子兵法》中的團隊管理思想

該具備的五個基本特質，同時他還提出作為一個將領還有五個方面要注意避免：第一，必死可殺；第二，必生可虜；第三，忿速可侮；第四，廉潔可辱；第五，愛民可煩。他說：「凡此五者，將之禍也，用兵之災也。」就是說一個將領不要一遇到事情就不顧成本和後果硬拼，經常懷著求死之心行動。孫子認為將領打仗的目的是為了讓人（包括自己和自己的部下，甚至是對手）活下來，而不是為了求死。如果一個將領動不動就說「我今天死了算了，我拼了！」那麼他和他的軍隊遲早要無謂地戰死。但是，《孫子兵法》指出打仗又肯定會死人的，如果一個將軍總是堅持安全第一，不敢冒險，貪生怕死，他和他的軍隊就容易被俘虜。如果一個將領修養不好，動不動就發怒生氣，這個特點可能就會被對方以侮辱的方式加以利用，讓將領「以情奪智」，從而做出錯誤決策和行為。孫子認為如果一個將領過分顧及自己的臉面和名聲，也不適合，因為只要當領導就要做決策，任何決策都不可能讓所有人都叫好，由於人的利益和立場不同，對於一個將領的決策總會有些人說好，另一些人說不好；說好的人會表揚將領，說不好的人就會批評和咒罵將領，當將領當領導就一定要能夠承受得起被人罵，不要死要面子，不要愛慕虛榮。最後孫子說當將領的不要過分體恤和愛憐下屬，不能像工會主席或者婦聯主任一樣婆婆媽媽，表現出婦人之仁，因為婦人之仁會浪費將領有限的精力，擾亂將領內心的冷靜和判斷，使將領煩躁分心，去從事一些不利於重大戰略實現的事。《三十六計》裡面有一計叫「美人計」，「兵強者攻其將，將智者伐其情」，也是說這個道理，為將者不要太多情，不要感情用事，不要「以情奪智」，否則會以此至敗。

所謂「同聲相應，同氣相求」，同為兵學經典的《吳子兵法》提出的「為將五慎」也可資團隊領導者借鑑：「故將之所慎者五：一曰理，二曰備，三曰果，四曰戒，五曰約。理者，治眾如治寡；

備者，出門如見敵；果者，臨敵不懷生；戒者，雖克如始戰；約者，法令省而不煩。」

《孫子兵法》中的團隊文化建設思想

中國傳統文化語義中的「文」和「化」具有獨立含義。中國傳統「文」的本義，指各色交錯的紋理。《易‧繫辭下》載：「物相雜，故曰文。」《禮記‧樂記》稱：「五色成文而不亂。」《說文解字》稱：「文，錯畫也，象交文」均指此義。中國古代早期的文是用來表示先人們眼中看見的具體事物，每一個「文」都對應一個具體的東西，「文」就是象形符號，單字曰「文」。後來「文」又引申出若干含義，如《論語‧雍也》稱「質勝文則野，文勝質則史，文質彬彬，然後君子」，這裡的「文」引申為後天教化養習，按鄭玄註釋就是「文猶美也，善也」。

中國傳統「化」的本義為改易、生成、造化。如《莊子‧逍遙遊》：「化而為鳥，其名曰鵬。」《易‧繫辭下》：「男女構精，萬物化生。」《黃帝內經‧素問》：「化不可代，時不可違。」《禮記‧中庸》：「可以讚天地之化育。」歸納以上諸說，「化」指事物形態或性質的改變，同時「化」又引申為教行遷善之義。

西漢以後，「文」與「化」合成一個整詞，漢代劉向在《說苑》中說：「凡武之興，謂不服也，文化不改，然後加誅。」此處「文化」一詞與「武功」相對，含教化歸化之意。概括起來「文」「化」顧名思義就是：各種事物有章有法地聚在一起，非常「美好和諧」的一種現象就是「文」。用這種「美好和諧」的理念行之於一切，就是「以文化之」，就是「文化」。

從西方詞源學看，文化的拉丁文是「cultura」，原義是指農耕及對植物的培育。法國人類學家克洛德‧列維‧斯特勞斯給文化的定義是「文化是一組行為模式，在一定時期流行於一群人之中，並

易於與其他人群的行為模式相區別」；英國人類學家 R·胡斯將文化描述為「文化就是社會，社會是什麼，文化就是什麼」；蘇聯哲學家羅森塔爾·尤金認為「文化是人類在社會歷史實踐過程中所創造的物質和精神財富的總和」。

目前關於文化的概念紛繁龐雜，莫衷一是，總體說來有廣義和狹義之分。廣義的文化是指人類創造的一切物質產品和精神產品的總和；狹義的文化則專指語言、文學、藝術及一切意識形態在內的精神產品。

文化是可以分類的。第一，文化是人類的全部實踐活動及其物化創造物，一切非自然的人工的東西。自然存在物不是文化，只有經過人類有意無意加工製作出來的東西才是文化。例如水不是文化，水庫才是文化；石頭不是文化，石器才是文化。第二，文化是人類的精神活動及其所創造的精神產品，文化是後天習得的。文化不是先天的遺傳本能，而是後天習得的經驗和知識。例如，男男女女不是文化，「男女授受不親」才是文化。第三，文化是與政治、經濟等其他社會活動相對應的一種社會活動範疇，專指文學、藝術活動及其產品。

文化是可以分層的。物態文化層，由物化的知識力量構成，是人的物質生產活動及其產品的總和，是可感知的、具有物質實體的文化事物；制度文化層，由人類在社會實踐中建立的各種社會規範構成，包括社會經濟制度婚姻制度、家族制度、政治法律制度等；行為文化層，以民風民俗形態出現，見之於日常起居動作之中，具有鮮明的民族、地域特色，行為文化必須為一個社會或群體的大多數成員共同接受和遵循，才能成為文化，純屬個人私有的東西，如個人的怪癖等，就不是文化；心態文化層，由人類社會實踐和意識活動中經過長期孕育而形成的價值觀念、審美情趣、思維方式等構成，是文化的核心部分。

團隊文化是一個團隊的靈魂。團隊文化基於團隊共同的價值觀，是團隊共同的精神追求，是團隊關於是非曲直的評價標準。一個團隊只有對什麼是對的什麼是錯的，什麼是應該做的什麼是不應該做的，什麼是應該堅持的什麼是應該放棄的，什麼是應該擁護的什麼是應該反對的這些問題有共同的認識，它才能形成自己的團隊文化。團隊文化就如空氣一樣，看是無形卻彌漫在整個團隊內，如水汽一樣氤氳在團隊工作中，看似縹緲卻滋潤著團隊這棵樹茁壯成長。「千江有水千江月，萬里無雲萬里天」，團隊文化就是那「一個月亮」，團隊文化就是「那一片天」。有文化的團隊才有共情性，有文化的團隊才有穩定性，有文化的團隊才有識別性。

　　團隊文化建設包括團隊精神凝練、團隊實物優化、團隊制度完善、團隊活動開展、團隊心態引導等各個方面。《孫子兵法》在第一篇《始計篇》中就對軍隊（團隊）文化建設進行了論述：「道者令民與上同意也，可以與之死，可以與之生，而不畏危。」孫子這裡說的「道」是團隊關於正確與錯誤、好與壞、可取與不可取的基本信念與原則，就是團隊的價值觀。價值觀從總體上影響著團隊整體和團隊個人的態度與行為，最後形成團隊文化。「危」就是變化、叛變，「畏危」就是不擔心團隊成員叛變。《孫子兵法》關於「令民與上同意」的說法很精準，是「民與上同意」而不是「上與民同意」，因為團隊管理的第一要義是讓團隊成員和團隊的領導者就是「上」保持目標的一致，保持價值觀念的一致，保持文化的一致，這個目標不能由團隊成員自發產生，要由「上」來通過「合人人之私，成眾人之公」提煉出來。一支軍隊（一個團隊）只有構建了公認而真實的「道」，才能實現「令素行者，與眾相得也」，假、大、空的「道」，終究會誤事！

　　著名的管理心理學家馬斯洛認為，如果一個人身心發育是正常的，他一定有以下幾個方面的需求：第一，生理的需求。食、色性

也，每個正常的人發育到一定程度就會有男男女女的需求，餓了就要吃東西，冷了就要穿衣服，這些生理層面的需求是最基本最普遍的需求，如果一個團隊連這個需求都不認可，這個團隊就是反人類的。第二，安全的需求。安全的需求大致可以分為兩類，一是生命和人身的安全，沒有誰願意生活在一個隨時有人身和生命安全危險的環境。二是關係的可控，經常有人感覺從前自己要啥沒啥的時候能感到快樂和幸福，可現在事業也可以了，物質財富也豐富了，為什麼老覺得不幸福不安全呢？因為人們在追求自己事業進步或者追求財富累積的過程中忽略了一個東西，就是對身邊人的關係的經營或者是控制，過於追求地位、利益而傷害了身邊的關係，關係的不可控帶來了內心的不安和恐慌，這種不安是錢和權沒法彌補的。第三，交往的需要。人的本質屬性不是自然屬性，而是社會屬性，這決定了人一定要融入社會，要與其他人交往。魯濱孫漂流到一個荒島上後都要找一個土著的小孩「星期五」來做自己的夥伴，就說明了這點，因為人如果長期脫離社會，不與人交流，最後就不成其為人。第四，尊重的需要。每一個人不僅需要進入社會，還希望自己在社會中被人認可，被人尊重，魯迅筆下的祥林嫂終其一生要追求的就是「參與祭祀」權，因為這樣才表明她被社會接納了，被所生活的族群認可和尊重了。第五，自我實現的需要。每一個人內心都有一盞燈，這盞燈就是弄明白「我是誰，我來到世上幹什麼，我應該有一個什麼樣的人生」，只是這盞燈有的人亮得早一點，有的人亮得晚一點，要是這個問題弄清楚並且實現了，自己的潛力最大限度發揮出來了，這就叫滿足了自我實現的需要。

不同的人對馬斯洛總結的這五個層面的需求是不同的，同一個人在不同的年齡階段和生存環境下對這五個層面的需求也是不一樣的，正如我改撰的一首打油詩就表現了人的需求變化的過程：

終日奔波只為饑，一旦得飽便思衣。

衣食兩般皆具足，又想嬌容美貌妻。
娶得美妻生下子，嘆無財產少根基。
廣得田產又多利，日漸備船和車驥。
厩房關滿騾和馬，恨無官職受人欺。
縣丞主薄漸嫌小，更盼朝中掛紫衣。
蟒衣笏板鋪滿床，苦覓成仙煉丹技。

這種變化是存在的而且應該被理解的，因為它符合人「趨利避害」的本性，不能一概以「人心不足」或「貪得無厭」來進行貶義的看待和評價。團隊管理者要做的事情就是把不同人員的不同需求呈現出來，識別出來，整合起來，提出大家共同認的文化，形成一個大家願意為之共同奮鬥的願景。團隊成員瞭解了團隊文化，把自己屬於該團隊看作是自我身分價值的一個重要方面，就會願意為維護團隊文化調動和發揮自己的最大潛能。

團隊文化建設第一步是通過與團隊內不同的人員進行溝通，瞭解他們真實的動機和需求，把這些獨特需求真實全面地表達出來，經過提煉形成團隊願景，進而樹立團隊相同的價值觀念。在團隊共同價值觀念構建過程中，團隊成員間有效而充分地溝通交流是很關鍵的，中國縱橫家經典著作《鬼谷子》裡有不少關於溝通的論述，比如「故與智者言，依於博；與博者言，依於辨；與辨者言，依於要；與貴者言，依於勢；與富者言，依於高；與貧者言，依於利；與賤者言，依於謙；與勇者言，依於敢；與愚者言，依於銳。」這段論述表達了鬼谷子對於什麼是溝通、什麼是有效的溝通具有獨特的理解，在鬼谷子看來，溝通就是信息的傳遞與理解，溝通要以效果為目標，溝通成功與否要以溝通結果為標準，有效溝通就是要「見人說人話，見鬼說鬼話」，只要能達成溝通目的和效果，堅決不拘泥於習慣和現有溝通途徑與手段，因為「世無常貴，事無常師；聖人無常與，無不與；無所聽，無不聽。」

第七章 《孫子兵法》中的團隊管理思想

要是團隊沒有通過有效溝通形成一致的價值觀念，沒有實現文化理念的統一，輕則傷團隊內的個體，重則傷團隊的主要領導人甚至整個團隊。比如說岳飛，他是中國著名的軍事家，也是民族英雄，十九歲的時候就去參軍，但是剛剛當兵不久他父親就去世了，按照當時的社會禮制規矩，他就必須回去「丁憂」，也就是守孝，他守孝三年以後出來工作，到劉浩所部去當了兵。由於岳飛看不慣當時的軍閥貪腐無為，他就越級上奏告狀，結果卷進了政治鬥爭，反而以「越職上奏」的罪名被剝奪軍職，再次下崗。岳飛二十四歲重新參軍，隸屬於都統制王彥。由於在一次戰鬥中不守軍令，率部獨立行動，得罪了王彥，再次被剝奪軍職。岳飛年紀輕輕仕途就三起三落，應了孔子所言：「君子非不過也，不二過也！」聰明的人不是說不犯錯誤，每個人都要犯錯誤的，人非聖賢孰能無過，關鍵是不能在同一個地方反覆犯低級錯誤，做到這樣的人才能成功，方能成為「君子」。

岳飛後來轉投宗澤，終於遇到伯樂了，很快就建功立業名聲大振。我們來看他的仕途升遷之路：

二十六歲升授真刺史，成中級武官。

二十七歲任神武右軍副統制。

二十九歲成為獨當一面的大將。

三十歲成為南宋第四支重要的軍事力量負責人，相當於南宋四大軍區司令員之一。

三十一歲升神武後軍。

三十二歲後軍升清遠軍節度使。

三十三歲封開國公（唐宋兩朝的爵位分親王、嗣王、郡王、國公、郡公、縣公、郡侯、縣侯、縣男、縣子。開國公是僅次於「王」等級的高級爵位）。

三十五歲升太尉（相當於國防部副部長），連年遷升，連升

數級。

岳飛三十六歲時，南宋與金首次議和，金國提出把夾在南宋和金國之間的一個傀儡政權——偽齊國的一部分土地劃歸南宋。南宋以秦檜為代表的主和的文官派系認為不戰就可以得到這片土地，立馬讚同，以岳飛為首的武將主戰派就不同意，岳飛上表皇上：「唾手燕雲，正欲復仇而報國；誓心天地，當令稽首以稱藩。」意思是為什麼要跟他談判？我們本來就唾手可得，我們要通過武力把這片土地收回來，不談判，武力打！這樣南宋朝廷主和的文官派和主戰的武官派就出現分歧了，表明南宋朝廷內部的團隊目標和價值觀念在戰與和這個戰略問題上不再統一。

岳飛三十八歲的時候，金國撕毀停戰合約再次南犯，岳飛這個時候已經官至少保（少保就是太子的老師，是一個榮譽性的虛位，政治上表示級別高而已），受命繼續帶兵抵抗，但這個時候南宋的皇帝宋高宗採納了秦檜的目標策略——「北人歸北，南人歸南」，就是維持現狀，已經丟掉的北方土地和人民，歸北方政府，還在自己管轄範圍內的南方土地和人民歸南宋，偏安江南就行！面對金國來犯，只要求抵抗，不希望大舉進攻收復失地。

中國文學史上有一首很有名的詞——《滿江紅》，雖然主流的觀點都認為《滿江紅》這首詞的作者就是岳飛，可也有學者認為岳飛抗擊金國的方向應該是正北方或者東北方，不應該往「賀蘭山」所在的西北方進軍，攻擊的對象也不該是「匈奴」，於是對該詞的作者是否是為岳飛存疑。考慮到一來這種存疑還沒有確鑿證據證明該詞的作者為其他人；二來岳飛寫成這首詞符合我們的歷史情感和大眾心理需要，我們就「存疑從是」地還是認可這就是岳飛寫的，否則會多麼的失落和無趣呀。

據我考證，如果《滿江紅》這首詞出自岳飛之手，創作時間大概就在岳飛三十二歲到三十五歲之間，最多到他三十八歲，岳飛在

第七章 《孫子兵法》中的團隊管理思想

詞中寫道：怒髮衝冠，憑欄處，瀟瀟雨歇。抬望眼，仰天長嘯，壯懷激烈。三十功名塵與土，八千里路雲和月，莫等閒，白了少年頭，空悲切。靖康恥，猶未雪，臣子恨，何時滅？駕長車踏破賀蘭山闕，壯志饑餐胡虜肉，笑談渴飲匈奴血，待從頭收拾舊山河，朝天闕！

詞中提到的「靖康恥」是指 1126—1127 年的「靖康之難」，金軍南犯把北宋宋徽宗和宋欽宗皇帝父子兩個都俘虜走了，兩個皇帝和大批皇子皇孫與妃、嬪、媵、嬙一路向北被帶到今天的黑龍江。金國對這些北宋的皇室俘虜很不友善，兩個皇帝被放在地上挖的一個大坑裡，像圈養牲畜一樣軟禁著，後來一個受傷而死，一個貧病而亡。岳飛這首詞的大意就是：要帶領大軍進攻到金國的都城，去把老皇帝宋徽宗和現任皇帝的哥哥宋欽宗接回來。

在宋朝，當時中國的政治皇權交替的游戲規則是「父死子繼，兄終弟及」，宋高宗做皇帝做得好好的，如果岳飛帶了一支軍隊，去把老爸和哥哥接回來了，宋高宗只有兩條路可選：第一弒父殺兄（軟禁也行），自己繼續當皇帝；第二就是自己退位下崗，讓哥哥登基復位。這兩條路宋高宗恐怕都不想走！對他來說，正確的、有價值的應該的就是：維持現狀！於是就出現了一個怪象：「山外青山樓外樓，西湖歌舞幾時休。暖風熏得遊人醉，直把杭州作汴州。」

但是「維持現狀」這個想法宋高宗又不能夠直白地說出來，不能把「維持現狀」作為南宋軍民的團隊目標和行為標準，因為一說就顯得宋高宗自己不孝、不仁、不義。於是他就心口不一，他就委婉含蓄地說：考慮到歷史和現實的具體情況，諸路大軍，一定要抵擋住金國來犯。這樣一來，宋高宗和岳飛在對金國用兵這個戰略問題上，在哪個事情是好的、哪個事情是壞的、哪個事情應該做、哪個事情不應該做這個團隊文化觀上就發生了根本分歧。結果就出現了陸遊的《秋夜將曉出籬門迎涼有感》：「三萬里河東入海，五千

仞岳上摩天。遺民淚盡胡塵裡，南望王師又一年。」

南宋朝廷團隊一方面是主和主戰的文武兩派團隊目標不一致，另一方面是君臣上下團隊文化不一致，南宋的團隊文化建設在目標和價值觀上出現了重大問題！於是當岳飛等越是往前進攻，宋高宗在後方就越緊張，當岳飛打得金軍感嘆「撼山易，撼岳家軍難」的時候，宋高宗受到金國要送他哥哥回來在汴京另立中央政權的威脅，連發十二道金牌讓岳飛班師回朝。岳飛不知道宋高宗的目標和想法，在一封信件中表明當時自己的心志：「豪杰向風，士卒用命，時不再來，機難輕失，嗣當激勵士卒，功期再戰，北逾沙漠，喋血虜廷，盡屬夷種，迎二聖歸京闕。」格局決定結局！最後南宋朝廷以「莫須有」的罪名殺害了岳飛，岳飛在臨死前怨憤地寫下「天日昭昭！天日昭昭！！」八個字，時年39歲！這是一個悲劇，這個悲劇的根源在南宋朝廷文官集團和武官集團的利益不同，而且武官將領的價值觀與皇帝的價值觀不一致，南宋朝廷的團隊「想的」和「說的」不一致，南宋朝廷的團隊文化說一套做一套！

所以兩千多年前《孫子兵法》就指出，一支軍隊（一個團隊）要攻無不克戰無不勝，要有生命力，要可持續發展，第一要務是「道者，令民於上同意也，可以與之死，可以與之生，而不畏危」。並在《始計篇》中將「主孰有道」列於「將孰有能、士卒孰練」等眾多判斷戰爭勝負要素之首來論述，可見《孫子兵法》對團隊文化建設的重視程度。

團隊文化建設離不開團隊制度保障。《孫子兵法》提出在團隊文化建設過程中要「修道而保法，故能為勝敗之政」，就是既要有共同的文化和價值觀，同時還要通過各種手段，在各個階段和環節，用制度的形式來確保團隊文化和價值觀的貫徹實現。簡單說就是要有統一的價值觀念和文化，要有「道」；要善於表達出團隊的文化和價值觀念，要有關於「道」的言簡意賅的清晰說辭，讓團隊

成員一看便懂，一聽就知。

在此基礎上更重要的是還要通過制度化來保障團隊文化建設得以長效實施。古話說「人隨王法草隨風」，只有制度化的團隊文化（王法）才能讓團隊成員長期穩定可持續性遵循團隊文化的價值導向行動。如果團隊文化沒有制度保障，就有可能會因為團隊成員個體利益和需求的不同，或者同一個成員在不同時期和環境下利益需求的變化，而出現團隊成員的行為像「草」一樣隨一己私利之「風」轉向走偏，背離團隊文化價值導向。

團隊文化建設離不開感性的渲染和具體的人物事件承載。團隊文化建設需要善於「講故事」，某種意義上說，團隊文化建設最簡單有效的途徑和方法就是「創造故事」並反覆講故事，因為故事裡面就有價值觀和文化，一個故事講一千遍就會成為事實，一個故事講一千年就是傳統。一個家庭、一個團隊、一個民族、一個國家的文化建設，創造故事和講故事都是不二法門。當一個團隊把自己的故事講得人人皆知，人人皆信，人人皆羨慕，文化建設效果就顯現了，「道」的魅力當然就出來了。當然這要求我們首先要有自信，其次要反覆講，並且堅持講，還要到處講！

團隊文化建設還需要考慮到團隊的歷史因素，考慮到團隊的現實客觀環境和團隊的未來發展走向。團隊文化建設還要既有理念制度層面的總結表達，又要有活動行為的活化展現，還要有環境設施的保障展示。團隊文化建設是需要久久為功的，當一個團隊的文化建設活動經過長期的堅持，逐漸由外在要求約束慢慢變成團隊成員的行為習慣，再進而成為一種無意識的自覺行為之時，團隊文化就開始發揮它「無用之用是為大用」的功效了，但這個團隊文化從提出到形成並被遵循的過程將會持續相當長的一段時間。

基於此，在凝練和提出團隊文化時要有一定的前瞻性，要立足於團隊的歷史與現實又高於團隊的現實，要有一定的超前性，因為

這文化不僅僅是團隊的行為底線，也是團隊的行為導向，導向就需要它有超前性。團隊文化建設一般是「求乎其上，實得其中；求乎其中，實得其下；求乎其下，實得其無。」所以中國古代長期以「禮、義、廉、恥」「忠、孝、仁、愛、信、義、和、平」這「四維八德」來作為整個社會的道德體系建設和團隊文化建設原則。今天我們用「富強、民主、文明、和諧，自由、平等、公正、法治，愛國、敬業、誠信、友善」24字「社會主義核心價值觀」作為整個社會的道德體系建設和團隊文化建設原則，都不是說立即就要求所有社會成員都認可它和踐行它，而是立足於現實又高於現實的一種面向未來的設計與倡導。

《孫子兵法》中的團隊目標思想

目標在人類進化、團隊建設和個人成長方面天然具有重要而獨特的價值。人類社會的發展歷史就是個體和群體不斷地迎接嚴酷挑戰，追求「生存」這種階段性目標與追求「發展」這種長遠目標相統一的過程。正因為人類有不斷追求當下階段性目標與未來長遠目標的動機、需求與行為，人類才得以苟日新、又日新、日日新，將自己與蒙昧的動物界區別開，並通過持續的目標實現與累積，「猿人揖別」並成長為「萬物之靈」。從某種意義上說，是否有目標並為實現目標而持續地奮鬥，成了人與動物的篩查標；放眼古今中外，有沒有目標並持續地為實現目標而奮鬥，也是人類群體裡成功者和失敗者的分水嶺。

「聖人立長志，庸人常立志」，目標設立的差異是成敗差異的起點。成功團體和個體在設定目標時大多具有共性，那就是他們的目標是有一定戰略性的，是具體明確的，是可以量化的，是符合實際的，是可以達成實現的，並且還是有時間性的。而失敗的團隊和個體往往要麼沒有目標，水波逐流，得過且過；要麼朝三暮四，見異

第七章 《孫子兵法》中的團隊管理思想

思遷；或者一曝十寒，不可持續。

勝利就是目標的達成，目標設定的差異影響對勝敗的評判，目標設定的高低影響勝利的層次。常見則不疑，見慣則不驚，「目標完成」「成功」「勝利」是我們經常使用的詞彙，可是「大道至簡」，在這些耳熟能詳的詞彙中，其實蘊含著豐富的內涵。比如在競爭場合，所謂達成目標，所謂獲得勝利，對於競爭的雙方或者多方，無外乎以下幾種結局或者狀態：第一是徵服獨存，在競爭過程當中一家獨贏，其他都被淘汰，被吞並或被消滅掉，最後留下的一方唯我獨尊；第二種情況是在競爭的過程中某方「爭後屈存」，就是競爭的雙方或者多方經過激烈的較量廝殺，最後勝敗分明，幾家歡樂幾家愁；第三種情況是「爭後同存」，雙方或者多方經過混戰廝殺，最後殺人三千自損八百，幾敗俱傷。這三種形態當中都會有人認為自己實現目標了，自己勝利了。

《孫子兵法》對於團隊目標實現和何謂「勝利」有獨特的見解。《孫子兵法》認為除了以上幾種目標達成的勝利外，還有一種具體明確的目標達成標準——「全勝和存」，就是當雙方或者多方利益相關者面臨矛盾和挑戰的時候，通過「全勝」的思維方式和策略方法，花最小的代價和成本，化解矛盾分歧，結束紛爭對抗，最後大家都實現目標，大家合作共贏，實現新框架格局下的共贏共存。這個世界上是沒有永遠的敵人的，一時一隅的敵人在人類發展的歷史長河中都是「人」，甚至都是「自己人」。《孫子兵法》關於「全勝和存」的思想表現出其具有高於局部群體的利益觀和勝負觀，朦朧地顯露出其要追求和構建「人類利益共同體」的傾向。

《孫子兵法》「全勝和存」的思想對什麼是勝利，如何取得勝利，如何對待勝利以及如何保全勝利的思想和境界，既有異於同時代著作的高度，又有穿越歷史洗磨的厚度。對於「全勝和存」思想《孫子兵法》是這樣論述的：「是故百戰百勝非善之善者也，不戰

而屈人之兵，善之善者也」「唯人是保，而利合於主，國之寶也」。就是一百次戰爭（競爭），一百次都獲得勝利，這不算最好的勝利，最好的勝利是根本不用兩敗俱傷地打鬥，不用進行無謂流血犧牲，敵我雙方的士兵的生命都能得到保全，對方就已承認失敗，競爭中的階段性目標和長遠戰略目標都已經達到了，這才是競爭過程中實現目標，獲得勝利者中的佼佼者。

《孫子兵法》為「全勝和存」提出了可以量化的指標——「兵不鈍，而利可全」。孫子認為「善用兵者，屈人之兵而非戰也，拔人之城而非攻也，毀人之國而非久也」，就是真正善於達成目標獲得勝利的人，讓對方的軍隊屈服不是靠戰鬥，把對方的城池攻下來不是靠強攻硬打，讓對方的國家土崩瓦解也不是靠長久的暴力對抗，要靠「全爭於天下」，讓對方一個國家都是完整的，一支軍隊也是完整的，甚至軍隊中各個作戰單元都還是完整的，戰爭就已經結束了，自己就已經達到目的了，獲得勝利了，這就叫「兵不鈍，而利可全」，這種勝利才是最高境界的勝利，這種勝利就是「全勝和存」。

《說文解字》對「全」的解釋是「純玉也，曰全」。玉就是美石，漂亮的石頭就是玉。什麼叫純玉？就是又漂亮又完整無瑕的玉石就是「全」，可見《孫子兵法》要的全勝是全局勝，全部手段勝，全部結果勝，是完美之勝。就是政治上也勝，軍事上也勝，經濟上也勝，文化上也勝。《孫子兵法》認為：「上兵伐謀，其次伐交，其次伐兵，其下攻城。攻城之法，為不得已。」就是如果在謀略層面，在外交層面就已經勝利了，就不需要派軍隊短兵相接，不需要一座城池一座城池地逐一去攻克，就可以實現目標，達到最高境界的勝利！

《孫子兵法》認為「全勝和存」的目標完全是可以達成的，並詳細列舉提出了多種策略和途徑來實現這種全勝、完勝、巧勝。

第七章 《孫子兵法》中的團隊管理思想

「全勝和存」的第一策略和途徑是「道勝」。就是通過「令民與上同意」，建立一種文化軟實力，讓自己的老百姓（團隊成員）與領導者在價值觀念上保持一致，有相同的是非觀，同仇敵愾，永不叛變。最近幾年學術界很流行討論美國哈佛大學教授約瑟夫·奈的「軟實力」觀點，依據這個觀點，一個國家的綜合國力既包括經濟、科技、軍事等「硬實力」，也包括文化和意識形態的吸引力和同化力等「軟實力」。「軟實力」通常源於文化魅力、思想影響力和道德凝聚力等，通過吸引其他人支持自己來實現目標。《孫子兵法》提出一個國家可以發揮「道」的「軟實力」，招遠撫來，不斷強大自己，實現自己的目標，這幾乎就是兩千多年前濃縮的「軟實力」版本。

「全勝和存」的第二策略和途徑是「智勝」。就是知己知彼，把自己和對方的信息都掌握得很充分，籌劃有據，進退有據，一切都在掌握之中。《孫子兵法》總共 6,000 多字，「知」字就出現了 79 次！兵法全篇以「廟算」開始，首先講戰爭中要重視信息的收集和分析研判，力求知天、知地、知敵、知友、知己、知彼，做到行止有據；兵法全篇又以「用間」結束，最後討論的還是如何「用間有五，以間知情」。首尾呼應，中間多篇反覆強調，顯示出孫子對「智勝」的高度重視。

「全勝和存」的第三策略和途徑是「謀勝」。「上兵伐謀」，在謀劃籌策層面勝對方於無形，造成對方所有的謀劃都無法展開，對方所有的謀劃實施都在自己的預料和控制中，大格局對決小格局，對方還沒有展開實質性對抗，結果就已經出現了。這種思想後來在英國軍事理論家、戰略家利德爾·哈特的《戰略論》中有充分的論述，利德爾·哈特在書中提出戰略是一種分配和運用軍事工具以達到政治目的的藝術。軍事戰略是從屬於大戰略的，大戰略的任務是調節和指導一個國家或幾個國家的一切資源，以達到戰爭的政治目

的。基於此,《戰略論》提出了「間接路線戰略」理論,主張把武力戰鬥行動盡量減到最低限度,盡可能避免正面直接強攻的作戰方式,強調用各種手段出敵不意地奇襲和震撼敵人,使其在物質上遭受損失,在精神上喪失平衡,以達到不進行決戰而制勝的目的。

「全勝和存」的第四策略和途徑是「形勝」。就是「以鎰稱銖」和「戰勝不忒」。鎰與銖是古代的計量單位,一鎰等於 24 兩,一兩等於 24 銖,一鎰等於 576 銖,就是靠 576:1 的絕對實力優勢,毫無懸念地取勝。

「全勝和存」的第五策略和途徑是「法勝」。就是團隊的法令、規章、制度非常科學完備而且執行得很好;自己的軍隊(團隊)凝心聚力,「齊勇若一」「令行禁止」;發揮制度在團結團隊、激勵團隊、歸化團隊中的作用。

「全勝和存」的第六策略和途徑是「將勝」。軍隊(團隊)有優秀的領導者和管理者,而且「將者,智、信、仁、勇、嚴」。由於將強卒能,招之能來,來之能戰,戰之能勝,因此團隊能夠攻無不克。

「全勝和存」的第七策略和途徑是「勢勝」。「勢」是《孫子兵法》中的一個獨特概念,勢就是通過對現有資源和兵力的調配和部署,達到對競爭者關鍵部位致命的威懾,形成敵方不戰也得戰、不敗也得敗的這麼一種格局。勢勝就是「因利制權」「節如發機」,當「勢」形成了以後就像箭扣在弦上,近距離地瞄準開弓,對方躲無可躲,避無可避,只有失敗。

「全勝和存」的第八策略和途徑是「交勝」。就是通過「衢地交合」左右逢源,通過與自己利益相關方談判達成協議,讓競爭對手陷於孤立,四面楚歌,處處被動。交勝在古今中外的國家或者軍隊的競爭當中成功的例子很多,比如歐洲小國瑞士,就利用交勝讓自己在發展的過程當中形成了獨特的優勢。瑞士是歐洲中部的一個

內陸國,它沒有靠海的海洋便利,國土面積才 41,285 平方千米,重慶直轄市面積都有 82,402 平方千米。也就是說瑞士的面積相當於重慶直轄市的一半左右。瑞士的人口大約 800 萬,是重慶人口數的四分之一,它周邊全是一些鼎鼎大名的大國:德國、法國、義大利、奧地利等,可就是這麼小小一個國家卻躋身世界上經濟水平最發達、生活水平最高國家行列。2011 年瑞士的人均國民生產總值就超過了 81,160 美元,當年美國的人均國民生產總值是 47,132 美元,中國當年的人均國民生產總值是 4,283 美元。瑞士兩個著名的城市蘇黎世和日內瓦,被列為世界上生活水平最高城市,分別排全球第一位和第二位。

為什麼這麼小一個國家竟然能夠發展成這個樣子,擁有如此的地位和成績呢?一個很重要的原因就是瑞士上百年來在政治與軍事上都以中立國的角色與世界各國打交道,在和平年代瑞士以其金融保密保險的政策被喻為全世界財產的避險天堂。世界各國的政要大亨軍閥財閥都把自己的資金放在瑞士。我們擬人化地想想,你的錢在你家裡不安全,都放到我家裡來我幫你保管,你的錢在我家裡,你還會把戰火引到我這個地方來毀我的家,毀你的錢嗎?這就是《孫子兵法》中所說的交勝!

「全勝和存」的第九策略和途徑是「奇勝」。「奇」就是打破常規,不按常理出牌。運用在戰爭進攻中就是不正面衝鋒和不打陣地戰,而是迂迴包抄,偷襲側攻,出其不意,攻其不備。比如李朔雪夜入蔡州。唐憲宗元和九年(814 年),彰義節度使吳少陽病卒,其子吳元濟密不發喪。以父名上書稱病重,請讓兒元濟襲任節度使。中央其實早知內情,「加兵於外以待」。40 天後,其留京辦主任妄傳「董重質(吳元濟女婿)已殺元濟,並屠其家」。朝廷信以為真,原先軍事部署取消。結果「賊陰計得逞,狂悍不可遏,連屠五縣,關中大恐」。面對吳元濟等人的囂張氣焰,唐憲宗任命李朔

為唐鄧（今河南泌陽、鄧州市一帶）節度使，率軍徵討。

李朔上任之後，他發現由於長年戰事，唐軍將士毫無生機，士氣低沉。因此，他做的第一件事就是鼓舞士氣，安撫將士，慰問傷兵，使軍心得以穩固，並主動示弱，放出風聲，稱自己柔懦，任務就是守土維穩，確無攻城進取之意和實力。同時，他大膽任用降將，在與他們交談中獲知淮西地區的地形險易，兵力虛實等情況，並故意在公開場合表現出對吳元濟的畏懼之色，使吳元濟放鬆警惕。其實李朔外鬆內緊，陰練死士3,000人，到任就秘密籌備攻襲蔡州事宜。

三年後（817年）的一個隆冬天，李朔突然發布緊急軍事行動令，史書記載：時大風雪，旌旗裂，人馬凍死者相望，至天陰黑，自張柴村以東道路皆官軍所未嘗行。聞襲蔡，人人自以為必死，然畏朔，莫敢違。夜半雪愈甚，行七十里，至州城。近城有鵝鴨池，愬令擊之以混軍聲。四鼓，愬至城下，無一人知者。李祐、李忠義钁其城為坎以先登，壯士從之。守城卒方熟寐，盡殺之，而留擊柝者，使擊柝如故。遂開門納眾。及里城，亦然，城中皆不之覺。雞鳴雪止，愬入居元濟外宅。或告元濟曰：「官軍至矣！」元濟尚寢，笑曰：「俘囚為盜耳！曉當盡戮之。」又有告者曰：「城陷矣！」元濟曰：「此必洄曲子弟就吾求寒衣也。」起，聽於廷，聞愬軍號令，應者近萬人，始懼，帥左右登牙城拒戰。愬遣李進城攻牙城，毀其外門，得甲庫，取器械。燒其南門，民爭負薪芻助之，城上矢如猬毛。晡時，門壞，元濟於城上請罪，進城梯而下之，愬以檻車送元濟詣京師。

三年不行動，突然選一個風雪交加的天氣，一夜就來到對手床前，這就是《孫子兵法》裡說的以奇取勝的標準策略和戰術！

總目標的實現是建立在科學的階段目標設定和階段目標實現基礎上的。《孫子兵法》認為要達成「全勝巧勝」的目標，必須有符

合實際的階段性目標設定和階段性的目標實現，提倡既要抬頭看天，更要腳踏實地，要「好低騖遠」，要積小勝為大勝，通過一個個階段性目標的勝利，累積成總目標的實現。《孫子兵法》指出「戰勝攻取而不修其功者，凶，命曰費留」。《孫子兵法》提出團隊管理要很好激勵團隊成員實現「最後勝利」的總目標，就必須要貫徹「車戰，得車十乘以上，賞其先得者」的賞罰技巧，其思想實質就是要注意處理好團隊階段性目標建設和階段性目標實現與團隊總體目標實現之間的關係，要及時科學地進行激勵賞罰，「賞不逾日，罰不逾時」，避免白白浪費階段性目標實現過程中聚集形成的團隊士氣與戰鬥力。

現代團隊管理實踐也證明，良好的團隊管理要注意總體目標與階段性目標實現之間的匹配，要妥善擬定目標實現的階梯進度，讓團隊成員隨時能因為完成階段性目標而獲得肯定和回報。在團隊目標管理中，只有控制好團隊總目標與階段性目標實現的關係與節奏，才能夠通過階段性目標的實現來激發團隊成員的能力欲、成就欲、被認可欲、佔有欲、權力欲等正向慾望，從而激勵團隊成員自發克服遇到的困難，為團隊總目標的實現而用心用智工作。這與《孫子兵法》「戰勝攻取而不修其功者，凶，命曰費留」的思想可謂英雄所見略同。

團隊目標管理要處理好團隊總目標與個體目標實現間的關係。用《孫子兵法》的話來說就是要「進不求名，退不避罪，唯人是保，而利合於主」，要讓團隊成員感到團隊目標實現的過程也是自己目標實現的過程，團隊目標實現與自己的目標實現方向是一致的，自己不是團隊目標實現過程中的工具或權宜之計的犧牲品。

近年來在全球通信行業異軍突起的華為非常引人注目，華為的成功，許多人歸因於中國政府的支持，認為它有「軍方色彩」「擁有中國官方支援」。其實華為是一家百分之百的民營企業，它是世

界500強企業中唯一一家沒上市的公司。根據《財富》的報告，它在2013年的營收達到349億美元，超過愛立信的336億美元，成為全球通信產業龍頭。截至2014年，華為7成營收來自海外，超過20億人每天使用華為的設備通信，也就是說，全世界有三分之一的人口在接受華為的服務。即使4G技術領先的歐洲，華為也有過半的市場佔有率。放眼世界500強企業，九成的中國企業是靠原物料、中國內需市場等優勢擠入排行，但華為卻是靠技術創新能力以及海外市場經營績效獲得如今的排位的。當過去的通訊產業巨擘摩托羅拉、阿爾卡特、諾基亞、西門子等都面臨衰退危機時，華為卻在過去10年間年年成長。

「華為現象」的背後究竟藏什麼秘密？在諸多原因中，主要一點就是華為的「六大核心價值觀」之一——團隊合作！華為很好地協調好了團隊目標與個體目標之間的關係，華為從2萬元人民幣開始創業，26年來堅持利益共享，一塊餅大家分，創辦人任正非只擁有公司1.4%的股權，把98.6%的股權收益權開放給員工，華為有7萬名把自己當老闆的員工。股東員工可以享受分紅與股票增值的利潤。並且華為說到做到，不放空炮，每年將所賺取的淨利幾乎是百分之百分配給股東。

2010年，華為淨利潤達到人民幣238億，配出了一股人民幣2.98元的股息。若以一名在華為工作10年，績效優良的資深主管為例，他的配股可達40萬股，該年光是股利就將近人民幣120萬。「要活大家一起活，不死大家一起拼」，良好的團隊目標管理造就了華為的凝聚力、執行力和決勝力。

《孫子兵法》中的團隊戰略思想

何為戰略？戰略是一種全面、長期、重要的原則和方針。戰略是伴隨人類的衝突和戰爭出現的，人類在激烈的政治鬥爭和戰爭競

爭中逐漸形成了戰略。中國古代典籍將戰略稱為「謀」「猷」「韜略」「方略」「兵略」等。19世紀末中國開始用「戰略」一詞對應西方的「strategy」一詞，並在中國語言中陸續出現「全球戰略」「大戰略」「國家戰略」等一系列新詞彙。現在「戰略」一詞已經擴展沿用到各個領域，形成了「政治戰略」「經濟戰略」「科技戰略」「外交戰略」等範疇。團隊戰略是指較長時期內所有團隊成員必須遵循的重要方針策略，它具有全局性、長遠性、重要性、綱領性特點。

中國古代文化語義中的「謀」。中國文化歷來就重「謀略」，由此造成中國傳統文化中關於「謀」的成語非常之多，如足智多謀、陰謀詭計、老謀深算、出謀劃策、深謀遠慮、有勇無謀、大謀不謀、房謀杜斷、築室道謀等。傳統文化語義中的「謀」有兩種詞性形態：第一種是動詞形態，動詞形態的「謀」就是考慮謀劃，就是商議出辦法，盤算出主意，《說文解字》給「謀」出的定義是「慮難曰謀」，《論衡·超奇》說「心思為謀」，《左傳》對謀給出的解釋是「止亂為謀」；另外還有一種是名詞詞性的「謀」，就是策略計謀、戰略計劃，比如《論語》裡的「小不忍則亂大謀」。

《孫子兵法》中的國家戰略至上理念。德國的戰略學家、軍事理論家克勞塞維茨在其經典名著《戰爭論》中提出，戰爭不僅僅是戰爭現象本身，不能站在戰爭自身的高度和角度研究戰爭，要站在高於戰爭的角度看待和研究戰爭，戰爭是政治的延續，戰爭只是實現一個國家或者利益集團的政治目的、經濟目的、文化目的眾多手段中的一種（迫不得已的）手段而已。《孫子兵法》是一本比《戰爭論》早了近2,000年的古代兵書，它作為一本研究戰爭的著作，開篇就站在高於戰爭的層面從政治戰略、經濟戰略、國防戰略和情報戰略四個維度思考論述了高於戰爭的戰略問題，顯示出戰略至上的特點。面對「戰爭可實現什麼目的」這樣一個明顯高於戰爭本身

且涉及國家戰略層面的問題,《孫子兵法》開篇就開宗明義:「兵者,國之大事,死生之地,存亡之道,不可不察也。」把戰爭放在國家和民族存亡絕續,社會政治經濟文化能否延續發展的高度來思考,表現出其高於同時代先賢哲人的戰略謀劃特點。

《孫子兵法》具有經濟戰略思想。《孫子兵法》深刻認識到戰爭不僅僅是戰爭本身,戰爭一定是陷入戰爭的國家和利益主體間綜合實力的比拼和消耗,故而戰爭中必須將經濟問題放在高於戰爭本身的戰略層面來謀劃和思考,要力求「役不再籍,糧不三載,取用於國,因糧於敵」,因為戰爭中「食敵一鐘,當吾二十鐘;萁杆一石,當吾二十石」,戰爭中要通過「得車十乘已上,賞其先得者,而更其旌旗,車雜而乘之,卒善而養之」,方可實現戰爭中「勝敵而益強」的經濟戰略,以避免出現「國之貧於師者遠輸」和「力屈財殫,中原內虛於家」的窘境,使陷入戰爭的國家和利益集團處於經濟戰略上的被動。

《孫子兵法》在《作戰篇》中跳出戰爭本身,論述戰爭與經濟之間關係的戰略思想:「凡用兵之法,馳車千駟,革車千乘,帶甲十萬,千里饋糧。則內外之費,賓客之用,膠漆之材,車甲之奉,日費千金,然後十萬之師舉矣。其用戰也,勝久,則鈍兵挫銳,攻城則力屈,久暴師則國用不足。夫鈍兵挫銳,屈力殫貨,則諸侯乘其弊而起,雖有智者,不能善其後矣。故兵聞拙速,未睹巧之久也。」《孫子兵法》總共只有6,000多字,可是在涉及經濟戰略的重要性時,它不惜筆墨反覆論述,在《用間篇》中再次強調:「凡興師十萬,出徵千里,百姓之費,公家之奉,日費千金;內外騷動,怠於道路,不得操事者,七十萬家。」

《孫子兵法》具有國防戰略思想。一旦有了用高於戰爭本身的戰略思維和眼光來看待戰爭,《孫子兵法》就讓我們明白了戰爭的目的不是為了破敵之國,也不是為了毀敵之師,更不是為了殺敵之

軍。因為破敵之國也好，毀敵之師也好，殺敵之軍也好，都只是實現國家安全的手段而已，換句話說，在國家國防戰略的高度，戰爭只是實現國防戰略的一種可以選擇的手段而已。所以《孫子兵法》說「凡用兵之法，全國為上，破國次之；是故百戰百勝，非善之善者也；不戰而屈人之兵，善之善者也」和「善用兵者，屈人之兵而非戰也，拔人之城而非攻也，毀人之國而非久也，必以全爭於天下」，並且明確提出「故上兵伐謀，其次伐交，其次伐兵，其下攻城。攻城之法，為不得已」，這些論述表明了《孫子兵法》很成熟的「屈人之兵而非戰也，拔人之城而非攻也，毀人之國而非久也，必以全爭於天下，故兵不頓而利可全」這樣的國防戰略觀。

《孫子兵法》具有清晰的情報戰略思想。現代國防戰略提出，為了讓國家利益、民族生存和百姓的生命財產處於安全境地，就必須高度重視國家信息安全戰略，從信息情報戰略層面明白「為何可戰」，弄清「為何敢戰」，實現「如何勝戰」。《孫子兵法》將國家情報戰略也提到了與它同時代的先賢大家遠遠未及的高度，認識到了戰爭不過是為了實現「安邦保民」這一國防戰略的一種手段，情報信息是實現這一國防戰略重要前提和必要條件。《孫子兵法》提出「知己知彼者，百戰不殆；不知彼而知己，一勝一負；不知彼，不知己，每戰必殆」和「故明君賢將，所以動而勝人，成功出於眾者，先知也。先知者，不可取於鬼神，不可象於事，不可驗於度，必取於人，知敵之情者也」，以及「相守數年，以爭一日之勝，而愛爵祿百金，不知敵之情者，不仁之至也，非人之將也，非主之佐也，非勝之主也」的論斷，顯示出其清晰的情報戰略思想。

《孫子兵法》具有清晰的戰略定位思想。團隊的戰略管理要求團隊進行科學的戰略定位。第一，戰略定位要解決好目標與行為間的關係，要實現目標清、方針明、行為有矩。《孫子兵法》在「兵者，國之大事，死生之地，存亡之道」的國家戰略之下，確立了

「兵貴勝，不貴久」的軍事戰略目標，並明確了「凡用兵之法，全國為上，破國次之；全軍為上，破軍次之」和「故百戰百勝，非善之善者也；不戰而屈人之兵，善之善者也」這樣的策略方針，以此指導軍事行動「上兵伐謀，其次伐交，其次伐兵，其下攻城」，堅持「涂有所不由，軍有所不擊，城有所不攻，地有所不爭，君命有所不受」。並強調要嚴格按照這個標準來指導具體軍事行動，要「合於利而動，不合於利而止」，堅持「進不求名，退不避罪，唯人是保，而利合於主」，杜絕沒有目標和方針、情緒化的「怒而興師」「慍而致戰」這種無原則規矩的行為。因為戰略目標事關重大，一旦偏差，則「怒可以復喜，慍可以復悅；亡國不可以復存，死者不可以復生」。

第二，戰略定位要解決好主體自身（團隊或個體）與所處環境的關係，確保主體（團隊或個體）自身做的都是應該做的，都是必須做的，都是可以做的。所以《孫子兵法》提出戰略定位要系統考慮多方面要素和條件：「一曰道，二曰天，三曰地，四曰將，五曰法。」要敢於對這幾個環境要素進行優化取捨，「將聽吾計，用之必勝，留之；將不聽吾計，用之必敗，去之」，要實事求是地判斷自己所處的環境和所掌握、支配、調動的資源：「一曰度，二曰量，三曰數，四曰稱，五曰勝。地生度，度生量，量生數，數生稱，稱生勝。故勝兵若以鎰稱銖，敗兵若以銖稱鎰。」然後才能依據環境做出正確戰略定位：「是故散地則無戰，輕地則無止，爭地則無攻，交地則無絕，衢地則合交，重地則掠，圮地則行，圍地則謀，死地則戰。」並根據自身客觀條件做出正確戰略戰術部署，「用兵之法，十則圍之，五則攻之，倍則分之，敵則能戰之，少則能逃之，不若則能避之」，避免因出現戰略戰術定位錯誤而造成「小敵之堅，大敵之擒」這樣的被動格局。

第三，戰略定位要處理好預案與應變的關係，既要有預案，又

第七章 《孫子兵法》中的團隊管理思想

不拘泥於預案，要因時因勢，踐墨隨敵。《孫子兵法》提出「夫未戰而廟算勝者，得算多也；未戰而廟算不勝者，得算少也。多算勝，少算不勝」和「昔之善戰者，先為不可勝，以待敵之可勝。不可勝在己，可勝在敵。故善戰者，能為不可勝，不能使敵之可勝。故曰：勝可知而不可為」。預案越精準充分，戰略定位就越科學可行，因為「知戰之地，知戰之日，則可千里而會戰；不知戰地，不知戰日，則左不能救右，右不能救左，前不能救後，後不能救前」，《孫子兵法》提出「用兵之法，無恃其不來，恃吾有以待也；無恃其不攻，恃吾有所不可攻也」。而且要實事求是，應時而化，要「踐墨隨敵，以決戰事」，才能確保戰略定位不偏不僵，科學可控。

戰略定位還要處理好現在與未來的關係，既要解決現實而具體的近憂，又要考慮長遠而未來的遠慮，遠近結合，系統性優化戰略格局。比如在人員甄選上不僅要重視骨幹成員的才和能，更要考核其是否與組織的戰略價值觀和目標保持一致，「合」則留，「不合」則汰，如《孫子兵法》所言：「將聽吾計，用之必勝，留之；將不聽吾計，用之必敗，去之。計利以聽，乃為之勢，以佐其外。勢者，因利而制權也。」從淘汰團隊中個別不適宜成員這種微觀矛盾的處理著手，達到解決團隊成員間價值觀分歧的中觀矛盾化解目標，最後達成整個團隊志同道合，「令民與上同意」的宏觀格局。

《孫子兵法》具有層次分明的戰略實施方法。戰略實施過程中主體（團隊或個體）的素質和價值觀念、組織的機構（人員）設置、文化制度建設、資源整合與分配、信息溝通與控制等相互影響，甚至互為因果。對於戰略的實施，《孫子兵法》提出一是要「明道」，通過「令民於上同意也，可以與之死，可以與之生，而不畏危」實現價值同構。二是要「擇人」，因為「將者，國之輔也。輔周則國必強，輔隙則國必弱」，要將「智、信、仁、勇、嚴」的幹部選出配好。三是要「重法」，通過「法者，曲制、官

道、主用」實現「勇者不得獨進，怯者不得獨退」，獲得「正正之旗，堂堂之陣」的結果。四是要「任權」，堅持「將能而君不御」，避免「不知軍之不可以進而謂之進；不知軍之不可以退而謂之退；不知三軍之權，而同三軍之任」，同時通過「故屈諸侯者以害，役諸侯者以業，趨諸侯者以利」，確保戰略實施過程中大系統和小系統的權力運行共向、平衡、穩定。五是要「並力」，《孫子兵法》認為戰略實施過程中「兵非益多也，惟無武進，足以並力、料敵、取人而已」，只有「我專為一，敵分為十，是以十攻其一也，則我眾而敵寡」，才能實現資源整合，提高戰略實施成功的概率。

　　《孫子兵法》具有科學的戰略評估原則。評估一般指明確目標測定對象的屬性，並明確其價值，即顯示其滿足主體要求程度的過程。戰略評估是指以戰略的實施過程及其結果為對象，通過對影響並反應戰略管理的各要素的總結和分析，判斷戰略是否實現預期目標的管理活動。戰略評估一般包括戰略目標正確性與科學度評估，戰略目標與實力和資源的匹配度評估，以及戰略實施手段和效果評估。有些研究者從另外的角度提出戰略評估應包括戰略分析評估、戰略選擇評估和戰略績效評估。因為戰略評估具有鮮明的指向性、全局性、聚合性和未來指導性，它一定是對全局問題的總體評價，戰略評估總是要通過系統的分析研究，對組織面臨問題的性質、狀況及其可能的變化得出總體結論，為進一步研究和確定戰略對策和措施提供認識依據。《孫子兵法》站在系統優化的高度，其定性與定量相結合的戰略評估原則與技巧可簡單概括為「全、省、巧、快、穩」。

　　《孫子兵法》中的戰略評估原則之「全」：「凡用兵之法，全國為上，破國次之；全軍為上，破軍次之；全旅為上，破旅次之；全卒為上，破卒次之；全伍為上，破伍次之。是故百戰百勝，非善之善者也；不戰而屈人之兵，善之善者也。」

第七章 《孫子兵法》中的團隊管理思想

　　《孫子兵法》中的戰略評估原則之「省」：「車戰，得車十乘已上，賞其先得者，而更其旌旗，車雜而乘之，卒善而養之，是謂勝敵而益強」；「善用兵者，役不再籍，糧不三載，取用於國，因糧於敵故軍食可足也。故智將務食於敵。食敵一鐘，當吾二十鐘；萁秆一石，當吾二十石」。

　　《孫子兵法》中的戰略評估原則之「巧」：「能而示之不能，用而示之不用，近而示之遠，遠而示之近。利而誘之，亂而取之，實而備之，強而避之，怒而撓之，卑而驕之，佚而勞之，親而離之，攻其無備，出其不意。」孫子說：「見勝不過眾人所知，非善之善者；戰勝而天下曰善，非善之善者也；古之所謂善戰者，勝於易勝也。」意思是如果你勝利了，大家都看到了，而且知道你是怎麼勝的，這不算巧勝。為什麼呢？因為就像「舉秋毫不為多力，見日月不能明目，聞雷霆不為耳聰」，你能把一根秋天野鴨子的羽毛舉起來並不能表明你力氣大，你能看到天上有個太陽和月亮不能證明你視力好，你能聽到打雷並不能說明你聽力好，因為這些大家都能做到。孫子說要勝利，而且要勝得「無智名，無勇功」，就是既獲得勝利，又感覺不到獲勝者多麼聰明和勇武，這才叫巧勝，這才叫巧實力！

　　究竟怎麼操作才有巧實力？孫子認為要「先其所愛，攻其必救」。就是找準對方的關鍵點，在對方很關注、很重視、很牽掛、很執著且最害怕的地方突然進攻，打蛇打七寸，實現四兩撥千斤的巧實力。要巧勝必須要在理念上先進，如果競爭或者對抗方中有一方的理念明顯地高於並且涵蓋對方的謀略，往往可以化敵為友，甚至是化敵為己。當年劉邦提三尺青鋒取天下，可他帶領以步兵為主的軍隊去對抗邊關大漠的匈奴騎兵時，就像步兵打飛機和坦克，慘不忍睹，一敗塗地。一個謀士就給他說：我們打不贏匈奴騎兵，因為對方機動性太強，很勇猛剽悍，但是我們可以把匈奴人變成自己

人啊！皇上您把您的女兒嫁給匈奴的可汗，匈奴的可汗就變成您的女婿；您女兒跟可汗生的兒子就是您的孫子，孫子又當可汗，哪有女婿打老丈人，哪有孫子打外公的？我們不就化敵為友，化敵為己了嗎？這就是著名的漢朝和親政策。

由於有了和親政策，疲弱的南方漢朝和彪悍的北方匈奴在相當長的一段時期內和平共處，沒有發生戰爭，而正因為有這麼一段時間休養生息，經過文景之治，西漢政權逐漸國力雄厚，趁機訓練出了自己的騎兵部隊，這才有了後來漢武帝說的那一句大振華夏民族豪情的名言：「凡犯我大漢者，雖遠必誅！」以和親換時間，換來了國力的雄厚，換來了強弱的轉換，這就叫理念先進，以謀「巧」勝。

《孫子兵法》中的戰略評估原則之「快」：「其用戰也，勝久，則鈍兵挫銳，攻城則力屈，久暴師則國用不足。故兵聞拙速，未睹巧之久也。故兵貴勝，不貴久。」最後一個戰略評估原則是「穩」：「故軍爭為利，軍爭為危」「是故勝兵先勝而後求戰，敗兵先戰而後求勝」「故善戰者之勝也，無智名，無勇功，故其戰勝不忒。不忒者，其所措必勝，勝已敗者也。故善戰者，立於不敗之地，而不失敵之敗也」。

《孫子兵法》中的團隊決策思想

科學的團隊決策一般要採取一些共性化的步驟與環節。第一，團隊決策要界定問題所在，弄清楚面臨問題的性質；第二，確定解決問題的目標，確立決策的要素標準；第三，給各要素標準分配權重；第四，開發若干個備選方案；第五，評估各備選方案；第六，選擇最佳方案。

團隊決策與個體決策是相關而有差別的。群體決策與個體決策相比有利的是信息廣、信息全，容易在團隊內通過，通過後執行率

高，群體決策比個體決策更有創造性。但是凡事有利弊，群體決策與個體決策相比也有其弊端：群體決策時個體意見易因從眾而被壓制；群體決策容易造成責任不明，感覺是有很多人負責，大家都認為別人會負責，結果大家都不負責；如果團隊的文化和目標有問題，往往會造成決策效率低，久拖不決，甚至發生團隊內部衝突分裂；為了尋求平衡，群體決策往往最後流於平庸決策。

「六不決策」可以降低團隊決策的失誤率，提高團隊決策的科學性。為了充分發揮團隊群體決策之利，降低減少群體決策之弊，一般在團隊群體決策時要注意「六個不決策」：不深入調查研究不決策；沒有群眾參與不決策；沒有兩個以上的備選方案不決策；不經過專家諮詢論證不決策；沒有不同意見不決策；極度情緒化時不決策（如大喜、大怒、大悲、大驚）。

科學的團隊決策必須首先弄清決策的意義和標準。《孫子兵法》開篇就指出：「兵者，國之大事，死生之地，存亡之道，不可不察也。」孫子認為團隊決策中團隊的負責人要擔負起主要責任，因為「料敵制勝，計險厄、遠近，上將之道也」。《孫子兵法》說「進不求名，退不避罪，唯人是保，而利合於主，國之寶也」，優秀將領（團隊管理者）決策的標準應該是軍隊獲勝和國家利益的實現，不應該是管理者自己的升遷獎懲私利。怎麼才能科學地進行團隊決策呢？孫子說必須進行純淨評估，通過廟算對「主孰有道？將孰有能？天地孰得？法令孰行？兵眾孰強？士卒孰練？賞罰孰明？」等一系列指標要素進行一一對比分析，最後「校之以計而索其情」。科學的團隊決策就是要弄清目標，理清家底，設定標準，否則團隊和團隊成員都可能受傷害。

科學的團隊決策一定要冷靜理智，不能出現「以情奪智」的決策。《孫子兵法》指出：「主不可以怒而興師，將不可以慍而致戰。怒可以復喜，慍可以復悅；亡國不可以復存，死者不可以復生。」

孫子兵法與管理團隊

三國時期蜀國的戰略決策本來應是「聯吳抗魏」，可是劉備一聽說關羽被東吳所殺，就個人感情凌駕於國家利益之上，草率倉促發動對東吳的戰爭，而且情緒化地命令遠在閬中的張飛盡快興兵前來助陣，張飛在極度悲痛和憤怒的情緒化之下，給部下下達了時間非常緊迫的部隊出發任務，其麾下將領張達、範強眼看不可能在規定時間內做好出兵的各項準備工作，又怕張飛執行軍法，乾脆鋌而走險，魚死網破，謀害了張飛，並攜張飛人頭投奔東吳。劉備在前線也被東吳火燒連營，大敗而回，在白帝城托孤病逝，蜀國主薨將亡，國力大衰，可以說這與當時以劉備為代表的蜀國團隊領導者決策情緒化緊密相關。諸葛亮後來將「非寧靜無以致遠，非淡漠無以明志」作為自己一生的座右銘，並將這句話鐫刻在自己房間的房梁之上，每天晚上睡覺前對比反思，每天清晨一睜眼就作為第一條警誡提醒，今天到成都武侯祠去都還能清楚看見這句高高寫在屋脊梁上的話。

　　團隊決策必考慮到事物的全面利害關係。《孫子兵法》提出：「是故智者之慮，必雜於利害，雜於利而務可信也，雜於害而患可解也。」如果決策時只考慮有利的方面，那麼當不利的局面出現時就會手足無措，無應對化解之策。這個世界上凡事都有利有弊，沒有只有害沒有利的事物，也沒有只有利沒有害的事物。這個世界上是沒有十全十美、人人都叫好的決策的，團隊決策要做的事就是盡量地趨利避害，盡量讓盡可能多的利益涉及方滿意而已，所以團隊決策時一定要對事物和方案的利弊都有清晰的認識，要敢於對利弊進行判斷取捨。

　　團隊決策要掌握好節奏，該快就快，該慢就慢。什麼時候慢？決策前開展調查研究的時候要慢，在瞭解團隊成員需求階段，調查瞭解的面要盡量廣一點，全一點，速度應該慢一點；設計、醞釀、制訂備選方案時需要對各種因素充分考慮，節奏也應該慢一點，哪

怕慢得像《孫子兵法》說的「始如處女」都可以。「處女」在中國傳統文化裡是溫婉的，言行都是慢悠悠的，是「笑不露齒，行不漏腳」的，是「芊芊作細步」的；可是《孫子兵法》說一旦「敵人開闔」，環境（或者敵人的行為）顯示出我們可能有獲勝的機會，就要「必亟入之，先其所愛，微與之期」。在稍縱即逝的機會面前要立馬決策拍板，毫不猶豫地搶抓機遇。用《孫子兵法》的話說就是要「後如脫兔，敵不及拒」，「脫兔」就是被抓住以後又僥幸逃掉的野兔，它為了活命一定會竭盡全力奔逃，能多快就多快。

　　團隊決策要實事求是，不能僵化機械。這個世界上沒有什麼是絕對不變的，只有變化本身是不變的。再好的團隊決策也是建立在過去和當時環境條件基礎上的，團隊在決策過程中一定要有應對環境可能變化的備選方案。是否具有備選方案是團隊是否具備化解突發狀況能力的表現。正如《孫子兵法》說：「昔之善戰者，先為不可勝，以待敵之可勝。不可勝在己，可勝在敵。故善戰者，能為不可勝，不能使敵之必可勝。故曰：勝可知而不可為。」

　　《孫子兵法》認為科學的團隊決策應該是在執行決策過程中「踐墨隨敵，以決戰事」，要根據客觀條件的變化，尤其是「敵人」行動部署的變化而即使調整自己的方案，做出新的判斷與決策。鬼谷子作為縱橫大家，也提出領導者決策是成功的不二法門就是因為他認識到「世無常是，事無長師」，所以決策時要「聖人無常與，無不與；無所聽，無不聽」，用今天的話來說就是實事求是，與時俱進。

《孫子兵法》中的團隊制度思想

　　中國傳統文化語義中有多種關於制度（即「法」）的觀點。在中國傳統文化語義中，「灋」是一種動物，這個動物長得似鹿又似牛，當它遇到不公平的事情或者遇到它認為不好的事情時，它就會

用它的角去抵對方。《說文解字》對法（古寫為「灋」）的解釋是：「刑也，平之如水，故從水。廌所以觸不直者去之，從去。」這裡的「法」就是一種關於公平與否的標準。《管子心術篇》說：「殺戮禁誅謂之法。」《鹽鐵論》提到「法者，刑法也，所以禁強暴也」，這裡的「法」就是對違規違紀行為的一種約束處罰手段。《大戴禮記篇》說「禮者，禁於將然之前，法者，禁於已然之後」，就是如果已經教育了，仍然還有人做出錯誤的行為，這個時候「禮」（教育）的勸導啟發功能就不再有用了，必須換「法」來「規範督促」了。可見「法」在古代語義中有「公平規範」「懲戒處罰」和「約束導向」等意義。

《孫子兵法》中有大量關於團隊管理制度建設（即「法」）的論述。

《孫子兵法》認為團隊管理制度建設（即「法」）的第一個要素是「曲制」。《孫子兵法》說：「法者，曲制，官道，主用也。」「曲制」就是設定團隊內的部門編製，孫子把「曲制」作為「法」的第一要義，這清晰顯示出孫子認為「法」（即團隊制度建設）中「曲制」的重要性。《孫子兵法》認為團隊制度建設的第一步就是在軍隊內部對所有人員分級定崗，書中多處提到「三軍」這個概念，提出管理一支人數眾多的軍隊首先要將其分為左軍、右軍、中軍等部門。

《孫子兵法》還有「全軍為上，破軍次之；全旅為上，破旅次之；全卒為上，破卒次之；全伍為上，破伍次之」這樣的論述，可見《孫子兵法》認為團隊管理除了分左軍、中軍、右軍外，還必須在軍內設「軍、旅、卒、伍」等層級。為什麼要這樣呢？《孫子兵法》說：「凡治眾如治寡，分數是也。」就是當一個團隊只有幾個人的時候可以不按「曲制」，不分部門，可是當團隊規模大到成百上千人，甚至有成千上萬人的時候，要「治眾如治寡」就只能分層

分級設立若干的亞團隊。

現代組織行為學的研究也表明，一個大團隊只有科學地分層分級為若干亞團隊，大大小小各級團隊負責人才可能很好地認識和瞭解與自己緊密相關的團隊人員，才能管理和帶領好自己熟悉的團隊成員，才能與團隊成員一起及時應對各種紛繁複雜瞬息萬變的情況。只有單個團隊人數和各級團隊層級的設定科學，才能出現《孫子兵法》所說的雖然有千軍萬馬，卻能「紛紛紜紜，鬥亂而不可亂也」，可以「犯三軍之眾，若使一人」，實現團隊管理「治眾如治寡」的結果。

《孫子兵法》認為團隊管理制度建設（即「法」）的第二個要素是「官道」。什麼是「官道」呢？就是明確團隊內設立哪些級別、部門和崗位後，再明確規定什麼樣的人有資格升到某個崗位去擔任某個職務，並將團隊成員的晉升標準和任命程序制度化。「官道」在團隊管理中的作用就是選賢勵士，讓團隊成員清楚要達到什麼標準，通過什麼途徑和渠道才能晉升到自己希望的級別和職位。而且這種晉升是穩定而有規律可遵循的，不會因為領導人的改變而改變，也不會因為領導人的注意力改變而改變。《孫子兵法》認為如果團隊管理堅持按照「官道」依法進行，團隊內就會出現「士無餘財，非惡貨也；無餘命，非惡壽也；令發之日，士卒坐者涕沾襟，偃臥者涕交頤，投之無所往者，諸、劌之勇也」這種人人奮勇爭先的現象。

《孫子兵法》認為「官道」在團隊管理中就具有持續正向激勵作用。一支軍隊只要堅持依法行事，凡是涉及團隊成員晉升都有「官道」可循，不論是誰只要他立了軍功，自然而肯定地就都能得到自己所期望的晉級晉職的結果，不再需要「托人情，看臉色，撞大運」，所有人的晉級晉職都是「法」運行中程序化、規律化、穩定化的結果，「官道」就會在團隊內產生令人想像不到的正向激勵

效果。

「官道」對團隊成員的正向激勵效果可以從《史記》關於商鞅變法的記述篇章裡管中窺豹，即「秦帶甲百餘萬……虎賁之士……科頭（不著兜鍪入敵）貫頤奮戟者，至不可勝計。……山東之士披甲蒙冑以會戰，秦人捐甲徒裼以趨敵，左挈人頭，右挾生虜。夫秦卒與山東之卒，猶孟賁之與怯夫，以重力相壓，猶烏獲（一位傳說中的大力士）之與嬰兒，……無異垂千鈞之重於鳥卵之上，必無幸矣」。荀子在對戰國各國軍力作過一番比較後也指出：「故齊之技擊，不可以遇魏氏之武卒，魏氏之武卒，不可以遇秦之銳士。」《韓非子‧初見秦》也記錄：「（秦人）聞戰，頓足徒裼，犯白刃，蹈爐炭，斷死於前者，皆是也。」

為什麼秦國的軍隊會一聽說打仗就躍躍欲試，甚至衝鋒陷陣時不戴頭盔，不披鎧甲，赤膊拼命，勇猛無比？《史記‧商君列傳》揭示了這個原因：秦國將國內爵位分為 20 多級，每一位秦國成年男子都對應著一個代表自己身分的爵位。商鞅變法時頒布了四條獎勵軍功，確認爵制的法令：一是「有軍功者各以率受上爵，為私鬥者各以輕重被刑……戰斬一首賜爵一級，不欲為官者五十石」；二是「宗室非有軍功，論，不得為屬籍（公室族譜）」；三是「明尊卑爵秩等級各以差次、名田宅、臣妾、衣服以家次」；四是「有軍功者顯榮，無軍功者雖富無所芬華」。

這段法令的核心內容就是所有打仗立功者都可以論功行賞加官晉爵；對在國內私自打架鬥毆傷人者嚴刑懲處。對外戰鬥中斬敵人一首級者晉升爵位一級，不願為官者賞糧米五十擔。雖出生在王公貴族顯赫之家，但沒有參戰立軍功者，不能享有進公族族譜和加官晉爵的政治待遇（該條款杜絕了貴族子弟靠世襲身分，不戰而晉爵的可能性）。

該法令還詳細規定了只有立了軍功獲得了某種爵位，才能夠擁

有多少田地，才能夠娶多少個老婆，才能夠穿哪種華麗的衣服等日常生活標準，杜絕了有錢人家的子弟「前人打仗，後人享福」的可能性，將貴族、富人和普通老百姓一視同仁地放在一個標準裡來對待和考核，將秦國所有男人是否有軍功與他們的政治、經濟和日常生活起居緊密關聯起來。所以商鞅變法法令一出，秦國男人一聽說要打仗，每個人都盼望早點打仗、快點打仗、打個大仗，因為只有這樣自己才有機會殺敵立功，提敵人的首級回去加官晉爵、光宗耀祖、封妻蔭子，揚眉吐氣地過自己想要的日子。

作為團隊之「法」的「官道」的核心價值表現在能選賢勵士。諸葛亮說：「賞不可虛施，罰不可妄加；賞虛施則勞臣怨，罰妄加則直士恨。」一個團隊賞了不該賞的人，會讓那種辛辛苦苦認真工作的人對團隊充滿怨恨，因為干多干少一個樣，干好干壞一個樣，干和不干一個樣，甚至干了白干，不干的還得到獎賞，團隊成員就會離心離德；團隊管理時不該處罰的時候處罰人，就會讓團隊內率直的人心懷怨恨，關鍵的時候人心懈怠甚至有人叛變團隊。如果團隊長期堅持制度化地執行「官道」，讓所有人員的職位晉升或罷黜都依「法」進行，就能激勵有能力的賢良之士奮發有為，脫穎而出，形成人才輩出的局面。

《孫子兵法》認為團隊管理制度建設（即「法」）的第二要素是「主用」。「主用」就是明確權力邊界和權力行使程序，「主用」的關鍵作用是在團隊管理中「抑情止亂」。孫子認為「君之所以患軍者三，不知軍不可以進而謂之進；不知軍不可以退而謂之退；不知三軍之事，而同三軍之政」，就會「亂軍引勝」。正確的「主用」是「將能而君不御」，能幹將領選出來了，團隊要明確他有哪些權力，在其職權範圍內君上不要再控制或干擾他，這樣的軍隊（團隊）才能以法制勝。

沒有約束的權力必然會導致腐敗，這種腐敗的危害性不是僅僅

表現在權力操控者經濟上和生活上的奢靡腐化，重要的是在團隊管理中，沒有約束的權力操控者能夠「率性而為」，將團隊置於萬劫不復的危險境地。基於此，《孫子兵法》認為「主不可怒而興師，將不可慍而致戰」，提出團隊管理過程中權力操控者不能情緒化地做決策，一定要按法律、法條、規定的程序和標準決策，因為「怒可以復喜，慍可以復悅」，然而「亡國不可以復存，死者不可以復生」。要通過「法」讓情緒服從規章制度，為權力設定邊界和籠子，實現抑情止亂，實現依法制勝，以法制勝。

為什麼依「法」能夠制勝？因為一支軍隊（一個團隊）依「法」（制度）行動，團隊成員就會相信他們能夠得到想要的東西和遠離不想要的東西，是可以預期且有穩定規律的。團隊成員就會自發地在這個「法」（制度）明確的規律下求利避害，不需要外在持續的提醒和監督都能自覺地踐行積極規範的行為。一個團隊有了「法」，就不會再去過分依賴和苛責某一個特定人的道德和行為來達成團隊目標的實現。

當年歐洲將澳洲作為罪犯的流放地，不少船主給歐洲政府簽訂罪犯押運合同，每押運一船罪犯到澳洲就獲得一定數量的報酬。結果不少船主為了使自己押運罪犯生意的利潤最大化，就在船航行期間克扣罪犯的生活費，降低罪犯應有的醫療保障水平，結果造成大量罪犯在運輸途中死於饑餓或者疾病，屍體也就直接被扔進大海。可這些罪犯是罪不至死的，政府為了降低罪犯在押運途中的死亡率，給每艘運輸船配備了隨船醫生和「罪犯權益監督員」，剛開始還有效，後來要麼這些工作人員不履職，要麼被船主行賄收買，罪犯權益仍然得不到保障，死亡率又居高不下，甚至出現個別「罪犯權益監督員」盡職盡責，與船主利益發生衝突，被船主扔下大海殺害，然後船主向政府報告監督員「因病殉職」的惡劣事件。後來政府改變了合同條款，按照運到澳洲還健康活著的罪犯人數給船主結

第七章 《孫子兵法》中的團隊管理思想

算押運費用，結果不用再配隨船醫生和「罪犯權益監督員」，在運輸過程中死亡的罪犯人數也大大降低了。這就是《孫子兵法》堅持說的一個團隊以法制勝就要「求之於勢，不責於人」的道理。

中國現在很多餐飲企業還不能夠像肯德基那樣在世界上各種不同意識形態、不同民族文化傳統、不同經濟發展水平、不同生活習慣的國家和地區去開設分店，一個主要原因就是因為這些餐飲企業的團隊管理和肯德基相比制度化差得太遠。團隊管理沒有實現制度化的餐館，當遇到能幹的老闆或者廚師時，這個餐館就運轉正常，紅紅火火；當能幹的老闆或者廚師一離開，這個餐館很快就垮了。這些餐飲企業的存亡過分依賴於某個具體的自然人，經營狀況伴隨某個自然人的改變而改變，就是因為它的管理、服務及產品質量等沒有制度化的程序與標準，其團隊管理工作不符合《孫子兵法》「求之於勢，不責於人」的以法制勝原則。

制度有利於促進團隊工作的標準化，標準化能大大提高團隊的工作效率。《孫子兵法》說的「以法制勝」能夠幫助部隊低成本地打勝仗，因為有「法」可依的軍隊在戰爭中能夠「取用於國，因糧於敵」，從而大大降低戰爭成本。古今中外幾乎所有戰鬥力強的軍隊都是在戰爭中「取用於國」的，因為如果國內的武器設備是按制度化生產的統一的標準件，打仗過程中哪個武器壞了，直接把壞的部分的標準件取下來，另外拿一個好的標準件安上去，損壞的武器就又可以用了，這樣的軍隊的後勤損害維修和補充的效率就高，浪費的戰爭物資成本就低，間接地就大大增加了己方可用於戰爭的物資總量。如果一支軍隊的武器裝備不是標準件，一旦某個小部件壞了，這整個設備就全部報廢，就需要重新做一整臺設備，間接地就削弱了己方的戰爭綜合實力。所以幫助軍隊實現標準化的「法」，在提高團隊工作效率方面具有相當大的價值。

標準化還有利於提高制度制定團隊的競爭力。現代社會考察一

個國家和地區在某個產業或者行業裡的地位，重點不是看他們生產產品速度和生產產品數量的能力，而是看這個國家和地區是否具有對某個產業、某個行業、某些產品提出並設定標準（就是「法」和制度）的資格。現代國家與國家的競爭，企業與企業的競爭，設定標準者贏天下！比如全世界的錄音機不管機器形狀和大小差異多大，一個磁帶放進去，咔嚓一按，都能用，是因為錄音機的讀卡器和磁帶的尺寸是標準化的，有企業為這類產品設定了標準。後來的任何一個企業想要在錄音機讀卡器和磁帶領域存活，必須按照別人制定的這類產品的標準來設計和生產，否則自己的產品連進入市場的資格都沒有。而主導制定產品標準的國家或企業只要修訂一下產品標準，就可以淘汰掉他們想打擊的競爭對手，根本不用從銷售、價格和服務等環節去一一對抗，這也完全符合《孫子兵法》所說的以法制勝。

　　《孫子兵法》認為團隊管理制度建設（即「法」）可以讓一個團隊具有超強的穩定性。一個團隊有「法」並嚴格地依「法」行事，就有可持續穩定發展的可能。現代組織行為學研究表明，在公司企業主動離職的人員中，超過四分之一的人主要是因為他們感受不到所在的公司有章可循，認為自己的職業前途和自己的職務晉升都憑領導的一時好惡，自己獲得想要的和防止不想要的結果的出現沒有規律可循，於是「良禽擇木而棲」，選擇早早走人！

　　《孫子兵法》認為團隊在執行「法」的過程中要有穩定性和連續性，不能「先暴，而後畏其眾」，就是剛開始的時候對下屬粗暴魯莽，可是後來發現下屬有敵對情緒和行為時，又害怕下屬並躲避與下屬見面溝通，甚至不敢執法，姑息妥協，這就犯了「以法制勝」的大忌。《孫子兵法》認為團隊管理中要以法制勝，正確的做法應該是「令素行以教其民，則民服」，堅決杜絕「令素不行以教其民，則民不服」的現象發生。

《孫子兵法》中的團隊成員優化思想

團隊是由一定數量具有差異性的個體組成的，差異性是團隊成員的固有屬性和天然資源。一個團隊總是由履行不同職責的人員構成的，有的負責參謀建議，有的負責判斷決策，有的負責組織協調，有的負責操作實施，有的負責溝通聯絡，有的負責評估控制。不同職責的人員要具有不同的能力和素質，這就使得團隊成員必然在知識、能力、素質甚至人格上有差異性。團隊管理的基礎就是要尊重這種差異性，並且讓團隊成員的差異性充分地展示出來，通過全面地呈現差異、準確地識別差異、科學地利用差異，實現 1+1+1>3 這種團隊總功能大於團隊成員分功能之和的局面。兵家歷來是團隊管理中人員效能最大化的高手，正如《吳子兵法》所言：「故強國之君，必料其民。民有膽勇氣力者，聚為一卒。樂以進戰效力，以顯其忠勇者，聚為一卒。能逾高超遠，輕足善走者，聚為一卒。王臣失位而欲見功於上者，聚為一卒。棄城去守，欲除其醜者，聚為一卒。此五者，軍之練銳也。有此三千人，內出可以決圍，外入可以屠城矣。」

一個團隊的工作效能水平受團隊成員的知識、技能、性格等因素的影響。一個團隊一般總是需要三種不同類型技能的人員：一是具有操作技術技能專長的成員，二是具有問題解決和決策技能的成員，三是具有善於聆聽、提供反饋、解決衝突及其他人際關係技能的成員。這三種人員的結構和數量要匹配，如果某種類型的人過多，可能反倒會影響團隊效能。

不僅是《孫子兵法》明白團隊成員優化組合對團隊工作效能有重大影響，同為兵學經典的《吳子兵法》也深得這其中的精妙，也對軍隊中不同技能的人員應如何科學配備使用有精彩論述：「短者持矛戟，長者持弓弩，強者持旌旗，勇者持金鼓，弱者給廝養，智

者為謀主。」明確提出了團隊人員構成組合應依據各人所長，分類聚集，配合協調使用。《孫子兵法》則更進一步通過對「主孰有道」「將孰有能」「士卒孰練」和戰爭物資多寡等更多方面的論述，闡述了關於一支軍隊（一個團隊）要獲得勝利，必須高度重視團隊成員（人員要素）結構和優化的思想。

團隊成員的優劣好壞是有可測評標準的。團隊成員的優劣好壞是可以分析和測評的，一般說來優秀的、好的團隊成員應該在知識、能力和人格特點上具有很廣的變遷適應性。所謂團隊成員的能力是指他能夠完成某項任務的可能性。一個人的總體能力可以分為心理能力與體質能力。心理能力又可以從七個維度評估分為言語理解能力、知覺速度能力、歸納推理能力、演繹推理能力、空間視知覺能力和記憶力。體質能力主要包括力量、靈活性、平衡協調和耐力。團隊成員的人格是指個體對環境的獨特調節方式，它主要表現為個體對他人的反應方式和交往方式。

團隊在選拔成員時，如果可能，不應該簡單地用某項專業技術技能作為團隊成員甄別選拔的條件，而是要首先考慮成員的人格和團隊的人員技能結構需求。應該盡量選擇能力評估中多要素得分高，且在外傾性、隨和性、責任心、經驗的開放性和情緒穩定性方面得分高的人員。因為團隊內如果有一名成員的隨和性、責任心、外傾性低，就有可能導致團隊內部關係緊張，並降低整個團隊的效能。簡單來說就是團隊成員選拔要選有利於團隊結構優化者，不選個體專項優秀但不利於團隊成員結構優化者！用《孫子兵法》的觀點來說就是「將者，國之輔也，輔周則國必強，輔隙則國必弱」，所以再能幹的人員，也要看他的行為是否「利合於主而為人是保」，並以此決定「將聽吾計，留之」還是「將不聽吾計，去之」。

團隊內的各方成員都要明白並認可自己在團隊內的角色和權利職責邊界。團隊之所以能順利高效運轉，是因為團隊成員明確了自

己的角色定位，各司其職且相互間不重複衝突，運行中相互支撐又不越位。《孫子兵法》認為哪怕是組織（團隊）的最高領導人「君上」，如果不清楚自己的角色和權責邊界，也會成為團隊成員中的「負效能」分子，負效能分子越是努力工作，團隊效能越低下！故《孫子兵法》說：「故君之所以患於軍者」「不知軍之不可以進而謂之進，不知軍之不可以退而謂之退，是謂縻軍。不知三軍之事，而同三軍之政者」，就會「亂軍引勝」。這就是說如果一國的「君上」不明白自己在團隊裡主要是決策者和統籌者而不是執行者，就會使自己與將領的職責差異性呈現不出來，將領就沒法充分履行他們在軍隊（團隊）內的職責，展示不出將領本身的優勢和長處，就會造成自己軍隊的混亂，導致敵方獲勝。故軍隊（團隊）之間的競爭，要選對將領，然後「將能而君不御者勝」。

在中國古代兵書《六韜・龍韜・立將》篇裡詳細生動記錄了武王與太公討論團隊中「君上」與「將領」間的關係對話。武王問太公曰：「立將之道奈何？」太公曰：「凡國有難，君避正殿，召將而詔之曰：『社稷安危，一在將軍。今某國不臣，願將軍帥師應之。』將既受命，乃命太史鑽靈龜，卜吉日。齋三日，至太廟，以授斧鉞。君入廟門，西面而立。將入廟門，北面而立。君親操鉞，持首，授將其柄，曰：『從此上至天者，將軍制之。』復操斧，持柄，授將其刃，曰：『從此下至淵者，將軍制之。見其虛則進，見其實則止。勿以三軍為眾而輕敵，勿以受命為重而必死，勿以身貴而賤人，勿以獨見而違眾，勿以辯說為必然。士未坐勿坐，士未食勿食，寒暑必同。如此，則士眾必盡死力。』將已受命，拜而報君曰：『臣聞國不可從外治，軍不可從中御。二心不可以事君，疑志不可以應敵。臣既受命，專斧鉞之威，臣不敢生還，願君亦垂一言之命於臣。君不許臣，臣不敢將。』君許之，乃辭而行。軍中之事，不聞君命，皆由將出。臨敵決戰，無有二心。若此，則無天於上，

無地於下，無敵於前，無君於後。是故智者為之謀，勇者為之鬥，氣厲青雲，疾若馳騖，兵不接刃，而敵降服。戰勝於外，功立於內。吏遷士賞，百姓歡悅，將無咎殃。是故，風雨時節，五穀豐熟，社稷安寧。」這種儀式化的拜將過程其實就是約定「君上」與「將領」在團隊中各自的權利和職責邊界，一開始就形成「將能而君不御者勝」的態勢格局。

團隊領導人是特殊的團隊成員，更要嚴格甄選淘汰。《孫子兵法》說「故知兵之將，生民之司命。國家安危之主也」「夫將者，國之輔也。輔周則國必強，輔隙則國必弱」。正是因為將領這個團隊成員的特殊性，孫子認為必須嚴格地加以甄選，要堅持「將聽吾計，用之必勝，留之；將不聽吾計，用之必敗，去之」。通過甄選和淘汰，確保留下來的人員對於團隊的總目標實現都是具有正向貢獻力的。如果某些成員很有能力和才華，可是他在團隊內成了一個不和諧因素，他的能力和才華對團隊目標的實現不能給予正向積極支持，那麼不管他有多優秀，都要將其從團隊中清理出去！這體現出《孫子兵法》具有團隊目標高於個體目標，團隊價值大於個體價值的現代團隊管理理念。

團隊成員要注意數量累積，更要注意質量優化。《孫子兵法》說「兵非益多也，惟無武進，足以並力、料敵、取人而已」「卒強吏弱，曰馳。吏強卒弱，曰陷。將弱不嚴，教道不明，吏卒無常，陳兵縱橫，曰亂」，就是說一支軍隊不能僅僅重視兵員數量的增加，還要重視軍隊士卒的訓練，包括理念的統一教化訓練和戰鬥技術技能的訓練，盡量杜絕將、吏、卒三者間因訓練不足、交流不夠而產生相互不知、相互不和的情況。要通過練士卒，使將強卒練，吏強卒悍，實現自己軍隊成員在知識技能和人格特點上具有更廣的變遷適應特點，可操作多種器械設備，可勝任不同崗位工作，大大提高團隊協同性，成為指哪打哪、敢打能勝的團隊。

第七章 《孫子兵法》中的團隊管理思想

　　團隊成員優化不僅是「自己人」的優化，而且是「物」和「敵」的優化。 團隊構成要素不能局限地理解為「己方人員」這一要素，物資設備等客觀要素和「化敵為己」後的力量也可以成為團隊的構成要素。《孫子兵法》裡有「善用兵者，役不再籍，糧不三載，取用於國，因糧於敵，故軍食可足也」「故智將務食於敵。食敵一鐘，當吾二十鐘；萁秆一石，當吾二十石」「故車戰，得車十乘已上，賞其先得者，而更其旌旗，車雜而乘之，卒善而養之」。這就指出兩支軍隊（兩個團隊）在競爭過程中，通過剝奪對方的物資，俘獲並整編吸收對方的兵員，不僅能削弱對方實力，還能不斷壯大己方實力，讓己方集小勝為大勝，達到「勝敵而益強」的團隊要素優化結果。

　　團隊外部相關人員的整合利用也屬於團隊成員優化的範疇。 團隊成員要素優化過程要思路開闊，有些人員雖不是己方團隊內部成員，但是他們的傾向性和行動會直接或者間接影響團隊目標實現，對這部分人員的團結也應引起重視，要爭取將他們整合轉化為於己有利的力量。《孫子兵法》強調「故不知諸侯之謀者，不能豫交」，就是說在團隊展開行動之前首先要弄清楚對方的底線原則，起碼應搞清楚利益相關方的主要需求和態度，並在行動過程中注意「衢地交合」，讓利益相關方支持己方，就算不支持己方也最起碼要站在中立的立場，杜絕「鈍兵挫銳，屈力殫貨，則諸侯乘其弊而起，雖有智者，不能善其後矣」這種被利益相關方背叛和偷襲的危局出現。

　　《孫子兵法》還提出處理團隊利益相關方的策略技巧是：「不爭天下之交，不養天下之權，信己之私，威加於敵，故其城可拔，其國可隳。」就是自己首先做到不主動拉幫結派搞結盟，用孫子的話就是「不爭天下之交」；其次是自己堅決不培養，甚至不允許出現有可能左右戰略格局的中間力量——「天下之權」。「權」的本

意是「秤砣」，但「權」的引申義為「平衡」和「變通」。如《孟子·離婁上》記載：

淳於髡曰：「男女授受不親，禮與？」

孟子曰：「禮也。」

曰：「嫂溺，則援之以手乎？」

曰：「嫂溺不援，是豺狼也。男女授受不親，禮也；嫂溺援之以手者，權也。」

此處，「權」就是「變通」！

《孫子兵法》此處說的「不養天下之權」的「權」就是那個在秤杆上移動，造成平衡格局因其「權動」而變化的力量。因為一旦形成或出現了「天下之權」這種關鍵時候可能會左右搖擺、變通翻覆的「權」的力量，整個戰略平衡就會不受自己掌控，自己就不安全了，自己就受制於人了。所以《孫子兵法》認為對於團隊成員構成的相關方——「天下之權」，要立即「信己之私，威加於敵」，就是及時摧毀它，以確保自己團隊的戰略意圖的實現不受人要挾和控制。

《孫子兵法》中的團隊獎懲思想

賞和罰是團隊管理的一體兩面。團隊管理必有賞罰，就像寶劍的兩面邊鋒，缺一不可。沒有賞罰的團隊管理是不可想像的，賞罰不當的團隊的執行力一定會出問題。團隊執行力不佳可能表現為：

被動執行——「皇帝著急，太監不急」；

機械執行——「只管執行，不管結果」；

選擇執行——「有利則行，無利則拖」；

虛假執行——「口頭激動，實際不動」；

懶於執行——「因循守舊，得過且過」；

幫派執行——「各說各的，各干各的」；

抗令不行——「你說你的，我干我的」。

《孫子兵法》認為團隊賞罰一是要「賞罰有信」。就是賞罰方面要言而有信，要說話算數，因為「令素行以教其民，則民服；令素不行以教其民，則民不服」。比較經典的一個案例是張自忠將軍賞罰治軍，張自忠一向以治軍嚴厲出名，其部隊在那個軍閥割據囂張擾民的戰亂年代以軍紀嚴明、絕不擾民著稱，其部隊也有較強的戰鬥力。結果在一次大戰前夕，他的警衛連長犯了錯誤，騷擾了軍隊經過時駐地周邊的一個婦女，婦女家屬就到軍隊來報案，說受害婦女當時在耍流氓的軍人大腿根部抓了一把，留下了痕跡，張自忠下令全軍搜查，結果張自忠的警衛連長就暴露了。

這個警衛連長戰功赫赫，而且還曾經在戰場上冒死救過張自忠的命，張自忠與他感情很深，張自忠傷心震驚之餘下達命令：讓他好吃好喝一頓，然後槍斃！幾個月後，張自忠正在辦公室辦公，突然進來一個人，蓬頭垢面地跪在他面前，說：「軍長我回來了。」張自忠一看，就是上次槍斃了的那個警衛連長，由於他身體太好，當時子彈「呼」的打進身體，沒有打到心臟，把身體打個貫通傷卻沒死，養好傷後追隨張自忠又回來了。張自忠安排他洗澡理髮，好吃好喝一頓，再次下達命令：槍斃！周圍的人就不理解，怎麼還槍斃呢？張自忠潸然淚下，說這就叫賞罰，這就是底線，如果這根線一突破，我的軍隊就沒有戰鬥力了，軍隊存在的價值也就沒有了。這就是兵法說的賞罰有術，這就是孫子說的「施無法之賞，懸無政之令」。

後來張自忠將軍於1940年5月16日戰死在湖北，在整個二戰期間，盟軍方面戰死在戰場上最高軍銜的人就是授中將軍銜的張自忠。日本人非常尊重這個很爺們很軍人的人，張將軍戰死後，日本軍人脫帽致敬，並把他的遺體就地埋葬了。國民黨軍隊不惜一切代價把他的遺體搶回來，隆重祭奠後安葬於現在重慶市北碚區西南大

學旁邊的梅花山，我曾多次前往瞻仰緬懷。

《孫子兵法》認為團隊賞罰二是要做到「賞罰有時」。同樣是賞和罰，什麼時候賞，什麼時候罰要有技巧。《孫子兵法》認為「卒未親附而罰之，則不服，不服則難用」，就是如果團隊成員情感上還沒有和團隊管理者親近，團隊管理者對於團隊成員的事業發展，對團隊成員的賞、罰、遷、升還沒有發言權和決定權，團隊管理者就開始對團隊成員進行處罰，團隊成員就會不服氣，團隊內部就不團結和諧，整個團隊就會離心離德，沒有戰鬥力。

團隊領導者要實現與團隊成員間的「親」，那是需要領導者投入時間和感情的，人與人之間心理上「親」的關係是對等的，需要雙方對等付出投入，不像「敬」這種心理關係，還可能通過他人的宣傳或者間接的影響使得雙方在不對等付出時間和感情的基礎上形成。團隊領導者要實現與團隊成員「親」，就要在工作之餘關心團隊成員的生活和心理感受，要和團隊成員一起談心交流，娛樂共情，「親」是不能通過簡單的物質獎勵和金錢發放甚至職務提拔換來的。

《孫子兵法》又說「卒已親附而罰不行，則不可用」，就是一個團隊如果通過一段時間磨合後，團隊管理者與團隊成員間已經相互瞭解了，感情上已經比較融洽了，管理者對團隊成員的事業發展和職位職務變遷有發言權和決定權了，這時團隊管理者在團隊成員違法違規時，仍然不依法懲處，那麼這個團隊同樣沒有凝聚力和戰鬥力。兵家從來都是以是否有利於獲得勝利、是否有利於達成目標為行動的價值評判標準的，兵家認為團隊領導者與團隊成員間的「親」，和團隊領導讓團隊成員「附」都不是目的，目的還是這個團隊「是否可用」，所以「親附」和「賞罰」在兵家心裡都是手段和方法，兵家不會為了「親附」而「親附」，也不會為了「賞罰」而「賞罰」。

第七章 《孫子兵法》中的團隊管理思想

「一鳴驚人」這個成語典故說的就是團隊管理「賞罰有術」的事。春秋時期的楚莊王上任以後三年沒有發布一項政令，在處理政務這方面幾乎無所作為，於是右司馬就去給楚莊王講了一個故事，說臣在南方的時候看到一種鳥，它落在一個土坡上，三年都不展翅飛一下，三年都默默無聲不鳴叫，大王您說這是什麼鳥？是不是好鳥？楚莊王知道右司馬是在暗示影射自己，為不辜負諫臣的良苦用心，就說：「它三年不展翅，是在生長羽翼，它三年不飛翔不鳴叫，是在觀察環境和民眾的態度；這只鳥雖然三年不飛不叫，總有一天它會一飛衝天一鳴驚人。謝謝你，你回去等著吧！」一段時間後，楚莊王感覺「卒已親附」，時機成熟了，就開始大刀闊斧地賞賢罰奸，勵精圖治，最後成為春秋五霸之一。

《孫子兵法》認為團隊賞罰三是要注意「賞罰有術」。「賞罰有術」就是團隊賞罰要有技巧，孫子認為團隊賞罰的技巧首先要「令之以文，齊之以武」。就是先來「文」的一手，通過頒布和宣講條令，講清賞罰規則；再「齊之以武」，就是如果通過宣傳教育以後團隊內還有人違規違紀違法，就一定要用霹靂手段給予處罰警戒！就是「教施於未然之前，法施於已然之後」，文教和武法是賞罰都是團隊管理的手段，其目標是一致的。

「賞罰有術」的第二層意思就是要「賞先立標」。就像有句古語所說：一朵忽先變，百花皆後香。意思是一個花園裡萬千花木，春天來了，如果有一朵花率先綻放，所有人的目光都聚焦在這朵最先開放的花上；幾天過去後，滿園春色萬紫千紅，很多花都比最先綻放的那朵花漂亮和碩大，卻再也沒有人去欣賞了。《孫子兵法》對「賞罰有術」是這樣表述的：「車戰，得車十乘以上，賞其先得者。」其實奧運會比賽的第一名金牌獲得者和第二名銀牌獲得者以及第三名銅牌獲得者的獎勵設計就是這樣一種「賞先立標」的幾何級數的獎勵規則。奧運會第一名和第二名之間的獎勵額度差距是成

倍的，尤其是對第一個獲得金牌者的獎勵額度與後面獲得銀牌者的獎勵額度更是不可同日而語，因為要通過「賞其先得者」激勵團隊成員人人奮勇爭先。

《孫子兵法》指出「賞罰有術」的第三層意思是「賞善始賤，罰惡始貴」。就是獎賞應從身分最低微最低賤的人開始，懲處懲罰應從身分地位比較高貴的人開始，如後代兵家所言，要「殺貴大，賞貴小」。因為團隊管理中賞罰是為了規範成員行為，樹立團隊文化的地位，確保團隊領導的威信。懲處地位高的人，具有標誌性和轟動性，也正因為如此縱觀古今中外歷史，一個團隊內部「老二」的處境是最為微妙而危險的；獎賞地位低的人，由於他們慾望不高，容易滿足，投入很小就能立竿見影，而且容易讓人通過橫向比較，要麼獲得獎賞的可能性比已經被獎賞者高而充滿憧憬，於是形成「被動忠誠」，不起背叛或怨恨心；要麼就是獲得獎賞的可能性與已經獲得獎賞者相同，產生「愛屋及烏」的暈輪效應，覺得自己同類被獎賞，就是對自己的認可，進而擁護這個獎賞行為與實行這個行為的領導。

史書記載，當年劉邦初定天下，開始論功行賞，一口氣封了立下大功的鐵杆部下30多人。對於其餘的下屬劉邦覺得要麼功勞不大不小，要麼是雖有功勞但卻是半路投誠的或者犯過錯誤的人員，一時很難給他們定位封賞，這事就拖延下來了。一天劉邦出去散步，走在宮牆復道上不經意看見一大群武將聚集在宮牆腳，三三兩兩，交頭接耳，表情複雜。

劉邦很奇怪，扭頭問身後陪行的張良：「你覺得他們在說啥呢？」張良說：「皇上，他們在商量準備造反啊！」劉邦一聽，這天下初定，自己又沒有得罪他們，造什麼反啊？張良解釋說：「陛下起布衣，以此屬共取天下，今已為天子，而所封皆蕭、曹故人及所親愛，所誅皆平生仇怨。今軍吏計功，以天下為不足用遍封，而恐

以過失及誅，故相聚謀反耳。」（此時，與劉邦一起打天下，可是又曾經有污點或過失的人就是團隊內的「小」，他們對未來充滿憧憬，又對現實非常不滿，並猶豫而無助）劉邦急問這可咋辦？張良順驢下坡問劉邦：「上平生所憎，群臣所共知，誰最甚者？」劉邦說：「雍齒與我有故怨，數窘辱我。」意思是雍齒這人一直與我有過節，曾仗著自己有蠻力，多次羞辱過我，我想殺他，但考慮到他也立過功，又於心不忍。張良說：「今急先封雍齒，以示群臣，群臣見雍齒先封，則人人自堅矣。」劉邦這人自己不能幹，可是他有個優點，就是能用人之長，能分得出好歹，能聽出哪些是好主意，哪些是餿主意，他對於智商和情商都高於自己很多的張良一直是言聽計從。很快劉邦就擺筵置酒，封雍齒為什邡侯，食邑 2,500 戶，位次居 57。並當眾宣布：責令丞相御史們抓緊給大家定功行封。史書記載：「罷酒，群臣皆喜，互相祝賀『雍齒且侯，吾屬亡患矣！』」。

《孫子兵法》認為團隊賞罰要掌握好節奏。孫子認為如果團隊賞罰節奏掌握得不好，就可能出現「數賞者，窘也；數罰者，困也」的情況。《孫子兵法》認為一個團隊在管理過程中太頻繁地獎賞或者懲罰，都會使這個團隊陷入困境。現代組織行為學的研究也表明，團隊激勵頻率與激勵效果之間並不是正相關關係，要因人、因事、因地確定恰當的激勵頻率。

一般說來工作任務複雜且難以完成的任務，激勵頻率應當高；對於工作比較簡單、容易完成的任務，激勵頻率就應該低；工作成效不易顯現，較長時期才可見成果的工作，激勵頻率應該低；對於任務成效明確、短期可見成果的工作，激勵頻率應該高；素質較差的團隊成員，激勵頻率應該高；對於各方面素質較好的成員，激勵頻率應該低；工作條件和環境較差的部門，激勵頻率應該高；工作條件和環境較好的部門，激勵頻率應該低。

《孫子兵法》認為團隊賞罰要堅持因人而異。獎勵就是給被獎

勵方想要的有價值的東西或者拿走對方不想要的東西；而懲罰就是給對方不想要的東西或者拿走對方想要的有價值的東西。可對於「什麼是有價值東西」的判斷，其實是因人而異的；甚至對於同一個人，在不同的時間段和不同環境，對「什麼是有價值的東西」的判斷也是不同的。這就要求團隊賞罰要因人而異，要賞罰到被賞罰對象想要的和不想要的「痛點和癢點」上，才能更好發揮賞罰的正向激勵或負向激勵作用。

如何才能找到團隊成員的「痛點和癢點」呢？那就需要團隊有良好的溝通。良好的團隊溝通是發現團隊成員需求，進而「因人而異」地進行賞罰的前提，成功的團隊賞罰總是以良好而有效的團隊溝通為基礎的。溝通是信息的傳遞與理解，只有當一個信息傳遞出去，傳遞渠道是暢通的，信息接收方清晰準確地理解到了該信息，溝通才算是完成了。如果溝通過程中傳遞信息不清楚，傳遞路徑不暢通，接收方沒有理解到傳遞出的信息或者理解出現偏差，就說明溝通沒有完成。

團隊在信息溝通過程中不一定必須用語言或者文字、圖像、符號、語音、語調、肢體動作、眼神、服飾、味道等，都可以傳遞出信息，只要相對方接收到這個「信息」並能理解，就都可實現溝通。《孫子兵法》非常注重己方在溝通中的「信息傳遞」，書中提出「將軍之事，靜以幽，正以治」，在團隊內部信息溝通中要「禁祥去疑」，實現團隊重要信息都通過正式渠道嚴肅而規範地發布和傳播，不給小道消息和謠言留存在空間。

《孫子兵法》還提出要在團隊管理中通過旌旗服裝的鮮豔嚴整和軍容隊列的威武雄壯，樹立自己軍隊（團隊）「正正之旗，堂堂之陳」的形象，對外傳遞出己方治軍有方，己方軍隊戰鬥力強悍的信息，讓敵方心懷忌憚，不敢輕視己方而貿然挑起戰端。

《孫子兵法》還要求應加強「主」與「將」之間，「將」與

「吏」之間，「吏」與「卒」之間日常的溝通，避免出現因平時溝通不暢而相互誤解誤讀，以至於到關鍵時候需要調動團隊成員積極性時「數賞者，窘也；數罰者，困也」，總是賞罰不到「痛點和癢點」上，影響戰鬥力。

《孫子兵法》中的團隊士氣思想

傳統語義下的士氣，也就是「勢」。何為「勢」？《說文解字》說：「盛力權為勢，從力，埶聲。」「埶」是什麼呢？「埶」在古漢語中的意思是在一個高高的山坡上滾動一顆圓球。「埶」與「力」聯合起來就表示高山上的球丸具有本能地向低處滾動的力量，是一個形聲字。

《晉書·杜預傳》說：「今兵威已振，譬如破竹，數節之後，皆迎刃而解。」在這裡，「勢」比喻作戰的時候順利而為，節節勝利，毫無阻攔。蘇秦在《六國論》中說「六國與秦皆諸侯，其勢弱於秦」，這裡「勢」就是實力的意思。而賈誼在《過秦論》說「仁義不施，而攻守之勢異也」，這裡「勢」是格局和形態的意思。史記《廉頗藺相如列傳》裡面說「今兩虎共鬥，其勢不俱生」，這裡「勢」又是狀態和結果的意思。

《孫子兵法》關於「勢」的界定性論述豐富而全面。孫子對「勢」的界定是：「勢者，因利而制權也。」在孫子看來，「勢」就是對現有的兵力或者是物資通過一個比較好的方式進行配備，因時因地因敵而變，最後形成的一種對己方有利的一種狀態；孫子還說「激水之疾，至於漂石者，勢也」，就是水流動得比較快的時候，能夠把很大的石塊都飄起來衝走。為什麼？因為水在流動過程當中有一種叫「勢」的東西。

《孫子兵法》提出「故善戰人之勢，如轉圓石於千仞之山者」。真正善於造勢、以勢制勝的將軍就像是把一個圓圓的大石頭放在千

仞之高的山頂上，一撒手這個圓圓的大石頭就一定會滾下來，這就叫「勢」。所以孫子說「故善戰者，其勢險，其節短，勢如彍弩，節如發機」，當一種有利之勢形成的時候，就像一個弓箭拉開並瞄準了，弓箭手一撒手，「節如發機」，箭離弦而去，殺傷對手的結果自然就出來了。《孫子兵法》還說「戰勢不過奇正，奇正之變，不可勝窮也」，只要掌握了如何創造勢，就既可以以正造勢，也可以以奇造勢，就可以勝而無窮。

《孫子兵法》指出一支軍隊「強弱形也」「勇怯勢也」。就是一支軍隊是強大還是弱小這是「形」的範疇，而一支軍隊是勇猛還是膽怯是屬於「勢」的範疇。「故善戰者，求之於勢，不責於人，故能釋人而任勢」，就是善於打仗的將軍在作戰的過程當中，總是努力去營造一種對自己有利的「勢」，因為團隊的士氣是與「勢」緊密聯繫的，成功的團隊管理者，要善於激勵士氣，要「求之於勢，不責於人」，努力營造對己有利的「勢」，而不去苛責或者是寄希望於某一個具體的人。

綜上，《孫子兵法》說的「勢」就是通過對現有環境與資源的充分認識與把握，經過科學的調動配置，聚己之力，揚己之長，隨機應變，形成對敵關鍵環節致命威懾的格局。也就是自己有實力，並且對這個實力進行了科學的形態劃分和配置，造成了一種對自己有利的格局，這個格局對對方的關鍵環節具有致命的威懾力。《孫子兵法》反覆討論研究「勢」，是因為良好的勢可以幫助團隊四兩撥千斤地實現「以勢制勝」。

「勢」的前提條件是必要的「形」，「形」就是客觀存在的物質條件與作戰實力。《孫子兵法》認為一支軍隊（一個團隊）若要實現「以勢制勝」，就要先「形」後「勢」，就是要努力擴大己方的客觀實力，形成「以鎰稱銖」的態勢。孫子說先「形」後「勢」制勝者有五：「一曰度，二曰量，三曰數，四曰稱，五曰勝。」這就

是說只有國土面積廣大，物產才豐富；物產豐富兵源數量才多；兵源數量多才能夠在跟敵方對抗時形成「以鎰稱銖」這種實力懸殊對比，於是形成自己獲勝的「勢」，因為「故勝兵若以鎰稱銖，敗兵若以銖稱鎰」，當「形」的量變累積到一定程度，自然而然就會出現「勢」的質變。

《孫子兵法》提出要依據不同的「形」採取不同的行動策略，以達到對自己最有利的「勢」。孫子說：「用兵之法，十則圍之，五則攻之，倍則分之，敵則能戰之，少則能逃之，不若則能避之。」什麼意思呢？如果你要以勢制勝，當你十倍於敵人兵力的時候就可以包圍對方；當你五倍於敵人兵力的時候就要主動進攻對方；如果你兩倍於敵人兵力的時候就可以從中間突破分割對方；如果你和對方力量一比一就可以考慮將自己的兵力集中，將對方兵力化整為零，然後分幾次攻擊對方，尋求每一次在某個局部點上都以己方兵力占絕對數量的優勢作戰；如果你的兵力比敵方少就要想辦法避開全面正面迎敵，要集中自己兵力，等待某個時空點上對敵有優勢機會出現再攻擊對方；如果自己和對方兵力懸殊確實太大，對敵有優勢機會出現的可能性確實不大，就要該逃則逃，該退則退，絕對不勉強進攻，堅決不能蠻幹。如果認識不到「先形後勢」才能制勝，不顧「形」的差距而強行「造勢」迎敵，就容易陷入「小敵之堅，大敵之擒」的被動局面。最後就容易失敗，容易被強大的敵人所擒獲。

《孫子兵法》提出為了充分發揮「勢」的制勝效果，必須「先知後勢」。孫子說：「知可以戰與不可以戰者勝，知己知彼，百戰不殆」「不知己而知彼，一勝一負；不知己而知彼，一勝一負；不知己，不知彼，每戰必殆」。對於知己知彼的重要性，《孫子兵法》不惜筆墨，苦口婆心地詳細論述說：「知吾卒之可以擊，而不知敵之不可擊，勝之半也；知敵之可擊，而不知吾卒之不可以擊，勝之

半也;知敵之可擊,知吾卒之可以擊,而不知地形之不可以戰,勝之半也。」《孫子兵法》總共只有六千多字,可他在這個問題上不厭其煩,濃墨重彩地進行論述,反覆強調「知己知彼勝乃不殆,知天知地勝乃不窮」的重要性,可謂用心良苦!

《孫子兵法》提出如果一支軍隊(一個團隊)在戰爭和競爭中不重視「知」會怎麼樣呢?孫子說「兩軍相爭,相守數年,以爭一日之勝,而愛爵祿百金,不知敵之情者,不仁之至也。非人之將也,非主之佐也,非勝之主也」。就是軍隊在競爭和作戰的過程當中如果愛惜爵位職務,愛惜錢財,捨不得任命提拔幹部,捨不得花錢購買信息,這樣的行為是「不仁之至」,這樣的團隊負責人就是糊塗透頂!

舉一個捨得投入金錢購買信息,最後「先知後勢」並因勢制勝的真實戰例:1941年6月22日,納粹德國突然入侵蘇聯。德軍以閃電戰戰術快速深入推進到蘇聯領土縱深,很快就逼近蘇聯首都莫斯科。此時,莫斯科周邊已無兵可調,其他戰場也無法抽出兵力前來救援,莫斯科危在旦夕。當時蘇聯還有一支部隊部署在蘇聯的亞洲地區,這支部隊是為了防禦日本進攻的。這時如果能瞭解到日本的真正意圖,能判斷日本人的確不會進攻蘇聯,就可以將部署在西伯利亞的這支蘇軍調到西線,參加莫斯科保衛戰。於是,蘇聯情報機關派出了號稱「諜王」的雙料間諜佐爾格。為了讓佐爾格的身分更加灰色,不引起日本情報機關的注意,並且便於佐爾格更順利地工作,蘇聯情報機關在佐爾格身上投入了大量的金錢,讓他整天窮奢極欲,花天酒地地混跡個階層人等之中。佐爾格確實花了很多錢,但是當他把得到的關於近期日本沒有進攻蘇聯的計劃這一超級機密送到斯大林手中時,斯大林立即毫不猶豫地將部署在西伯利亞的蘇軍調到了莫斯科,就是在1941年11月7日那場著名的紅場大閱兵後,這支閱兵部隊直接就開赴了戰場,結果強弩之末的德軍受

第七章 《孫子兵法》中的團隊管理思想

到這支擅長雪地作戰的西伯利亞軍團的猛烈反攻，戰場形勢很快發生根本逆轉，德軍心理崩潰了，很快不成建制地狼狽潰退，在潰退過程中凍餓而死的士兵數量甚至與戰死的德軍數量相當！預備隊的參戰讓莫斯科保衛戰勝利了，蘇聯對德從戰略防禦轉為戰略進攻！歷史用事實證明了《孫子兵法》關於「明君賢將，所以動而勝人，成功出於眾者，先知也」論斷的科學性和正確性。

怎麼樣才能夠在戰爭（競爭）中實現「先知」呢？《孫子兵法》提出採用「有因間、有內間、有反間、有死間、有生間」，孫子說「五間俱起，謂之神紀」，就是這五種間諜綜合使用，多渠道採集信息，各種渠道採集的信息一般會不一致甚至相互衝突，可這剛好能讓各種渠道的信息相互印證，避免出現信息掌握不全或者信息判斷錯誤，才能夠為軍隊（團隊）以勢制勝創造先知的條件。

《孫子兵法》還告誡說，為了確保自己收集全面準確信息後「以勢制勝」的相對優勢，就要防止對方來刺探己方的情報，提出「是故政舉之日，夷關折符，無通其使」，就是關鍵時期要把所有的城門關口封鎖了，把所有的道路交通的憑條或者通行證件收掉，杜絕對方派使節或者是間諜過來獲取己方的信息。

當有實力了，形勝了，同樣也知敵之情了，接下來怎麼操作才能出現對自己有利的「以勢制勝」呢？《孫子兵法》認為還要注意兩點：一是要任勢，二是要造勢。何為「任勢」呢？《孫子兵法》說「任勢者，其戰人也，如轉木石，木石之性，安則靜，危則動，方則止，圓則行」。任勢就像轉動木頭和石頭，橸木和滾石有一個本性特點，就是當它處於平地的時候，就安安靜靜不動，當它們處於有坡度的地方就會自己動起來。所以善於任勢的將軍帶領軍隊打仗（團隊領導人帶領一個團隊也一樣）的時候，他會把軍隊（團隊）陷於一種境地，就像將像圓木和滾石頭放到有坡度的千仞之山去一樣，然後「釋人而任勢」。

《孫子兵法》提出了「四治任勢」的策略與辦法。哪「四治」呢？就是「治氣」「治心」「治力」「治變」。《孫子兵法》說「朝氣銳，晝氣惰，暮氣歸，是故善用兵者，避其銳氣，擊其惰歸，此治氣者也」「以治待亂，以靜待嘩，此治心者也」「以近待遠，以佚待勞，以飽待饑，此治力者也」「勿擊堂堂之陣，此治變者也」。就是通過一定的團隊管理技巧，讓己方人員鬥志昂揚、穩定從容、精力充沛、軍容嚴整。當然事物都有兩面性，如果我們發現對方「四治」做得好，對方軍隊旌旗林立，令行禁止，顯示出很強的作戰能力和很好精神面貌的時候，我們也就要變通一下作戰計劃，不要貿然攻擊，要耐心等待機會，靜觀其變，等對方露出破綻時再進攻，這才是《孫子兵法》提倡的科學而全面的「四治任勢」思想。

　　《孫子兵法》還提出了「任勢八戒」：「高陵勿向，背丘勿逆，佯北勿從，銳卒勿攻，餌兵勿食，歸師勿遏，圍師必闕，窮寇勿迫」，注意了這八戒，就可以不犯低級的錯誤，不做無謂的犧牲。

　　《孫子兵法》總結出了「造勢」十策。孫子認為在戰爭中除了比較被動的任勢制勝外，還要積極「造勢」，就是主動地去創造一種態勢，引出勝利的結果，孫子總共列了若干種造勢制勝的方法。

　　造勢制勝的第一個方法是「示虛形」。他說「夫兵形象水，水之行，避高而趨下；兵之勝，避實而擊虛」，就是我展示給對方看我方的實力、形態和兵力部署布防全部不是真實的，以讓對方做出錯誤的判斷。比如「四面楚歌」，楚漢之爭進行到關鍵的決戰時刻，劉邦採用「示虛形」，在項羽軍隊的四周讓人吹奏楚國的音樂唱楚國的歌曲，讓被包圍的楚軍認為自己的大本營楚地已經被占領了，於是意志崩潰，鬥志全無。作為團隊領導人的項羽在劉邦展示的「虛形」面前悲歌一曲「力拔山兮氣蓋世，時不利兮騅不逝，騅不逝兮奈若何，虞兮虞兮奈若何？」可悲的是虞姬也中了劉邦的「示虛形」詭計，附和項羽一首「漢軍已掠地，四方楚歌聲。大王意氣

盡，賤妾何卿生」。歌罷拔劍自刎，霸王別姬。

《史記》記載霸王別姬後帶領28個貼身警衛騎兵殺出重圍，可是在逃跑過程中向一個田間工作的老農問路時，老農故意指錯方向，最後來在烏江邊又拒絕烏江亭長上船渡江的建議和救援，項羽認為「天之亡我，我何渡為」，最後自刎身亡，讓劉邦「示虛形」造勢制勝的策略成功。

造勢制勝的第二個方法是「誘利餌」。《孫子兵法》說「我不欲戰者，劃地而守之；敵不得與我戰者，乖其所之也」。就是我不想與敵人打仗，我在地上畫一個圓圈，我都能夠守得住，敵人就不會來攻打我。知道為什麼嗎？因為我「乖其所之」，「乖」就是違背的意思，是指我用另外的一個東西逼迫或者引誘敵人改變原來的進攻路線和方向，使之不能或者不再來攻打我，這就叫「誘利餌」。

造勢制勝的第三個方法是「造混亂」。《孫子兵法》說：「古之善用兵者，能使敵人前後不相及；眾寡不相恃；貴賤不相救；上下不相收；卒離而不集；兵和而不齊。」就是想方設法讓敵人陷入混亂，上級找不到下級，下級不知道上級在哪裡；左軍找不到右軍；前面的敵人和後面的敵人聯繫不上；較多人數的敵方團隊和較少人數的敵方團隊在戰場上不能相互支持。一旦敵方軍隊處於這種無序和混亂狀態，我方就可能獲得「以勢制勝」的機會。

造勢制勝的第四個方法是「撓懟怒」。《孫子兵法》說「大吏怒而不服，遇敵懟而自戰，將不知其能，曰崩」，就是如果對方的將領或者是中高級管理人員修養不佳，心理素質不好，稍微一騷擾、一挑逗、一刺激就會生氣發怒，我們就要想方設法地讓他生氣，情緒化以後這個大吏就容易「怒而不服」，就是情緒化地不服從上級的統一安排和要求，就「遇敵懟而自戰」，遇到敵人怒氣騰騰的就自行出戰，這樣一來敵軍就上下步調不統一，團隊「崩」了，敵方就容易失敗，我方就可能獲勝。

造勢制勝的第五種方法是「造虛實」。兩軍的實力是可以人為地造出來的，怎麼造呢？孫子說：「我專為一，敵分為十，是以十攻其一也，則我眾而敵寡。」當我方的軍隊在某個作戰地點上是集中的，是「專為一」的，而敵人的軍隊是平均部署，分散為十個地方的，我們就可以在某一個點上實現我眾敵寡，以十打一。多次這樣殲滅敵人有生力量，「則吾之所與戰者約矣」，每次跟我方作戰的敵人數量就更少了，我方造勢就成功了。

由於我方在運動中造虛實，敵人不知道我會在哪裡進攻，敵方就只能到處布防，分散布防的結果就是兵力分散，就實現了《孫子兵法》說的「吾所與戰之敵不可知，不可知則敵人所備者多，敵所備者多，則所以戰者寡矣」。敵方防備的地方多，每一個防備的點上人數就少，我方在具體的各個點就可以集中機動兵力以多擊少。我方「造虛實」的結果就是讓敵方「備前則後寡，備後則前寡，備左則右寡，備右則左寡，無所不備，無所不寡」。就像在中國抗日戰爭處於相持階段時，中國共產黨帶領的革命武裝採用遊擊戰的方式，讓日軍在很長的戰線上無處不備，無處不寡，分散和牽制了日軍的力量，為國民黨政府的正面作戰乃至整個太平洋戰爭的戰略轉折出現起到了比較重要的作用。

造勢制勝的第六個方法是「控驕卑」。就是通過人為的造勢，讓敵方比較謙虛或者比較冷靜的將領和軍隊驕傲起來，驕兵則必敗嘛。《孫子兵法》說：「是故卷甲而趨，日夜不處，倍道兼行，百里而爭利，則擒三將軍。」因為敵方將領一旦驕傲起來，他就可能輕率冒進，丟下大部隊，只帶領精銳部隊千里奔襲，這樣就會給我方創造「擒三將軍」的機會，將敵方主要高級將領一網打盡。

比如在解放戰爭時期，國民黨軍隊進攻共產黨的山東解放區，有一支號稱國民黨王牌師的軍隊——第七十四整編師，該師在抗日戰爭中敢打硬仗，屢立戰功，師長張靈甫個性鮮明，驕狂自信。時

任戰區司令顧祝同召開軍事會討論怎麼樣進攻山東解放區的時候提出「加強縱深，密集靠攏，穩打穩扎，逐步推進」的策略，七十四師師長張靈甫當眾反對上級司令的這個部署，提出應該領會兵法實質，「因地制宜，出奇制勝，兵貴神速」，並仗著自己全部的美式裝備和在抗日戰爭期間打出來的名號和這種士氣，離開大部隊，長驅直入山東解放區的核心縱深地帶，結果驕狂的七十四師三天後上至師長下至馬夫全軍覆滅。一支軍隊處於驕狂狀態的時候就容易因為「百里爭利而擒三將軍」。

造勢制勝的第七個方法是「擾佚勞」。《孫子兵法》說「見利而不進者，勞也」，當兩軍相爭，敵方看見有利的地形或者有利的物資都不來爭，多半是因為其非常疲勞，對方的極度疲勞就為我們獲勝創造了可能條件。毛澤東深諳此道，提出遊擊戰十六字方針「敵進我退，敵駐我擾，敵疲我打，敵退我追」，就是該你睡覺的時候我騷擾你，讓你睡不好；你正埋鍋造飯的時候我突然進攻，讓你飯做不熟，讓你沒吃的或者吃那種半生不熟的飯，這樣你要麼餓肚子要麼就拉肚子，連續幾天吃不好睡不好，就會胖的拖瘦，瘦的拖死，這就叫「擾佚勞」。

造勢制勝的第八個方法是「間親密」。如果敵方上下同事之間非常親密團結，就要想方設法地挑撥離間他們，用《孫子兵法》的話就是要「親而離之」，一旦對方相互猜疑，也就會內訌內耗，就給自己創造了事半功倍獲勝的機會。如明崇禎三年，鎮守邊關的遼東巡撫袁崇煥被以「謀叛」大罪論死，據《明史》記載：「八月，遂磔崇煥於市，兄弟妻子流三千里，籍其家。崇煥無子，家亦無餘貲，天下冤之。」這宗繼南宋趙構冤殺岳飛之後歷史上最令人扼腕嘆息、令親者痛仇者快的自毀長城的冤獄之所以會發生，就與後金皇太極使反間計有很大關係。

造勢制勝的第九個方法是「攻必救」。孫子說「故我欲戰，敵

雖高壘深溝，不得不與我戰者，攻其所必救也」，因為我攻打的是對方必須要來救援的地方，只要我方「先其所愛，微與之期」，「出其不意，攻其不備」就可以「致人而不致於人」，比如說「圍魏救趙」就是採用的這樣一種方式，通過攻其所必救，調動敵人必須按照我們的規劃的路線行動。

　　造勢制勝的第十個方法是「推絕境」。孫子說「兵士甚陷則不懼，無所往則固，深入則拘，不得已則鬥」，這是由人的本性決定了的，人都只有深陷危險當中，才能戰勝恐懼，不再害怕；人都是只有無路可選，沒有退路才會死心塌地，沿著唯一的道路和方向充滿鬥志奮勇向前！《孫子兵法》說人總是「夫眾陷於害，然後能為勝敗」，因為「激戰則生，不戰則死」，當人們陷於絕境，反倒會激發潛能，絕地升天。有一幅著名的對聯「有志者事竟成，破釜沉舟，百里秦關終屬楚；苦心人天不負，臥薪嘗膽，三千越甲可吞吳」，說的就是當年項羽攻打秦國的都城之前，一過江就把所有的舟船鑿沉了，把做飯的鍋盆砸了，告訴部隊，我們要麼打勝仗進城吃飯，要麼就打敗仗淹死或者餓死，沒有退路了，結果士卒用命奮戰，大獲全勝！

結束語

　　許多事物在這個世界上出現，都可能是因為機緣巧合「剛剛好」。我將自己多年來看書、思考和講授《中外兵法選讀》和《孫子兵法與團隊管理》課程的內容整理成初稿期間，剛好申報下來一個與《孫子兵法》研究相關的，涉及「中國傳統文化與現代社會治理」研究的重慶市社會科學規劃委託項目（2015WT01）；更機緣巧合的是面對西南財經大學出版社敬業得令人感動的廖術涵編輯老師提出的詳細修改意見，我正為擠不出時間完不成修改任務，擔心交不出「答卷」而一籌莫展時，2015 年 6 月我又剛好被選送參加中央六部委在中共中央黨校舉辦的第 63 期哲學社會科學教學科研骨幹研修班，讓我有一段相對集中且沒有工作和閒雜事務打擾的課餘時間來修改完成本書稿。天時、地利、人和具備，一切都是這麼「剛剛好」。

　　一千個讀者的心中會有一千種《孫子兵法》，我從團隊管理的角度來體會和運用《孫子兵法》，也是一種嘗試，加之本人水平有限，書中一些觀點和表達方式肯定會受到讀者質疑，忐忑之餘我在內心反覆鼓勵和安慰自己：「曾見郭象註莊子，卻是莊子註郭象；究竟郭象註莊子，還是莊子註郭象？」自己就算是拋磚引玉吧。

本書的出版得到了「重慶市高校網絡輿情與思想動態研究咨政中心」的經費資助，在撰寫過程中得到了校內外多位領導的支持和朋友的鼓勵，在此表示誠摯謝意！

華　杰

2015 年 8 月

附錄一　孫子兵法

註：此所錄的《孫子兵法》以影宋本《魏武帝註孫子》為底本。對底本原文盡量未做改動，除非原文明顯訛誤造成語法不合且語意不通，才據漢簡本或其他本適當合理改動。

正文中被改動的錯字和被刪去的衍字用（　）號；改正後的字和補正後的字括以〔　〕。對一些不會引起理解分歧的無關緊要的字句未進行考辨增減。

（始）計第一

孫子曰：兵者，國之大事，死生之地，存亡之道，不可不察也。

故經之以五事，校之以計，而索其情：一曰道，二曰天，三曰地，四曰將，五曰法。道者，令民於上同意，可與之死，可與之生，而不（畏）危也；天者，陰陽、寒暑、時制也；地者，遠近、（高下）、險易、廣狹、死生也；將者，智、信、仁、勇、嚴也；法者，曲制、官道、主用也。凡此五者，將莫不聞，知之者勝，不知之者不勝。

故校之以計，而索其情，曰：主孰有道？將孰有能？天地孰得？法令孰行？兵眾孰強？士卒孰練？賞罰孰明？吾以此知勝負矣。

將聽吾計，用之必勝，留之；將不聽吾計，用之必敗，去之。

計利以聽，乃為之勢，以佐其外。勢者，因利而制權也。

兵者，詭道也。故能而示之不能，用而示之不用，近而示之遠，遠而示之近。利而誘之，亂而取之，實而備之，強而避之，怒而撓之，卑而驕之，佚而勞之，親而離之，攻其無備，出其不意。此兵家之勝，不可先傳也。

夫未戰而廟算勝者，得算多也；未戰而廟算不勝者，得算少也。多算勝少算（不勝），而況於無算乎！吾以此觀之，勝負見矣。

作戰第二

孫子曰：凡用兵之法，馳車千駟，革車千乘，帶甲十萬，千里饋糧。〔則〕內外之費，賓客之用，膠漆之材，車甲之奉，日費千金，然後十萬之師舉矣。

其用戰也，勝久則鈍兵挫銳，攻城則力屈，久暴師則國用不足。夫鈍兵挫銳，屈力殫貨，則諸侯乘其弊而起，雖有智者不能善其後矣。故兵聞拙速，未睹巧之久也。夫兵久而國利者，未之有也。故不盡知用兵之害者，則不能盡知用兵之利也。

善用兵者，役不再籍，糧不三載，取用於國，因糧於敵，故軍食可足也。

國之貧於師者遠輸，遠輸則百姓貧；近師者貴賣，貴賣則百姓財竭，財竭則急於丘役。（力屈）〔屈力〕（財殫）中原，內虛於家，百姓之費，十去其（七）〔六〕；公家之費，破軍罷馬，甲冑矢弓，戟盾矛櫓，丘牛大車，十去其（六）〔七〕。

故智將務食於敵，食敵一鐘，當吾二十鐘；其秆一石，當吾二十石。

故殺敵者，怒也；取敵之利者，貨也。車戰得車十乘以上，賞其先得者而更其旌旗。車雜而乘之，卒善而養之，是謂勝敵而益強。

故兵貴勝，不貴久。

故知兵之將，民之司命。國家安危之主也。

謀攻第三

孫子曰：夫用兵之法，全國為上，破國次之；全軍為上，破軍次之；全旅為上，破旅次之；全卒為上，破卒次之；全伍為上，破伍次之。是故百戰百勝，非善之善也；不戰而屈人之兵，善之善者也。

故上兵伐謀，其次伐交，其次伐兵，其下攻城。攻城之法，為不得已。修櫓轒輼，具器械，三月而後成；距闉，又三月而後已。將不勝其忿而蟻附之，殺士卒三分之一，而城不拔者，此攻之災也。

故善用兵者，屈人之兵而非戰也，拔人之城而非攻也，毀人之國而非久也，必以全爭於天下，故兵不頓而利可全，此謀攻之法也。

故用兵之法，十則圍之，五則攻之，倍則分之，敵則能戰之，少則能逃之，不若則能避之。故小敵之堅，大敵之擒也。夫將者，國之輔也。輔周則國必強，輔隙則國必弱。

故君之所以患於軍者三：不知軍之不可以進而謂之進，不知軍之不可以退而謂之退，是謂縻軍；不知三軍之事而同三軍之政，則軍士惑矣，不知三軍之權而同三軍之任，則軍士疑矣。三軍既惑且疑，則諸侯之難至矣。是謂亂軍引勝。

故知勝有五：知可以（與戰）〔戰與〕不可以（與）戰者勝，識眾寡之用者勝，上下同欲者勝，以虞待不虞者勝，將能而君不御者勝。此五者，知勝之道也。

故曰：知己知彼，百戰不殆；不知彼而知己，一勝一負；不知彼不知己，每戰必敗。

（軍）形第四

孫子曰：昔之善戰者，先為不可勝，以待敵之可勝。不可勝在

己，可勝在敵。故善戰者，能為不可勝，不能使敵之必可勝。故曰：勝可知，而不可為。不可勝者，守也；可勝者，攻也。守則不足，攻則有餘。善守者藏於九地之下，善攻者動於九天之上，故能自保而全勝也。

見勝不過眾人之所知，非善之善者也；戰勝而天下曰善，非善之善者也。故舉秋毫不為多力，見日月不為明目，聞雷霆不為聰耳。古之所謂善戰者，勝於易勝者也。故善戰者之勝也，無智名，無勇功，故其戰勝不忒。不忒者，其所措勝，勝已敗者也。故善戰者，立於不敗之地，而不失敵之敗也。是故勝兵先勝而後求戰，敗兵先戰而後求勝。善用兵者，修道而保法，故能為勝敗之政。

兵法：一曰度，二曰量，三曰數，四曰稱，五曰勝。地生度，度生量，量生數，數生稱，稱生勝。故勝兵若以鎰稱銖，敗兵若以銖稱鎰。

勝者之戰〔民也〕，若決積水於千仞之谿者，形也。

（兵）勢第五

孫子曰：凡治眾如治寡，分數是也；鬥眾如鬥寡，形名是也；三軍之眾，可使（必）〔畢〕受敵而無敗者，奇正是也；兵之所加，如以（碬）〔碫〕投卵者，虛實是也。

凡戰者，以正合，以奇勝。故善出奇者，無窮如天地，不竭如江海。終而復始，日月是也。死而更生，四時是也。聲不過五，五聲之變，不可勝聽也；色不過五，五色之變，不可勝觀也；味不過五，五味之變，不可勝嘗也；戰勢不過奇正，奇正之變，不可勝窮也。奇正相生，如循環之無端，孰能窮之哉！

激水之疾，至於漂石者，勢也；鷙鳥之疾，至於毀折者，節也。故善戰者，其勢險，其節短。勢如彍弩，節如發機。

紛紛紜紜，鬥亂而不可亂；渾渾沌沌，形圓而不可敗。亂生於治，怯生於勇，弱生於強。治亂，數也；勇怯，勢也；強弱，

形也。

故善動敵者，形之，敵必從之；予之，敵必取之。以利動之，以（本）〔卒〕待之。故善戰者，求之於勢，不責於人故能釋人而任勢。任勢者，其戰人也，如轉木石。木石之性，安則靜，危則動，方則止，圓則行。

故善戰人之勢，如轉圓石於千仞之山者，勢也。

虛實第六

孫子曰：凡先處戰地而待敵者佚，後處戰地而趨戰者勞。故善戰者，致人而不致於人。能使敵人自至者，利之也；能使敵人不得至者，害之也。故敵佚能勞之，飽能饑之，安能動之。出其所（不）〔必〕趨，趨其所不意。

行千里而不勞者，行於無人之地也；攻而必取者，攻其所不守也。守而必固者，守其所（不）〔必〕攻也。故善攻者，敵不知其所守；善守者，敵不知其所攻。微乎微乎，至於無形；神乎神乎，至於無聲，故能為敵之司命。進而不可禦者，衝其虛也；退而不可追者，（速）〔遠〕而不可及也。故我欲戰，敵雖高壘深溝，不得不與我戰者，攻其所必救也；我不欲戰，雖畫地而守之，敵不得與我戰者，乖其所之也。故形人而我無形，則我專而敵分。我專為一，敵分為十，是以十攻其一也。則我眾敵寡，能以眾擊寡者，則吾之所與戰者約矣。吾所與戰之地不可知，（不可知）則敵所備者多，敵所備者多，則吾所與戰者寡矣。故備前則後寡，備後則前寡，備左則右寡，備右則左寡，無所不備，則無所不寡。寡者，備人者也；眾者，使人備己者也。故知戰之地，知戰之日，則可千里而會戰；不知戰之地，不知戰日，則左不能救右，右不能救左，前不能救後，後不能救前，而況遠者數十里，近者數里乎！

以吾度之，越人之兵雖多，亦奚益於勝哉！

故曰：勝可為也。敵雖眾，可使無鬥。故策之而知得失之計，

（作）〔候〕之而知動靜之理，形之而知死生之地，角之而知有餘不足之處。故形兵之極，至於無形。無形則深間不能窺，智者不能謀。因形而措勝於眾，眾不能知。人皆知我所以勝之形，而莫知吾所以制勝之形。故其戰勝不復，而應形於無窮。

（夫）兵形象水，水之（形）〔行〕避高而趨下，兵之形避實而擊虛；水因地而制（流）〔行〕，兵因敵而制勝。故兵無常勢，水無常形。能因敵變化而取勝者，謂之神。故五行無常勝，四時無常位，日有短長，月有死生。

軍爭第七

孫子曰：凡用兵之法，將受命於君，合軍聚眾，交和而舍，莫難於軍爭。軍爭之難者，以迂為直，以患為利。

故迂其途，而誘之以利，後人發，先人至，此知迂直之計者也。軍爭為利，（眾）〔軍〕爭為危。舉軍而爭利則不及，委軍而爭利則輜重捐。是故卷甲而趨，日夜不處，倍道兼行，百里而爭利，則擒三將軍，勁者先，疲者後，其法十一而至；五十里而爭利，則蹶上將軍，其法半至；三十里而爭利，則三分之二至。是故軍無輜重則亡，無糧食則亡，無委積則亡。

故不知諸侯之謀者，不能豫交；不知山林、險阻、沮澤之形者，不能行軍；不用鄉導者，不能得地利。故兵以詐立，以利動，以分和為變者也。故其疾如風，其徐如林，侵掠如火，不動如山，難知如陰，動如雷震。掠鄉分眾，廓地分利，懸權而動。先知迂直之計者勝，此軍爭之法也。

《軍政》曰：「言不相聞，故為之金鼓；視不相見，故為之旌旗。」夫金鼓旌旗者，所以一（人）〔民〕之耳目也。（人）〔民〕既專一，則勇者不得獨進，怯者不得獨退，此用眾之法也。故夜戰多（火）〔金〕鼓，晝戰多旌旗，所以變人之耳目也。

三軍可奪氣，將軍可奪心。是故朝氣銳，晝氣惰，暮氣歸。善

用兵者，避其銳氣，擊其惰歸，此治氣者也。以治待亂，以靜待譁，此治心者也。以近待遠，以佚待勞，以飽待饑，此治力者也。無邀正正之旗，無擊堂堂之陳，此治變者也。

故用兵之法，高陵勿向，背丘勿逆，佯北勿從，銳卒勿攻，餌兵勿食，歸師勿遏，圍師遺闕，窮寇勿迫，此用兵之法也。

九變第八

孫子曰：凡用兵之法，將受命於君，合軍聚合。泛地無舍，衢地合交，絕地無留，圍地則謀，死地則戰，途有所不由，軍有所不擊，城有所不攻，地有所不爭，君命有所不受。

故將通於九變之利者，知用兵矣；將不通九變之利，雖知地形，不能得地之利矣；治兵不知九變之術，雖知五利，不能得人之用矣。

是故智者之慮，必雜於利害，雜於利而務可信也，雜於害而患可解也。是故屈諸侯者以害，役諸侯者以業〔䇎〕，趨諸侯者以利。故用兵之法，無恃其不來，恃吾有以待之；無恃其不攻，恃吾有所不可攻也。

故將有五危，必死可殺，必生可虜，忿速可侮，廉潔可辱，愛民可煩。凡此五者，將之過也，用兵之災也。覆軍殺將，必以五危，不可不察也。

行軍第九

孫子曰：凡處軍相敵：絕山依谷，視生處高陽，戰（隆）〔降〕無登，此處山之軍也。絕水必遠水；客絕水而來，勿迎之於水內，令半濟而擊之，利；欲戰者，無附於水而迎客；視生處高，無迎水流，此處水上之軍也。絕斥澤，惟亟去無留；若交軍於斥澤之中，必依水草而背眾樹，此處斥澤之軍也。平陸處易而右背高，前死後生，此處平陸之軍也。凡此四軍之利，黃帝之所以勝四帝也。凡軍好高而惡下，貴陽而賤陰，養生而處實，軍無百疾，是謂

必勝。丘陵堤防，必處其陽而右背之，此兵之利，地之助也。上雨水，〔水〕（沫）〔流〕至，欲涉者，待其定也。凡地有絕澗、天井、天牢、天羅、天陷、天隙，必亟去之，勿近也。吾遠之，敵近之；吾迎之，敵背之。軍（行）旁有險阻、潢井、葭葦、（林木）〔小林〕、蘙薈者，必謹覆索之，此伏奸之所〔處〕也。

〔敵〕近而靜者，恃其險也；遠而挑戰者，欲人之進也；其所居（易者）〔者易〕，利也。眾樹動者，來也；眾草多障者，疑也；鳥起者，伏也；獸駭者，覆也；塵高而銳者，車來也；卑而廣者，徒來也；散而條達者，樵採也；少而往來者，營軍也。辭卑而益備者，進也；辭強而進驅者，退也；輕車先出居其側者，陳也；無約而請和者，謀也；奔走而陳兵者，期也；半進半退者，誘也。杖而立者，饑也；汲而先飲者，渴也；見利而不進者，勞也。鳥集者，虛也；夜呼者，恐也。軍擾者，將不重也；旌旗動者，亂也；吏怒者，倦也；粟馬肉食，軍無懸（缻）〔甀〕，不返其舍者，窮寇也。諄諄翕翕，徐與人言者，失眾也；數賞者，窘也；數罰者，困也；先暴而後畏其眾者，不精之至也；來委謝者，欲休息也。兵怒而相迎，久而不合，又不相去，必謹察之。

兵非益多也，惟無武進，足以並力、料敵、取人而已；夫惟無慮而易敵者，必擒於人。卒未親附而罰之則不服，不服則難用也；卒已親附而罰不行，則不可用也。故（令）〔合〕之以文，齊之以武，是謂必取。令素行以教其民，則民服；令（不素）〔素不〕行以教其民，則民不服。令素行者，與眾相得也。

地形第十

孫子曰：地形有通者、有掛者、有支者、有隘者、有險者、有遠者。我可以往，彼可以來，曰通。通形者，先居高陽，利糧道，以戰則利。可以往，難以返，曰掛。掛形者，敵無備，出而勝之，敵若有備，出而不勝，難以返，不利。我出而不利，彼出而不利，

曰支。支形者，敵雖利我，我無出也，引而去之，令敵半出而擊之利。隘形者，我先居之，必盈之以待敵。若敵先居之，盈而勿從，不盈而從之。險形者，我先居之，必居高陽以待敵；若敵先居之，引而去之，勿從也。遠形者，勢均難以挑戰，戰而不利。凡此六者，地之道也，將之至任，不可不察也。

凡兵有走者、有馳者、有陷者、有崩者、有亂者、有北者。凡此六者，非天地之災，將之過也。夫勢均，以一擊十，曰走；卒強吏弱，曰馳；吏強卒弱，曰陷；大吏怒而不服，遇敵懟而自戰，將不知其能，曰崩；將弱不嚴，教道不明，吏卒無常，陳兵縱橫，曰亂；將不能料敵，以少合眾，以弱擊強，兵無選鋒，曰北。凡此六者，敗之道也，將之至任，不可不察也。

夫地形者，兵之助也。料敵制勝，計險隘遠近，上將之道也。知此而用戰者必勝，不知此而用戰者必敗。

故戰道必勝，主曰無戰，必戰可也；戰道不勝，主曰必戰，無戰可也。故進不求名，退不避罪，唯民是保，而利於主，國之寶也。

視卒如嬰兒，故可以與之赴深谿；視卒如愛子，故可與之俱死。厚而不能使，愛而不能令，亂而不能治，譬如驕子，不可用也。

知吾卒之可以擊，而不知敵之不可擊，勝之半也；知敵之可擊，而不知吾卒之不可以擊，勝之半也；知敵之可擊，知吾卒之可以擊，而不知地形之不可以戰，勝之半也。故知兵者，動而不迷，舉而不窮。

故曰：知彼知己，勝乃不殆；知天知地，勝乃可全。

九地第十一

孫子曰：用兵之法，有散地，有輕地，有爭地，有交地，有衢地，有重地，有圮地，有圍地，有死地。諸侯自戰之地，為散地。

入人之地而不深者，為輕地。我得則利，彼得亦利者，為爭地。我可以往，彼可以來者，為交地。諸侯之地三屬，先至而得天下之眾者，為衢地。入人之地深，背城邑多者，為重地。行山林、險阻、沮澤，凡難行之道者，為圮地。所由入者隘，所從歸者迂，彼寡可以擊吾之眾者，為圍地。疾戰則存，不疾戰則亡者，為死地。是故散地則無戰，輕地則無止，爭地則無攻，交地則無絕，衢地則合交，重地則掠，圮地則行，圍地則謀，死地則戰。

所謂古之善用兵者，能使敵人前後不相及，眾寡不相恃，貴賤不相救，上下不相收，卒離而不集，兵合而不齊。合於利而動，不合於利而止。敢問敵眾（整而）〔而整〕將來，待之若何？曰：先奪其所愛則聽矣。兵之情主速，乘人之不及。由不虞之道，攻其所不戒也。

凡為客之道，深入則專。主人不克；掠於饒野，三軍足食；謹養而勿勞，並氣積力，運兵計謀，為不可測。

投之無所往，死且不北。死焉不得，士人盡力。兵士甚陷則不懼，無所往則固，深入則拘，不得已則鬥。是故其兵不修而戒，不求而得，不約而親，不令而信，禁祥去疑，至死無所之。

吾士無餘財，非惡貨也；無餘命，非惡壽也。令發之日，士卒坐者涕沾襟，偃臥者涕交頤，投之無所往者，諸、劌之勇也。故善用兵者，譬如率然。率然者，常山之蛇也。擊其首則尾至，擊其尾則首至，擊其中則首尾俱至。敢問〔兵〕可使如率然乎？曰：可。夫吳人與越人相惡也，當其同舟而濟，遇風，其相救也如左右手。是故方馬埋輪，未足恃也；齊勇若一，政之道也；剛柔皆得，地之理也。故善用兵者，攜手若使一人，不得已也。

將軍之事，靜以幽，正以治，能愚士卒之耳目，使之無知；易其事，革其謀，使（人）〔民〕無識；易其居，迂其途，使（人）〔民〕不得慮。帥與之期，如登高而去其梯，帥與之深入諸侯之地，

而發其機。若驅群羊，驅而往，驅而來，莫知所之。聚三軍之眾，投之於險，此謂將軍之事也。

九地之變，屈伸之利，人情之理，不可不察。

凡為客之道，深則專，淺則散。去國越境而師者，絕地也；四達者，衢地也；入深者，重地也；入淺者，輕地也；背固前隘者，圍地也；無所往者，死地也。

是故散地吾將一其志；輕地吾將使之屬；爭地吾將趨其後；交地吾將（謹其守）〔固其結〕；衢地吾將（固其結）〔謹其守〕；重地吾將繼其食；圮地吾將進其途；圍地吾將塞其闕；死地吾將示之以不活。

故兵之情：圍則御，不得已則鬥，過則從。

是故不知諸侯之謀者，不能豫交；不知山林、險阻、沮澤之形者，不能行軍；不用鄉導者，不能得地利。四五者，一不知，非（霸王）〔王霸〕之兵也。夫（霸王）〔王霸〕之兵，伐大國，則其眾不得聚；威加於敵，則其交不得合。是故不爭天下之交，不養天下之權，信己之私，威加於敵，故其城可拔，其國可隳。

施無法之賞，懸無政之令，犯三軍之眾，若使一人。犯之以事，勿告以言；犯之以利，勿告以害。投之亡地然後存，陷之死地然後生。夫眾陷於害，然後能為勝敗。

故為兵之事，在於順詳敵之意，並敵一向，千里殺將，此謂巧能成事者也。是故政舉之日，夷關折符，無通其使，厲於廊廟之上，以誅其事。敵人開闔，必亟入之。先其所愛，微與之期。踐墨隨敵，以決戰事。是故始如處女，敵人開戶；後如脫兔，敵不及拒。

火攻第十二

孫子曰：凡火攻有五：一曰火人，二曰火積，三曰火輜，四曰火庫，五曰火隊。

行火必有因，因必素具。發火有時，起火有日。時者，天之燥也。日者，月在箕、壁、翼、軫也。凡此四宿者，風起之日也。凡火攻，必因五火之變而應之：火發於內，則早應之於外；火發而其兵靜者，待而勿攻，極其火力，可從而從之，不可從則。火可發於外，無待於內，以時發之，火發上風，無攻下風，晝風久，夜風止。凡軍必知五火之變，以數守之。

故以火佐攻者明，以水佐攻者強。水可以絕，不可以奪。

夫戰勝攻取而不修其功者凶，命曰費留。故曰：明主慮之，良將修之，非利不動，非得不用，非危不戰。主不可以怒而興師，將不可以慍而致戰。合於利而動，不合於利而止。怒可以復喜，慍可以復說，亡國不可以復存，死者不可以復生。故明君慎之，良將警之。此安國全軍之道也。

用間第十三

孫子曰：凡興師十萬，出徵千里，百姓之費，公家之奉，日費千金，內外騷動，怠於道路，不得操事者，七十萬家。相守數年，以爭一日之勝，而愛爵祿百金，不知敵之情者，不仁之至也，非（人）〔民〕之將也，非主之佐也，非勝之主也。故明君賢將，所以動而勝人，成功出於眾者，先知也。先知者，不可取於鬼神，不可象於事，不可驗於度，必取於人，知敵之情者也。

故用間有五：有因間，有內間，有反間，有死間，有生間。五間俱起，莫知其道，是謂神紀，人君之寶也。鄉間者，因其鄉人而用之；內間者，因其官人而用之；反間者，因其敵間而用之；死間者，為誑事於外，令吾聞知之而傳於敵間也；生間者，反報也。故三軍之事，莫親於間，賞莫厚於間，事莫密於間，非聖智不能用間，非仁義不能使間，非微妙不能得間之實。微哉微哉！無所不用間也。間事未發而先聞者，間與所告者皆死。凡軍之所欲擊，城之所欲攻，人之所欲殺，必先知其守將、左右、謁者、門者、舍人之

姓名，令吾間必索知之。（必索）敵間之來間我者，因而利之，導而舍之，故反間可得而用也；因是而知之，故鄉間、內間可得而使也；因是而知之，故死間為誑事，可使告敵；因是而知之，故生間可使如期。五間之事，主必知之，知之必在於反間，故反間不可不厚也。

　　昔殷之興也，伊摯在夏；周之興也，呂牙在殷。故明君賢將，能以上智為間者，必成大功。此兵之要，三軍之所恃而動也。

附錄二　孫子　錄

畢以珣(清)

註：此所錄的《孫子敘錄》對畢以珣底本原文盡量不做改動，除非原文明顯訛誤或者無標點符號會造成語法不合且語意不通，才據現代語言學及現代漢語標點符號使用習慣做適當合理改動。

正文中為幫助讀者理解增加的字用（　）號或者《　》等符號標註。對一些不會引起理解分歧的無關緊要的字句，原本應加上《　》等標點符號的，也未全部進行考辨增減。

《史記》曰：「孫子武者，齊人也，以《兵法》見於吳王闔閭，卒以為將。」

《吳越春秋》曰：「吳王登臺，向南風而嘯，有頃而嘆，群臣莫有曉王意者。子胥知王之不定，乃薦孫子於王。孫子者，吳人也，善為兵法，闢隱幽居，世人莫知其能。」

按：孫子本齊人，後奔吳，故《吳越春秋》謂之吳人也。鄧名世《姓氏辨證書》曰：「齊敬仲五世孫書，為齊大夫，伐莒有功，景公賜姓孫氏，食採於樂安，生馮，為齊卿。馮生武，字長卿；以田、鮑四族謀作亂，奔吳，為將軍。」是也。《史記》又曰：「後百餘歲，有孫臏，亦武之後世孫也。」

按：《姓氏辨證書》曰：「武生三子：馳、明、敵。明食採於

富春，生臏，即破魏軍、擒太子申者也。」按此所說，則臏乃武之孫也。《史記》之言，猶為未審。

又按：紹興四年，鄧名世上其書。胡松年稱其學有淵源，多所按據。《序》又雲：「自《五經》、子史，以及《風俗通》、《姓苑》、《百家譜》、《姓纂》諸書，凡有所長，盡用其說。」是其書內所雲，皆可依據也。

《越絕書》曰：「巫門外大冢，吳王客孫武冢也，去縣十里。」

按：武惟為客卿，故《春秋左氏傳》言伍員，而不詳孫武也；其史稱伐楚及齊、晉者，蓋武以客卿將兵故也。

《史記》：「闔閭曰：『可以小試勒兵乎？』對曰：『可。』闔閭曰：『可試以婦人乎？』曰：『可。』於是許之，出宮中美人，得百八十人。孫子分為二隊，以王之寵姬二人各為隊長，皆令持戟。令之曰：『汝知而心與左右手背乎？』婦人曰：『知之。』孫子曰：『前，則視心；左，視左手；右，視右手；後，即視背。』婦人曰：『諾。』，約束既布，乃設鈇鉞，即三令五申之。於是，鼓之右，婦人大笑。孫子曰：『約束不明，申令不熟，將之罪也。』復三令五申，而鼓之左，婦人復大笑。孫子曰：『約束不明，申令不熟，將之罪也；既已明，而不如法者，吏士之罪也。』乃欲斬左右隊長。吳王在臺上觀，見且斬愛姬，大駭，趣使使下，令曰：『寡人已知將軍能用兵矣，寡人非此二姬，食不甘味，願勿斬也。』孫子曰：『臣既已受命為將，將在軍，君命有所不受。』遂斬隊長二人以徇，用其次為隊長。於是，復鼓之。婦人左右、前後、跪起，皆中規矩繩墨，無敢出聲。於是孫子使使報王曰：『兵既整齊，王可試下觀之，唯王所欲用之，雖赴水火猶可也。』吳王曰：『將軍罷休就舍，寡人不願下觀。』孫子曰：『王徒好其言，不能用其實。』於是闔閭知孫子能用兵，卒以為將，西破強楚，入郢，北威齊、晉，顯名諸侯，孫子與有力焉。」

《吳越春秋》曰:「吳王問曰:『《兵法》寧可以小試耶?』孫子曰:『可。可以小試於後宮之女。』王曰:『諾。』孫子曰:『得大王寵姬二人,以為軍隊長,各將一隊。令三百人皆被甲兜鍪,操劍盾而立,告以軍法,隨鼓進退,左右回旋,使知其禁。』乃令曰:『一鼓皆振,二鼓操進〔一〕,三鼓為戰形。』於是宮女皆掩口而笑。孫子乃親自操枹擊鼓,三令五申。其笑如故。孫子顧視諸女連笑不止,孫子大怒,兩目忽張,聲如駭虎,發上衝冠,項旁絕纓,顧謂執法曰:『取鈇鑕!』孫子曰:『約束不明,申令不信,將之罪也;既以約束,三令五申,卒不卻行,士之過也,軍法如何?』執法曰:『斬!』武乃令斬隊長二人,即吳王之寵姬也。吳王登臺觀望,正見斬二愛姬,馳使下之,令曰:『寡人已知將軍能用兵矣〔二〕。寡人非此二姬,食不甘味,宜勿斬之。』孫子曰:『臣既已受命為將,將在軍〔三〕,君雖有令,臣不受之。』孫子復撾鼓之,當左右、進退、回旋規矩,不敢瞬目。二隊寂然,無敢顧者。於是乃報吳王曰:『兵已整齊,願王觀之,惟所欲用,使赴水火猶無難矣,而可以定天下。』吳王忽然不悅,曰:『寡人知子善用兵,雖可以霸,然而無所施也。將軍罷兵就舍,寡人不願。』孫子曰:『王徒好其言,而不用其實。』子胥諫曰:『臣聞:兵者凶事,不可空試。故為兵者,誅伐不行,兵道不明。今大王虔心思士,欲興兵戈以誅暴楚,以霸天下而威諸侯,非孫武之將,而誰能涉淮逾泗、越千里而戰者乎?』於是吳王大悅,因鳴鼓會軍,集而攻楚。孫子為將,拔舒,殺吳亡將二公子蓋餘、燭傭。」

《史記》曰:「光謀欲入郢,將軍孫武曰:『民勞,未可,且待之。』」

《史記》又曰:「闔廬謂伍子胥、孫武曰:『始子之言郢未可入,今果何如?』二子對曰:『楚將子常貪,而唐、蔡皆怨之。王必欲大伐,必得唐、蔡乃可。』闔廬從之,悉興師。五戰,楚五敗,

遂入郢。」

《吳越春秋》曰：「吳王謀欲入郢，孫武曰：『民勞，未可恃也。』楚聞吳使孫子、伍子胥、白喜為將，楚國苦之，群臣皆怨。」

《吳越春秋》又曰：「闔閭聞楚得湛盧之劍，遂使孫武、伍胥、白喜伐楚，拔六與潛二邑。」

《吳越春秋》又曰：「楚使公子囊瓦伐吳，吳使伍胥、孫武擊之，圍於豫章，大破之。」

《吳越春秋》又曰：「吳王謂子胥、孫武曰：『始子言郢不可入，今果何如？』二將曰：『夫戰，借勝以成其威，非常勝之道。』吳王曰：『何謂也？』二將曰：『楚之為兵，天下強敵也，今臣與之爭鋒，十亡一存；而王入郢者，天也。臣不敢必。』吳王曰：『吾欲復擊楚，奈何而有功？』伍胥、孫武曰：『囊瓦者，貪而多過於諸侯，而唐、蔡怨之。王必伐，得唐、蔡。』」

《吳越春秋》又曰：「樂師扈子非荊王信讒佞，作《窮劫》之曲曰［四］：『吳王哀痛助忉怛，垂涕舉兵將西伐；伍胥、白喜、孫武決，三戰破郢，王奔發。』」

《淮南子》曰：「君臣乖心，則孫子不能以應敵。」

劉向《新序》曰：「孫武以三萬破楚二十萬者，楚無法故也。」

《漢官解詁》曰：「魏氏瑣連孫武之法。」

《史記》又曰：「孫武以《兵法》見於吳王闔閭，闔閭曰：『子之十三篇，吾盡觀之矣。』」

按：《史記》惟言「以《兵法》見闔閭」，不言十三篇作於何時。

考魏武《序》云：「為吳王闔閭作《兵法》一十三篇，試之婦人，卒以為將。」則是十三篇特作之以干闔閭者也。今考其首篇云「將聽吾計，用之必勝，留之；將不聽吾計，用之必敗，去之」，言聽從吾計，則必勝，吾將留之；不聽吾計，則必敗，吾將去之。是

其干之之事也。

又按：《虛實篇》雲：「越人之兵雖多，亦奚益於勝敗哉？」是為闔閭言之也。《九地篇》雲：「吳人與越人相惡也，當其同舟而濟，遇風，其相救也如左右手。」亦對闔閭言也。故魏武雲「為吳王闔閭作之」，其言信已。

《吳越春秋》曰：「吳王召孫子，問以兵法；每陳一篇，王不止口之稱善。」

按：十三篇之外，又有問答之辭，見於諸書徵引者，蓋武未見闔閭，作十三篇以干之；既見闔閭，相與問答，武又定著為若干篇，皆在《漢志》八十二篇之內也。

吳王問孫武曰：「散地士卒顧家，不可與戰，則必固守不出。若敵攻我小城，掠吾田野，禁吾樵採，塞吾要道，待吾空虛，而急來攻，則如之何？」武曰：「敵人深入吾都，多背城邑，士卒以軍為家，專志輕鬥；吾兵在國，安土懷生，以陳則不堅，以鬥則不勝，當集人合眾〔五〕，聚谷蓄帛，保城備險，遣輕兵絕其糧道。彼挑戰不得，轉輸不至，野無所掠，三軍困餒，因而誘之，可以有功。若與野戰，則必因勢〔六〕，依險設伏；無險，則隱於天氣陰晦昏霧〔七〕，出其不意，襲其懈怠，可以有功。」

吳王問孫武曰：「吾至輕地，始入敵境，士卒思還，難進易退；未背險阻，三軍恐懼；大將欲進，士卒欲退，上下異心。敵守其城壘，整其車騎〔八〕，或當吾前，或擊吾後，則如之何？」武曰：「軍至輕地，士卒未專，以入為務，無以戰為。故無近其名城，無由其通路，設疑佯惑，示若將去。乃選驍騎〔九〕，銜枚先入，掠其牛馬六畜。三軍見得，進乃不懼。分吾良卒，密有所伏，敵人若來，擊之勿疑；若其不至，舍之而去。」

吳王問孫武曰：「爭地，敵先至，據要保利，簡兵練卒，或出或守，以備我奇，則如之何？」武曰：「爭地之法，讓之者得，爭之

者失。敵得其處，慎勿攻之，引而佯走；建旗鳴鼓，趣其所愛；曳柴揚塵，惑其耳目；分吾良卒，密有所伏，敵必出救，人欲我與，人棄吾取。此爭先之道。若我先至，而敵用此術，則選吾銳卒，固守其所；輕兵追之，分伏險阻；敵人還鬥，伏兵旁起。此全勝之道也。」

吳王問孫武曰：「交地，吾將絕敵，令不得來，必全吾邊城，修其所備［一零］，深絕通道，固其厄塞。若不先圖，敵人已備，彼可得來，而吾不可往，眾寡又均，則如之何？」武曰：「既我不可以往，彼可以來，吾分卒匿之，守而易怠［一一］，示其不能。敵人且至，設伏隱廬，出其不意，可以有功也［一二］。」

吳王問孫武曰：「衢地必先，吾道遠，發後，雖馳車驟馬，至不能先，則如之何？」武曰：「諸侯參屬，其道四通；我與敵相當，而傍有國。所謂先者，必重幣輕使，約和傍國，交親結恩，兵雖後至，眾以屬矣。簡兵練卒，阻利而處；親吾軍事，實吾資糧；令吾車騎，出入瞻候。我有眾助，彼失其黨；諸國犄角，震鼓齊攻。敵人驚恐，莫知所當。」

吳王問孫武曰：「吾引兵深入重地，多所逾越，糧道絕塞。設欲歸還，勢不可過。欲食於敵，持兵不失，則如之何？」武曰：「凡居重地，士卒輕勇，轉輸不通，則掠以繼食。下得粟帛，皆貢於上，多者有賞，士無歸意。若欲還出，切為戒備，深溝高壘，示敵且久。敵疑通途，私除要害之道，乃令輕車，銜枚而行，塵埃氣揚，以牛馬為餌。敵人若出，鳴鼓隨之，陰伏吾士，與之中期，內外相應，其敗可知。」

吳王問孫武曰：「吾人圮地，山川險阻，難從之道，行久卒勞；敵在吾前，而伏吾後，營居吾左，而守吾右，良車驍騎，要吾隘道，則如之何？」武曰：「先進輕車，去軍十里，與敵相候，接期險阻。或分而左，或分而右，大將四觀，擇空而取，皆會中道，倦而

乃止。」

吳王問孫武曰:「吾入圍地,前有強敵,後有險難,敵絕糧道,利我走勢,敵鼓噪不進,以觀吾能,則如之何?」武曰:「圍地之宜,必塞其闕,示無所往,則以軍為家,萬人同心,三軍齊力,並炊數日,無見火菸,故為毀亂寡弱之形。敵人見我,備之必輕。告勵士卒,令其奮怒;陳伏良卒,左右險阻,擊鼓而出。敵人若當,疾擊務突,前鬥後拓〔一三〕,左右犄角。」

吳王問孫武曰:「敵在吾圍,伏而深謀,示我以利,縈我以旗,紛紛若亂,不知所之,奈何?」武曰:「千人操旍,分塞要道;輕兵進挑,陳而勿搏,交而勿去,此敗謀之法。」

以上皆《孫子》遺文,見《通典》。

又曰:「軍入敵境,敵人固壘不戰,士卒思歸,欲退且難,謂之輕地。當選驍騎伏要路,我退敵追,來則擊之也。」

吳王問孫武曰:「吾師出境,軍於敵人之地,敵人大至,圍我數重,欲突以出,四塞不通,欲勵士激眾,使之投命潰圍,則如之何?」武曰:「深溝高壘,示為守備;安靜勿動,以隱吾能;告令三軍,示不得已;殺牛燔車,以饗吾士;燒盡糧食,填夷井竈;割髮捐冠,絕去生慮。將無餘謀,士有死志。於是砥甲礪刃,並氣一力,或攻兩旁,震鼓疾噪,敵人亦懼,莫知所當。銳卒分兵〔一四〕,疾攻其後,此是失道而求生。故曰:困而不謀者窮,窮而不戰者亡。」吳王曰:「若我圍敵,則如之何?」武曰:「山峻谷險,難以逾越,謂之窮寇,擊之之法:伏卒隱廬,開其去道,示其走路;求生逃出,必無鬥志,因而擊之,雖眾必破。」《兵法》又曰:「若敵人在死地,士卒勇氣,欲擊之法:順而勿抗,陰守其利,絕其糧道,恐有奇兵,隱而不睹,使吾弓弩,俱守其所。」按:何氏引此文,亦雲「兵法曰」,則知問答之詞亦在八十二篇之內也。

以上見何氏《註》。

附錄二　孫子　錄

按：此皆釋《九地篇》義，辭意甚詳，故其篇帙不能不多也。

吳王問孫武曰：「敵勇不懼，驕而無慮，兵眾而強，圖之奈何？」武曰：「詘而待之，以順其意，無令省覺，以益其懈怠；因敵遷移，潛伏候待；前行不瞻，後往不顧，中而擊之，雖眾可取。攻驕之道，不可爭鋒。」

以上見《通典》。

吳王問孫武曰：「敵人保據山險，擅利而處之，糧食又足，挑之則不出，乘間則侵掠，為之奈何？」武曰：「分兵守要，謹備勿懈；潛探其情，密候其怠；以利誘之，禁其樵牧。按：「牧」字誤，當作「採」。久無所得，自然變改；待離其固，奪其所愛。敵據險隘，我能破之也。」

以上見《通典》及《太平御覽》。

按：以上問答，皆非十三篇文。《吳越春秋》所雲「問以兵法，不知口之稱善」者是也。

孫子曰：「將者：智也，仁也，敬也，信也，勇也，嚴也。」是故智以折敵，仁以附眾，敬以招賢，信以必賞，勇以益氣，嚴以一令。故折敵，則能合變；眾附，則思力戰；賢智集，則陰謀利；賞罰必，則士盡力；氣勇益，則兵威令自倍；威令一，則惟將所使。

按：此所釋《始計篇》「五事」，亦答闔閭之問也，見《潛夫論》。

孫子曰：「凡地多陷曲，曰天井。」

按：此釋《行軍篇》義，見《太平御覽》。

孫子曰：「故曰：深草翳薈者，所以逃遁也；深谷險阻者，所以止御車騎也；隘塞山林者，所以少擊眾也；沛澤杳冥者，所以匿其形也。」

見《通典》。

孫子曰：「強弱、長短雜用。」

又曰：「遠則用弩，近則用兵。兵、弩相解也。」

又曰：「以步兵十人，擊騎一匹。」

亦見《通典》。

孫子曰：「人效死，而士能用之，雖優遊暇譽，令猶行也。」

又曰：「長陳為甄。」

又曰：「其鎮如岳，其停如淵。」

見《文選註》。

按：已上七條，今十三篇內亦無之。

孫子「八陣」，有「蘋車之乘［一五］」。

見鄭君《周禮註》。

按：《隋書·經籍志》有《孫子八陣圖》一卷，此其遺文也。

《孫子占》曰：「三軍將行，其旌旗從容以向前，是為天送，必亟擊之，得其大將。三軍將行，其旌旗墊然若雨，是為天沾，其帥失。三軍將行，旍旗亂於上，東西南北無所主方，其軍不還。三軍將陣，雨師，是為浴師，勿用陣戰。三軍將戰，有雲其上而赤，勿用陣；先陣戰者，莫復其跡。三軍方行，大風飄起於軍前，右周絕軍，其將亡；右周中，其師得糧。」

見《太平御覽》。

按：《隋志》又有《孫子雜占》四卷，此其遺文也。

又按：《北堂書鈔》引《孫子兵法》雲：「貴之而無驕，委之而不專，扶之而無隱，危之而不懼。故良將之動也，猶璧玉之不可污也。」《太平御覽》以為出諸葛亮《兵要》。又引《孫子兵法秘要》雲：「良將思計如饑，所以戰必勝、攻必克也。」

按：《（孫子）兵法秘要》，孫子無其書。魏武有《兵法接要》一卷，或亦名為《孫子兵法接要》，猶魏武所作兵法，亦名為《續孫子兵法》也。《北堂書鈔》又引《孫子兵法論》雲：「非文無以平治，非武無以治亂。善用兵者，有三略焉：上略伐智，中略伐

義，下略伐勢。」按：此亦不似孫武語，蓋後世言兵多祖孫武，故作《兵法論》，即名為《孫子兵法論》也。附識於此，以備考。

陳振孫《書錄解題》曰：「孫武事吳闔閭［一六］，而事不見於《春秋傳》，未知其果何代人也。」

又曰：「《孫》、《吳》或是古書。」

按：孫子生於敬王之代［一七］，故周、秦、兩漢諸書，皆多襲用其文。陳氏於此，猶有不盡信之言，疏謬甚矣。

《戰國策·孫臏》曰：「兵法：百里而趨利者，蹶上將；五十里走者，軍半至。」語本孫子《軍爭篇》［一八］。

又曰：「馬陵道狹，而旁多阻險，可伏兵。」語意本《行軍篇》。

又曰：「攻其懈怠，出其不意。」語出《（始）計篇》。

吳起曰：「投之無所往，天下莫當。」語意本《九地篇》。

又曰：「凡過山川丘陵，亟行勿留。」語意本《行軍篇》。

又曰：「治寡如治眾。」語出《（軍）勢篇》。

又曰：「以半擊倍，百戰不殆。」語意本《謀攻篇》。

又曰：「必死則生，幸生則死。」語意本《九變篇》。

又曰：「以近待遠，以佚待勞，以飽待饑。」語出《軍爭篇》。

又曰：「夫鼙鼓金鐸，所以威目；旌旗麾幟，所以威耳。」語意本《軍爭篇》。

又曰：「晝以旌旗旖幟為節，夜以金鼓笳笛為節。」語意本《軍爭篇》。

又曰：「遇諸丘陵、林谷、深山、大澤，疾行亟去，勿得從容。」語意本《行軍篇》。

又曰：「敵若絕水，半渡而擊之。」語出《行軍篇》。

又，趙奢救閼與，軍士許歷曰：「先據北山者勝，後至者敗。」語意本《地形篇》。

《尉繚子》曰：「守法：一而當十。」語意本《謀攻篇》。

《尉繚子》又曰：「治兵者，若秘於地，若邃於天。」語意本《（軍）形篇》。

《鶡冠子》曰：「發如鏃矢，聲如雷霆。」語意本《軍爭篇》。

又曰：「埶急，節短。」語出《（軍）勢篇》。

又曰：「百戰而勝，非善之善者也；不戰而勝，善之善者也。」語出《謀攻篇》。

《史記》陳餘曰：「吾聞《兵法》：十則圍之，倍則戰之。」語出《謀攻篇》。

又，黥布擊楚〔一九〕，或說楚將曰：「《兵法》：自戰其地，為散地。」語出《九地篇》。

又，高帝遣劉敬視匈奴，劉敬曰：「此必『能而示之不能。』」語出《（始）計篇》。

又，韓信曰：「《兵法》不曰：陷之死地而後生，置之亡地而後存乎？」語出《九地篇》。

《呂氏春秋》曰：「若鷙鳥之擊也，搏攫則殪。」語出《（軍）勢篇》。

又曰：「夫兵，貴不可勝；不可勝在己，可勝在彼。聖人必在己者，不必在彼者。」語本《（軍）形篇》。

《淮南子》曰：「高者為生，下者為死。」語本《（始）計篇》及《行軍篇》。

又曰：「同舟而濟於江，卒遇風波，捷卒抬枻船，若左右手。」語本《九地篇》。

又曰：「主孰賢，將孰能。」語本《（始）計篇》。

又曰：「卒如雷霆，疾如風雨；若從地出，若從天下。」語本《軍爭篇》及《（軍）形篇》。

又曰：「不襲堂堂之寇，不擊填填之旗。」語出《軍爭篇》。

又曰：「勇者不得獨進，怯者不得獨退。」語出《軍爭篇》。

又曰：「如決積水於千仞之堤，若轉員石於萬丈之谿。」語本

《（軍）勢篇》。

又曰：「是故令之以文，齊之以武，是謂必取。」語出《行軍篇》。

又曰：「疾如擴弩，勢如發矢。」語本《（軍）勢篇》。

又曰：「晝則多旌，夜則多火。」語本《軍爭篇》。

又曰：「避實就虛，若驅群羊。」語出《（軍）勢篇》及《九地篇》。

又曰：「故曰：無恃其不吾奪也，恃吾不可奪。」語本《九變篇》。

又曰：「饑者能食之，勞者能息之，有功者能得之。」語本《虛實篇》。

《太玄經》曰：「卵破石碬。」語本《（軍）勢篇》。

《潛夫論》曰：「將者，民之司命，而國安危之主也。」語出《作戰篇》。

又曰：「其敗者，非天之所災，將之過也。」語出《地形篇》。

按：《孫子》惟為古書，故先秦、兩漢多述其文。東漢以後，諸傳記所徵引者，更不可以悉舉。乃陳氏忽疑其書，並疑其人何也？

《孫子》曰：「不知三軍之事，而同三軍之政，則軍士惑矣；不知三軍之權，而同三軍之任，則軍士疑矣。」

按：《孫子》古書，多存古義，今略舉數事，以祛陳氏之惑。

按：「同」有冒義，故字從「同」也。《釋言》雲：「弇，蓋也；弇，同也。」是「同」有覆冒之義也。「同三軍之政」、「同三軍之任」者，猶言弇有其政、弇有其任也。此古訓，不作「同」、「異」解，向來註者殊夢夢。

又按：《尚書》「太保奉同瑁」，馬氏以「同瑁」為一物，天子所執玉瑞名也。

《孫子》曰：「葸秆一石，當吾二十石。」

241

按：「萁」，《說文》作「萁」，豆秸也。「其」、「忌」聲同，故又作「萁」也。《詩》雲「夜如何其」，「其」，語助；以聲同，又借「忌」為之。《詩》又雲「抑釋掤忌，抑鬯弓忌」是也。此「其」作「萁」者，春秋以後或體字也，諸字書皆缺載。

《孫子》曰：「朝氣銳，晝氣惰，暮氣歸。」

按：《廣雅》：「歸，息也。」《列子》雲：「鬼，歸也。」又雲：「古者，謂死人為歸人。」是「歸」乃滅息之義也。《左氏》「一鼓作氣，再而衰，三而竭」，「竭」，盡，正與滅息義相發明。今杜佑等以「欲歸」釋之，言若士卒暮而欲歸，不明古義，疏矣。

《孫子》曰：「為兵之事，在於順詳敵之意。」

按：曹註曰：「佯，愚也。」是以「詳」為「佯」，古通用字也。

《孫子》曰：「不得已則鬥。」

按：書內「鬥」字皆如此。《說文》雲「鬥，兩士相對，兵杖在後，象鬥形」也。今諸書皆假「鬭」為之，「鬥」字弗著於篇矣。

《孫子》曰：「勵於廟堂之上，以誅其事。」

按：《說文》：「誅，討也。」「討，治也。」故「誅」亦得為「治」也。又「誅」、「治」聲近，故可假借為之，猶「且」得為「此」、「期」得為「近」、「析」得為「斯」之類是也，他字書皆不載。

孫子曰：「絕水必遠水。」

按：「絕」者，越也；言過水而處軍，則必遠於水也。故上文雲「絕山依谷」，言過山而處軍，必依於谷也。又雲「絕斥澤，唯亟去勿留」，言過斥澤，則不可處軍，必亟去之，勿留也。《爾雅》曰「正絕流曰亂」，「正絕流」猶言直渡水也，其名為「亂」者，亦「厲」之意，即《爾雅》「以衣涉水為厲」是也。《詩》雲「涉

渭為亂」，鄭君雲「絕流而南」，是鄭固以「絕」為越也。至孔穎達，則雲「水以流為順，橫渡則絕其流」，是為隔絕之義。唐人不達古訓，無足怪也。又，《呂氏春秋》曰：「章子令人視水可絕者，有芻水旁者曰：水淺深易知，荊人所盛守者，皆其淺者也；所簡守，皆其深者也。」是「絕」訓為「越」之證也。

又按：此古訓，諸字書皆缺載。

《孫子》曰：「將者，君之輔也，輔周則國必強，輔隙則國必弱。」

按：「周」者，無缺也；「隙」者，有缺也。「周」、「隙」相對言之，古語之常，故雲「圍師必闕」。「圍」者，周也；「闕」，者，隙也。此言將之智勇，能周則強，不能周則弱也。今賈氏以「才周其國」釋「周」字，以「內懷其貳」釋「隙」字，不明對文之義，疏矣。

《孫子》曰：「犯三軍之眾，若使一人。」

按：曹註謂「犯」為「用」，非。當雲：「犯，動也。」故下文雲：「犯之以事，勿告以言；犯之以利，勿告以害。」若以「用」釋之，下文不可通矣。又，「犯」字本無「用」意。蓋凡文字，皆有本訓，有轉訓。「犯」為侵，故又得為動。魏武不明於聲音、訓詁之源流，以「用」釋「犯」，既不經見，妄為之說，謬已。

《孫子》曰：「是故方馬埋輪，不足恃也。」

按：「方」者，系縛之也。曹註：「方，縛也。」是已。《說文》：「方，象兩舟，總其頭。」謂聚束兩船之頭也。《爾雅》：「諸侯維舟，大夫方舟。」維繫四舟曰「維舟」，系並兩舟曰。「方舟」。故「方」又有並義。《呂氏春秋》曰：「翕木方版，以為舟楫。」言並其版，亦拘縛之意也。又為「法」，為「所」。《論語》「遊必有方」，是「方」為「所」，亦系定之意也。《論語》又曰「子貢方人」，鄭註謂「言人過惡」，言以禮法拘縛人也。陸德明《釋文》

雲：「鄭本『方』作『謗』。」按：此似唐以後人不明注意，以為言人過惡，無當於「方人」之義，率臆改之，非鄭原本也。

又按：此古訓，諸字書皆缺載。

又按：書內古義，多不經見，而精當不可移易，真古書也。後之為字書者，以其兵家言，不悉置意，故多漏略。陳氏不察，而妄議之，謬之謬矣。

又按：今所傳《孫子算經》三卷，無名字。《宋史藝文志》雲：「不知名。」考《孫子兵法形篇》雲：「兵法：一曰度，二曰量，三曰數，四曰稱，五曰勝。地生度，度生量，量生數，數生稱，稱生勝。」而《算經》則雲：「度之所起，起於忽；稱之所起，起於黍；量之所起，起於粟。凡大數之法，萬萬曰億。」篇首即以「度」、「量」、「數」、「稱」四事分為四節，與他算書不同，則斷知其為孫武之書無疑也。

又，《中興書目》雲：「或雲《五曹算經》出於孫武。」

按：此所說是也。「五曹」者：一為「田曹」，地利為先也；既有田疇，必資人力，故次「兵曹」；人眾，必用食飲，次「集曹」；眾既會集，必務儲蓄，次「倉曹」；倉廩、貨幣相交質，次「金曹」。而其意則以兵為要。田疇、食幣，皆為兵用也。

又按：夏侯陽《算經》曰：「田曹雲：度之所起，起於忽；倉曹雲：量之所起，起於粟。」以《孫子算經》之文，而謂之「五曹」，則固知其為一人之書也。《書目》之言，信足徵已。

《孫子》篇卷異同：《漢藝文志・兵權謀家》：吳《孫子兵法》八十二篇，圖九卷。

按：八十二篇者，其一為十三篇，未見闔閭時所作，今所傳《孫子兵法》是也。其一為《問答》若干篇，既見闔閭所作，即諸傳記所引遺文是也。一為《八陣圖》，鄭註《周禮》引之是也。一為《兵法雜占》，《太平御覽》所引是也。外又有《牝八變陣圖》、

《戰鬥六甲兵法》，俱見《隋·經籍志》。又有《三十二壘經》，見《唐·藝文志》。按：《漢志》惟雲八十二篇，而《隋·唐志》於十三篇之外，又有數種，可知其具在八十二篇之內也。

《七錄》：孫子兵法三卷。《史記正義》曰：案十三篇為上卷，又有中下二卷。

案：此《孫子》本書，無註文；其雲「又有中下二卷」，則唐時故書猶存，不僅今所傳之十三篇也。

又按：所雲「三卷」者，蓋十三篇為上卷，問答之辭為中、下卷也。其《八陣圖》、《雜占》諸書，則別本行之。故《隋·唐志》諸書亦皆別出。

又按：《宋·藝文志》有孫武《孫子》三卷，朱服校定。《孫子》三卷即此也。

《隋書·經籍志》兵部：《孫子兵法》二卷，吳將孫武撰，魏武註，梁三卷；諸書皆雲三卷，惟晁氏《讀書志》以為一卷，《文獻通考》因之。《孫子兵法》一卷，魏武、王凌集解；諸書無著錄，惟《通志略》有之。《孫武兵經》二卷，張子尚註；《通志略》雲三卷，諸書無錄。《鈔孫子兵法》一卷，魏太尉賈詡鈔；諸書無錄，《通志略》有之。梁有《孫子兵法》二卷，孟氏解詁；亦見《唐志》及《通志略》。《孫子兵法》二卷，吳處士沈友撰；見《唐志》及《通志略》。《唐志》雲三卷，《通志略》雲二卷。又《孫子八陣圖》一卷，亡；亦見《通志略》。吳《孫子牝八變陣圖》二卷；見《通志略》。《孫子兵法雜占》四卷；見《通志略》。梁有《孫子戰鬥六甲兵法》一卷。諸書皆不著錄。

《新唐書·藝文志》兵書類：魏武註《孫子》三卷；孟氏解《孫子》二卷；沈友註《孫子》三卷；《孫子三十二壘經》一卷；《通志略》作「三十三壘經」，蓋字誤。李筌《註孫子》二卷；晁氏《讀書志》作三卷，《文獻通考》因之，《通志略》及《宋史》皆雲一卷。杜牧註《孫子》三卷；《通志略》雲一卷。案：杜牧註最為詳贍，故諸書皆錄

為三卷，作一卷者誤。陳皞註《孫子》一卷；晁氏《志》雲三卷，《通考》因之。賈林註《孫子》一卷。晁氏《志》無錄，《文獻通考》同。

按：《唐志》又有《兵書捷要》七卷，孫武撰。此字誤，當雲「魏武」也，見《隋志》及《通志略》。

《郡齋讀書志》兵家類：魏武註《孫子》一卷；李筌註三卷；杜牧註三卷；陳皞註三卷；紀燮註三卷；梅聖俞註三卷；《宋志》無錄，《通志略》雲一卷。王晢註三卷；《宋志》無錄。何氏註三卷。《宋志》無錄，《通志略》雲一卷。又，晁氏雲：「未詳其名，近代人也。」按：何氏名延錫，見《通志略》。

《直齋書錄解題》兵書類：《孫子》三卷，《漢志》八十一篇[二零]，魏武削其繁冗，定為十三篇。杜牧之註《孫子》三卷。

按：《書錄解題》惟載曹、杜二家註，他書皆未及見也。

《通志兵略》：《孫子兵法》三卷，吳將孫武撰，魏武註；又一卷，魏武、王凌集解；又二卷，蕭吉註；《隋唐志》無錄。又二卷，孟氏解詁；又二卷，吳沈友撰；又一卷，唐李筌撰；又一卷，唐杜牧撰；又一卷，唐陳皞註；又一卷，唐賈林註；又一卷，何延錫註；又一卷，張預註；《宋志》無錄。又三卷，王晢註；又一卷，梅堯臣撰；《孫武兵經》三卷，張子尚註；《鈔孫子兵法》一卷，魏太尉賈詡鈔；《續孫子兵法》二卷，魏武撰；《孫子遺說》一卷，鄭友賢撰。右兵書。《孫子八陣圖》一卷；吳《孫子牝八變陣圖》二卷。右營陣。吳《孫子三十三壘經》一卷；《孫子兵法雜占》四卷。右兵陰陽。

《文獻通考》：魏武註《孫子》一卷；李筌註三卷；杜牧註三卷；陳皞註三卷；紀燮註三卷；梅聖俞註三卷；王晢註三卷；何氏註三卷。

按：《通考》所錄，悉本晁公武《讀書志》。

《宋史·藝文志》兵書類：孫武《孫子》三卷；朱服校定《孫

子》三卷；魏武註《孫子》三卷；蕭吉註《孫子》一卷，或題曹、蕭註；賈林註《孫子》一卷；陳皞註《孫子》一卷；宋奇《孫子解》並《武經簡要》二卷；諸書皆不著錄。李筌註《孫子》一卷；《五家註孫子》三卷，魏武、杜牧、陳皞、賈林、孟氏；杜牧《孫子註》三卷；曹、杜註《孫子》三卷；吉天保《十家孫子會註》十五卷〔二一〕。按：今本十三篇為十三卷。又按：梅堯臣、王晳、何延錫、張預四家《註》，《志》內皆不著錄。

杜牧曰：「孫武書數十萬言，魏武削其繁剩，筆其精粹，成此書。」

按：《孫子》十三篇者，出於手定，《史記》兩稱之，而杜牧以為魏武筆削所成，誤已。

晁公武曰：「唐李筌以魏武所解多誤，約歷代史，依《遁甲》註成三卷。」

又曰：「唐杜牧以武書大略用仁義，使機權；曹公所註解，十不釋一，蓋惜其所得，自為《新書》爾，因備註之。世謂牧慨然最喜論兵，欲試而不得者。其學能道春秋、戰國時事，甚博而詳，知兵者有取焉。」

又曰：「唐陳皞以曹公《註》隱微，杜牧《註》闊疏，重為之註。」

又曰：「唐紀燮集唐孟氏、賈林、杜佑三家所解。」

歐陽修曰：「世所傳《孫子》十三篇，多用曹公、杜牧、陳皞《註》，號三家。」

又曰：「三家之《註》，皞最後，其說時時攻牧之短。」

晁公武曰：「王晳以古本校正闕誤，又為之註。仁廟天下承平，人不習兵；元昊既叛，邊將數敗，朝廷頗訪知兵者，士大夫人人言兵矣。故本朝註解孫武書者，大抵皆當時人也。」

按：今《孫子集註》本，由華陰《道藏》錄出，即宋吉天保

所合《十家註》也。十家者：一魏武，二李筌，三杜牧，四陳皞，五賈林，六孟氏，七梅堯臣，八王晳，九何延錫，十張預也。《十家》本內，又有杜佑君卿《註》。案：杜佑乃作《通典》，引《孫子》語而訓釋之，非註也。《通典》引《孫子》曰「利而誘之，親而離之」，註雲：「以利誘之，使五間並入，辯士馳說，親彼君臣，分離其形勢，若秦遣反間詆趙，使廢廉頗而任趙奢之子是也。」考「利而誘之」、「親而離之」二語，孫子本文不相屬，《通典》摘引之，又為之註，求其意義，幾成一事，與《孫子》句各為義者異已。

又按：杜佑註例，每先引曹《註》，下附己意，故前之所說，後或不同也。

又按：杜佑《註》自引用曹《註》之外，亦或間引孟氏。

又按：《十家註》自魏武之後，孟氏為先，見《隋書·經籍志》，原本次於陳皞、賈林之後，誤也，今改正。

晁公武以為唐人，亦誤也。

又按：杜佑雖非為《孫子》作註，然既引用其文，不當次於賈林之後、梅氏之前，今改正，次孟氏。

又按：杜牧者，佑之孫也；原本列牧於佑前，大謬。

又按，《孫子》、《道藏》原本題曰「《集註》」，大興朱氏本題曰「《註解》」，今改為「《孫子十家註》」，從《宋志》也。

又按，《道藏》本有鄭友賢《孫子遺說》一卷，見《通志·藝文略》，今仍原本，附刻於後。

《孫子》篇目：

（始）計篇第一；

作戰篇第二；

謀攻篇第三；

（軍）形篇第四；

（軍）勢篇第五；

虛實篇第六；

軍爭篇第七；

九變篇第八；

行軍篇第九；

地形篇第十；

九地篇第十一；

火攻篇第十二；

用間篇第十三。

校記

［一］「操進」，原本作「憪進」。按：「憪」蓋「操」之訛。此「操」通「摻」，亦讀七鑒反，與「摻」並有「持」義。「摻撾」即為擊鼓之聲調，故史有「漁陽摻撾」之說。「操進」猶言「摻進」，蓋指依據擊鼓之聲調而舉步前進之意。而「憪」乃「慘」義，悲愁憂淒之謂。如作「憪進」，則失其義矣。《叢書集成》本與《諸子集成》本即作「操進」，是。今據改。

［二］此句原作「寡人已知將軍用兵矣」，按：此時孫武初見吳王，尚未參與伐楚之事，故此語有誤。今據《史記》本傳「闔閭知孫子能用兵」，於「用兵」上補「能」字，作「寡人已知將軍能用兵矣」，如此，文理方順。

［三］「將在軍」，原本作「將法在軍」，《叢書集成》本《吳越春秋》同。而《史記》本傳即無「法」字。《司馬穰苴傳》載斬莊賈事，報景公亦云「將在軍，君命有所不受」，史傳未見引此語作「將法在軍」者。且言「將法在軍」亦為費解，故據本傳刪。但若「將」、「法」二字互乙，作「法：將在軍」，言據兵法，將在

軍，君命是可以有所不受的，如此，於義亦可通。故不改原文，而只調換一下「將」、「法」二字的位置亦可。

［四］「《窮劫》之曲」，原本如此。《叢書集成》本《吳越春秋》同，唯明吳琯《校註》雲：「劫，疑當作『衂』。」按：吳說有理。「衂」字或作「衄」，傷敗之義。《文選》曹植《求自試表》「疏聞東軍失備，師徒小衄」，即言師徒小敗。此曲雖未聞見，但當如趙書所說，為「傷昭王困迫」之作。故當如吳說作「衂」。唯作「劫」亦非不可解，故仍之，並存吳說，以相參較。

［五］「集人合眾」，《通典》卷一五九無「合」字。

［六］「若欲野戰，則必因勢」，《通典》作「若欲戰，必因勢，勢者」。

［七］「天氣陰晦昏霧」，《通典》無「氣」字。

［八］以上二句「敵守其城壘，整其車騎」，《通典》卷一五九作「而敵盛守，修其城壘，整其軍騎」。查《九地篇》「入人之地而不深者，為輕地」何《註》，亦作「敵守其城壘，整其車騎」，《通典》引文不甚嚴格，故間有小異。

［九］「乃選驍騎」，原本無「驍」字，今據《通典》補。

［一零］以上三句「令不得來，必全吾邊城，修其所備」，原本與《通典》均如此，而《九地篇》「我可以往，彼可以來，為交地」，何《註》則作「使不得來，必令吾邊城，修其守備」。按：二者文意雖無不同，而以何《註》為長。唯原文亦可通，故仍之。

［一一］「守而易怠」，原本如此，上引《九地篇》「交地」釋名何《註》與「交地則無絕」，張《註》並同，孫校亦未置詞，唯《通典》卷一五九該句註稱《通典》舊本原作「勿」，今本作「易」者，乃據上述何《註》改。按：處交地，固當謹守勿怠，但此乃一般處置原則。而今吳王難孫武，稱並非敵我均可往來，而是我不可往而彼可來，故孫武答以奇伏勝，而不可固守，因在此種情

況下「守而易怠」也。故據文意，當作「易」。

〔一二〕「可以有功」四字，《通典》無，上引何《註》亦無。

〔一三〕「前鬥後拓」，原本如此，《通典》同，而《九地篇》「圍地」釋名何《註》與「圍地則謀」張《註》所引則均作「我則前鬥後拓」。按：上句「疾擊務突」即以「我」言，故無此二字亦可通，故仍之。

〔一四〕「銳卒分兵」，原文如此，而《九地篇》「死地」釋名何《註》與「死地則戰」張《註》所引則均作「銳卒分行」，今亦兩存之。

〔一五〕「蘋車之乘」，《周禮·春官·車僕》鄭《註》則作「蘋車之陳」。

〔一六〕「吳闔閭」，原文無「王」字，蓋陳氏轉述此事而簡稱之也，史書未見有此稱者。下句「《孫》、《吳》或是古書」亦然，所謂「《孫》、《吳》」即指《孫子》與《吳子》。

〔一七〕「生於敬王之代」原本「代」誤作「伐」，今改正。

〔一八〕「軍爭篇」，原本誤「爭」為「政」。

〔十九〕「黥布」，原本作「黔布」。按：「黥」、「黔」二字固音近，然「黥布」可稱「英布」，未見稱作「黔布」者，故當仍依史傳作「黥布」為是。

〔二零〕「八十一篇」，《敘錄》與《書錄解題》皆如此，唯《漢志》所錄為八十二篇，故「一」字乃「二」之誤。

〔二一〕「十五」，疑「十三」之誤。《宋志》作「十五」者，是《宋志》誤也。孫校本所據《道藏》底本即作「十三」可知。

國家圖書館出版品預行編目(CIP)資料

孫子兵法與團隊管理 / 華杰著. -- 第一版.
-- 臺北市：財經錢線文化出版：崧博發行, 2018.10

　面；　公分

ISBN 978-986-96840-9-5(平裝)

1.孫子兵法 2.研究考訂 3.企業管理

494　　107017667

書　名：孫子兵法與團隊管理
作　者：華杰 著
發行人：黃振庭
出版者：財經錢線文化事業有限公司
發行者：崧博出版事業有限公司
E-mail：sonbookservice@gmail.com
粉絲頁　　　　　　　網　址：
地　址：台北市中正區延平南路六十一號五樓一室
8F.-815, No.61, Sec. 1, Chongqing S. Rd., Zhongzheng Dist., Taipei City 100, Taiwan (R.O.C.)
電　話：(02)2370-3310　傳　真：(02) 2370-3210
總經銷：紅螞蟻圖書有限公司
地　址：台北市內湖區舊宗路二段 121 巷 19 號
電　話：02-2795-3656　傳真：02-2795-4100　網址：
印　刷：京峯彩色印刷有限公司（京峰數位）

　　本書版權為西南財經大學出版社所有授權崧博出版事業有限公司獨家發行電子書及繁體書繁體版。若有其他相關權利及授權需求請與本公司聯繫。

定價：500元

發行日期：2018 年 10 月第一版

◎ 本書以POD印製發行